KB265948

# 원소를 알면 화학이 보인다

## — 119종 원소의 화학 이야기 —

# 원소를 알면 화학이 보인다

— 119종 원소의 화학 이야기 —

지은이 : 윤 실 (이학박사)

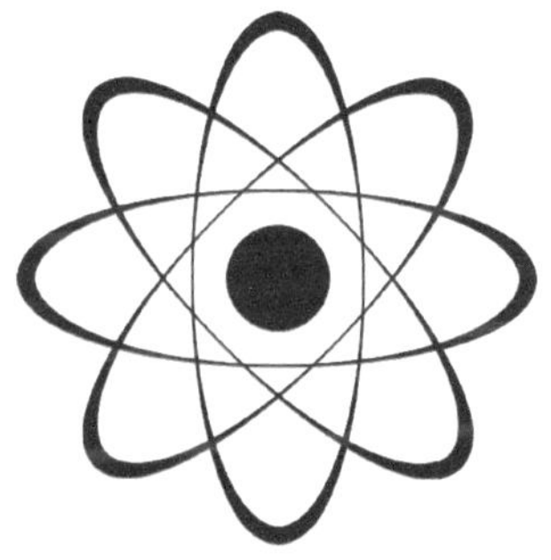

전파과학사

# 머리글

IUPAC(세계순수응용화학회)는 주기율표에서 임시로 명명되어 있던 원자번호 113, 114, 115, 116, 117, 118번 원소에 대해 각각 Nihonium(Nh), Flerovium(Fl), Moscovium(Mc), Livermorium, Tennessine(Ts), Oganesson(Og)이라는 원소명을 붙이기로 결정했습니다. 이 중에 원자번호 114번 플레로븀과 116번 리버모륨은 2012년에, 그리고 나머지 니호늄, 모스코븀, 테네신, 오가네손은 2016년 6월에 확정되었습니다.

화학(化學)은 세상에 존재하는 모든 물질의 화학적 구성과 화학구조, 화학반응 및 성질을 연구하는 '물질의 과학'입니다. 화학이 발전함에 따라 오늘의 인류는 과거 어느 때보다 편리하고 풍족한 물질의 시대를 향유하게 되었습니다.

우리 주변에는 많은 종류의 물질이 있습니다만 그들 모두는 겨우 100여종의 '원소'(元素 element)로 구성되어 있습니다. 마치 24개의 자음과 모음만으로 모든 우리말이 이루어져 있듯이 말입니다.

태초에 우주가 대폭발(Big Bang)했을 때는 원소의 종류가 가장 가벼운 수소와 헬륨뿐이었습니다. 그러나 시간이 흐르면서 이들 원소는 서로 융합하여 점점 무거운 원소를 만들게 되었습니다. 그리하여 최종적으로 지구상에는 98가지 원소가 자연적으로 생겨났습니다. 그 중에 80종의 원소는 안정되어 있으나 나머지는 핵붕괴를 하는 방사성 원소입니다. 20세기 중반부터 과학자들은 원자로와 입자가속기를 이용하여 무거운 원소에 핵입자를 충돌시켜 20여종의 더 무거운 원소들을 인공적으로 합성하게 되어, 2017년 현재 총 119종의 원소를 알게 되었습니다.

원소마다 성질이 서로 다른 것은 각 원소가 가진 양성자, 중성자, 전자의 수에 차이가 있기 때문입니다. 각 원소는 다른 원소와 결합하여 여러 가지 분자(分子)를 구성합니다. 분자의 종류는 자연계에도 많지만, 발전하는 화학기술은 인공적으로 새로운 종류의 분자를 계속 만들어내고 있습니다. 그럴 때마다 신물질의 새롭고도 흥미로운 용도가 세상에 알려집니다.

이 책은 지금까지 알려진 119가지 원소에 대한 기본 성질을 하나하나 소개하면서, 각 원소가 만들어낸 오늘날의 놀라운 물질 세계를 이야기합니다. 원소들은 제각기 독특한 성질을 가졌습니다. 인류에게 필요치 않은 원소는 없다고 생각됩니다. 일부 과학자는 자신이 발견하거나 인공적으로 만든 원소에 자기 나라의 국명을 붙이기도 했습니다. 우리나라의 과학자가 새로운 원소를 만들어 거기에 '코리아늄'이라는 이름을 붙이기를 기대합니다.

고교 화학교과서의 내용은 수준이 높아 전공하는 학생이라도 완전히 이해하기 어려울 정도입니다. 특히 '원자의 구조와 주기율'은 화학에서 더욱 난해한 부분입니다. 그것은 화학이 물리학과 서로 만나는 분야이기 때문입니다.

원소에 대해 기본 지식을 가지면 화학은 훨씬 이해가 쉽고 재미있어질 것입니다. 원소를 공부하려면 <원자>에 대해 조금 알아야 하기에. 책의 앞부분에는 원자에 대한 기본 이야기를 소개했습니다. 그리고 책의 끝에는 잘 모르는 용어가 나올 때마다 이해를 돕도록 <중요 용어 해설>을 실었습니다.

저자는 이 책이 화학을 쉽게 배우는 입문서가 되도록 노력했습니다. 또한 내용 중에는 화학만 아니라 연관된 다른 과학 과목을 이해하는 데도 도움이 되도록 애썼습니다. 특별히 이 책의 내용을 점검하여 부족한 부분을 바로잡아준 연세대학교 화학과 정슬기 박사에게 감사드립니다. 이제부터 주기율표를 따라 원소의 세계로 여행을 떠나봅시다.

지은이 윤 실 (이학박사)

# 차 례


머리글 / 5


### 제1장   원자와 핵에 대한 이야기

원소와 원자를 연구한 선구자 ……………………………………… 14
데모크리토스와 아리스토텔레스의 원자설 …………………… 14
돌턴이 원자설을 발표 ……………………………………………… 16
원소기호 창안과 동소체 발견 …………………………………… 17
멘델레예프의 원소 주기율 법칙 발견 ………………………… 18
전자와 양성자를 발견한 선구자들 …………………………… 20
러더퍼드와 모즐리의 놀라운 발견 …………………………… 22
원자의 구성과 구조 ……………………………………………… 25
수소, 중수소, 삼중수소는 동위원소(isotopes) ……………… 25
전자의 성질 ………………………………………………………… 26
전자껍질(전자각), 원자가 껍질, 원자가 전자 ……………… 28
원자번호, 원자량, 표준원자량, 질량수, 핵자 ……………… 29
금속원소와 비금속원소 ………………………………………… 30
방사성원소와 방사선 …………………………………………… 31


### 제2장   1, 2, 3주기 원소의 특성

1. 수소(Hydrogen, H) …………………………………………… 36
2. 헬륨(Helium, He) ……………………………………………… 43
3. 리튬(Lithium, Li) ……………………………………………… 49
4. 베릴륨(Beryllium, Be) ……………………………………… 53

5. 붕소(硼素 Boron, B) ················································· 55

6. 탄소(炭素 Carbon, C) ·············································· 58

7. 질소(窒素 Nitrogen, N) ··········································· 66

8. 산소(酸素 Oxygen, O) ············································ 73

9. 플루오린(불소 Fluorine, F) ······································ 78

10. 네온(neon, Ne) ··················································· 81

11. 나트륨(Sodium, Natrium, Na) ································· 83

12. 마그네슘(Magnesium, Mg) ····································· 87

13. 알루미늄(Aluminum, Al) ········································ 90

14. 규소(Silicon, Si) ················································· 92

15. 인(燐 Phosphorus, P) ············································ 96

16. 황(黃 Sulfur, S) ·················································· 99

17. 염소(鹽素 Chlorine, Cl) ········································ 103

18. 아르곤(Argon, Ar) ··············································· 106

## 제3장  4주기 원소들의 특징

19. 칼륨(Potassium, K) ·············································· 110

20. 칼슘(Calcium, Ca) ··············································· 112

21. 스칸듐(Scandium, Sc) ·········································· 116

22. 티타늄(타이타늄 Titanium, Ti) ······························ 119

23. 바나듐(버네이디엄 Vanadium, V) ···························· 121

24. 크롬(크로뮴 Chromium, Cr) ·································· 123

25. 망간(맹거니즈 Manganese, Mn) ······························ 125

26. 철(鐵 Iron, Fe) ·················································· 128

27. 코발트(Cobalt, Co) ·············································· 132

28. 니켈(Nickel, Ni) ················································· 134

29. 구리(Copper, Cu) ················································ 137

30. 아연(Zinc, Zn) ··················································· 140

31. 갈륨(갤리엄 Gallium, Ga) ····································· 143

32. 게르마늄(저마늄, 저메이니엄 Germanium, Ge) ············ 146

33. 비소(砒素 Arsenic, As) ········································· 148

34. 셀레늄(셀렌, 실리니엄 Selenium, Se) ········································· 150

35. 브로민(브롬 Bromine, Br) ·················································· 152

36. 크립톤(Krypton, Kr) ························································· 154


## 제4장  5주기 원소들의 특징

37. 루비듐(Rubidium, Rb) ······················································ 158

38. 스트론튬(Strontium) ························································· 160

39. 이트륨(Yttrium, Y) ·························································· 162

40. 지르코늄(Zirconium, Zr) ···················································· 165

41. 니오븀(나이오븀 Niobium, Nb) ············································ 167

42. 몰리브덴(몰리브데넘 Molybdenum, Mo) ·································· 169

43. 테크네튬(Technetium, Tc) ·················································· 171

44. 루테늄(Ruthenium, Ru) ···················································· 173

45. 로듐(Rhodium, Rd) ························································· 175

46. 팔라듐(Palladium, Pd) ····················································· 177

47. 은(銀 Silver, Ag) ··························································· 179

48. 카드뮴(Cadmium, Cd) ····················································· 182

49. 인듐(Indium, In) ··························································· 184

50. 주석(Tin, Sn) ······························································ 186

51. 안티모니(안티몬, 앤티모니 Antimony, Sb) ······························· 188

52. 텔루륨(텔루르, Tellurium, Te) ············································ 190

53. 요드(옥소, 아이어다인 Iodine, I) ········································· 192

54. 제논(크세논 Xenon, Xe) ··················································· 195


## 제5장  6주기 원소들의 특징

55. 세슘(시지엄, Cesium, Caesium, Cs) ········································ 198

56. 바륨(배리엄 Barium, Ba) ·················································· 201

57. 란타넘(란탄, Lanthanum, La) ·············································· 203

58. 세륨(시리엄 Cerium, Ce) ·················································· 205

59. 프라시오디뮴(Praseodymium, Pr) ·········································· 207

60. 네오디뮴(Neodymium, Nd) ················································ 209

61. 프로메튬(Promethium, Pm) ·································· 211

62. 사마륨(서메리엄 Samarium, Sm) ·································· 213

63. 유로퓸(Europium, Eu) ·································· 215

64. 가돌리늄(Gadolinium, Gd) ·································· 216

65. 터븀(Terbium, Tb) ·································· 218

66. 디스프로슘(Dysprosium, Dy) ·································· 219

67. 홀뮴(Holmium, Ho) ·································· 221

68. 어븀(Erbium, Er) ·································· 223

69. 툴륨(Thulium, Tm) ·································· 225

70. 이터븀(Ytterbium, Yb) ·································· 227

71. 루테튬(루티셤 Lutetium, Lu) ·································· 228

72. 하프늄(Hafnium, Hf) ·································· 230

73. 탄탈럼(Tantalum, Ta) ·································· 232

74. 텅스텐(Tungsten, W)(중석重石) ·································· 234

75. 레늄(Renium, Re) ·································· 236

76. 오스뮴(Osmium, Os) ·································· 238

77. 이리듐(Iridium, Ir) ·································· 240

78. 백금(Platinum, Pt) ·································· 242

79. 금(Gold, Au) ·································· 244

80. 수은(Mercury, Hg) ·································· 247

81. 탈륨(Thallium, Tl) ·································· 250

82. 납(Lead, Pb) ·································· 252

83. 비스무트(Bismuth, Bi) ·································· 255

84. 폴로늄(Polonium, Po) ·································· 257

85. 아스타틴(Astatine, At) ·································· 259

86. 라돈(Radon, Rn) ·································· 260


## 제6장  7주기 원소들의 특징


87. 프랑슘(프랜시엄 Francium, Fr) ·································· 264

88. 라듐(Radium, Ra) ·································· 266

89. 악티늄(Actinium, Ac) ·································· 268

90. 토륨(Thorium, Th) ················································ 270

91. 프로탁티늄(Protactinium, Pa) ······························· 272

92. 우라늄(Uranium, U) ··········································· 274

93. 넵투늄(Neptunium, Np) ········································ 278

94. 플루토늄(Plutonium, Pu) ······································ 280

95. 아메리슘(Americium, Am) ····································· 283

96. 퀴륨(Curium, Cm) ············································· 285

97. 버클륨(Berkelium, Bk) ········································ 286

98. 캘리포늄(Californium, Cf) ····································· 288

99. 아인슈타이늄(Einsteinium, Es) ······························ 290

100. 페르뮴(Fermium, Fm) ········································ 292

101. 멘델레븀(Mendelevium. Md) ·································· 294

102. 노벨륨(Nobelium, No) ········································ 295

103. 로렌슘(Lawrencium, Lr) ······································ 297

104. 러더포듐(Rutherfordium, Rf) ································· 299

105. 두브늄(Dubnium, Db) ········································ 301

106. 시보귬(Seaborgium, Sg) ······································ 302

107. 보륨(Bohrium, Bh) ··········································· 303

108. 하슘(Hassium, Hs) ··········································· 304

109. 마이트니륨(Meitnerium, Mt) ································· 305

110. 다름스타튬(Darmstadtium, Ds) ······························ 306

111. 뢴트게늄(Rontgenium, Rg) ···································· 307

112. 코페르니슘(Copernicium, Cn) ································ 308

113. 니호늄(Nihonium, Nh) ········································ 309

114. 플레로븀(Flerovium, Fl) ······································ 310

115. 모스코븀(Moscovium, Mc) ···································· 311

116. 리버모륨(Livermorium, Lv) ··································· 312

117. 테네신(Tennessine, Ts) ······································· 313

118. 오가네손(Oganesson, Og) ····································· 314

119. 우눈에늄(Ununennium, Uue) ································· 315

◈ 중요 용어 해설 ················································· 316

◈ 찾아보기 ······················································· 329


11

Group→1　2　3　4　5　6　7　8　9　10　11　12　13　14　15　16　17　18
↓Period

| Period | 1 | 2 | 3 | 4 | 5 | 6 | 7 | 8 | 9 | 10 | 11 | 12 | 13 | 14 | 15 | 16 | 17 | 18 |
|---|---|---|---|---|---|---|---|---|---|---|---|---|---|---|---|---|---|---|
| 1 | 1 H | | | | | | | | | | | | | | | | | 2 He |
| 2 | 3 Li | 4 Be | | | | | | | | | | | 5 B | 6 C | 7 N | 8 O | 9 F | 10 Ne |
| 3 | 11 Na | 12 Mg | | | | | | | | | | | 13 Al | 14 Si | 15 P | 16 S | 17 Cl | 18 Ar |
| 4 | 19 K | 20 Ca | 21 Sc | 22 Ti | 23 V | 24 Cr | 25 Mn | 26 Fe | 27 Co | 28 Ni | 29 Cu | 30 Zn | 31 Ga | 32 Ge | 33 As | 34 Se | 35 Br | 36 Kr |
| 5 | 37 Rb | 38 Sr | 39 Y | 40 Zr | 41 Nb | 42 Mo | 43 Tc | 44 Ru | 45 Rh | 46 Pd | 47 Ag | 48 Cd | 49 In | 50 Sn | 51 Sb | 52 Te | 53 I | 54 Xe |
| 6 | 55 Cs | 56 Ba | 57 La * | 72 Hf | 73 Ta | 74 W | 75 Re | 76 Os | 77 Ir | 78 Pt | 79 Au | 80 Hg | 81 Tl | 82 Pb | 83 Bi | 84 Po | 85 At | 86 Rn |
| 7 | 87 Fr | 88 Ra | 89 Ac ** | 104 Rf | 105 Db | 106 Sg | 107 Bh | 108 Hs | 109 Mt | 110 Ds | 111 Rg | 112 Cn | 113 Nh | 114 Fl | 115 Mc | 116 Lv | 117 Ts | 118 Og |

| * | 58 Ce | 59 Pr | 60 Nd | 61 Pm | 62 Sm | 63 Eu | 64 Gd | 65 Tb | 66 Dy | 67 Ho | 68 Er | 69 Tm | 70 Yb | 71 Lu |
|---|---|---|---|---|---|---|---|---|---|---|---|---|---|---|
| ** | 90 Th | 91 Pa | 92 U | 93 Np | 94 Pu | 95 Am | 96 Cm | 97 Bk | 98 Cf | 99 Es | 100 Fm | 101 Md | 102 No | 103 Lr |

 원소를 알면 화학이 보인다

# 제1장

# 원자와 핵에 대한 이야기

## 원소와 원자를 연구한 선구자

　눈에 보이든 아니든 온갖 상태로 세상에 존재하는 모든 물질은 100여 종류의 기본 원소로 이루어져 있습니다. 만일 우리가 각 원소를 구성하는 원자 하나를 들여다 볼 수 있다면, 원자의 중심인 핵에는 고유(固有)한 수의 양성자와 중성자가 있고, 핵 주변에는 너무나 작은 일정 수의 전자가 복잡하게 휙휙 회전하는 것을 볼 것입니다. 오늘날에는 지극히 작은 원자의 세계에 대해 상당히 많은 것을 이해하고 있습니다. 그러나 100여 년 전까지만 해도 원자에 대해 아는 것이 거의 없었습니다.

## 데모크리토스와 아리스토텔레스의 원자설

　옛 사람들은 원소라는 개념이 없었지만, 고대 이집트 시대에 이미 숯(탄소), 황, 금, 은, 구리, 수은, 납, 주석, 철 등의 원소를 알고 있었습니다. 세상 만물의 구성 요소에 대해 처음 생각한 사람은 기원전 5세기의 그리스 자연철학자 데모크리토스(Democritus, BC. 460~370)였나 봅니다. 그는 '모든 물질은 원자(*atomos*)라 부르는 눈에 보이지 않는 아주 작은 입자가 무수히 모인 것'이라고 생각했습니다. '*atomos*'라는 말은 '더 이상 쪼갤 수 없다'는 그리스어입니다.

　당시 그는 이렇게 말했습니다. "원자는 더 쪼갤 수 없는 작은 입자이며, 원자는 항상 운동하고 있고, 그 운동 때문에 다른 원자와 충돌한다. 또한 원자는 모양이 각기 다르기 때문에 성질도 제각각이다." 이를 '데모크리토스의 고대(古代) 원자설'이라 하지요. 그런데 이 원자설은 그가 처음 제창한 것이 아니고, 그의 스

숭이며 철학자인 루시푸스
(Leucippus, BC. 341~270)가
먼저 제안한 것이라는 설이 있
답니다.

그의 원자설이 올바르지는
않지만, 2,500여 년 전에 이런
이론을 말했다는 것은 놀라운
일입니다. 그토록 훌륭한 데모
크리토스였지만, 그의 생애에
대해서는 거의 알려지지 않습
니다. 다만 2세기에 그리스의
전기(傳記) 작가 디오게네스 라
에르티우스(Diogenes Laertius)가
쓴 책에 그에 대한 기록이 있
습니다. 이 책에는 데모크리토

데모크리토스는 에게 해의 북쪽 해안도
시인 아브데라에서 탄생했습니다. 그는 소
크라테스 이전의 그리스 철학에 가장 큰
영향을 준 자연철학자였습니다.

스가 쓴 73권의 책 목록도 기록되어 있으며, 데모크리토스가 남
긴 놀라운 말도 남아 있었습니다.

"나는 페르시아 왕이 되느니 차라리 1개의 과학 사실을 찾아
내겠다."

당시에 또 한 사람의 위대한 학자가 있었습니다. 그는 그리스
의 철학자인 아리스토텔레스(Aristotle, BC. 384~322)입니다. 그
는 데모크리토스의 원자 이론에 동의하지 않고, '5원소설'을 주
장했습니다. 즉 모든 물질은 불(fire), 흙(earth), 공기(air), 물(water) 그
리고 우주 공간을 차지한 에테르(ether)라고 했습니다.

## 돌턴이 원자설을 발표

중세 유럽에서는 1543년에 코페르니쿠스의 <천체들의 회전에 관하여>라는 지동설(地動說)을 주장하는 책이 나오면서 과학혁명이 일어나기 시작했습니다. 초기에 과학혁명에 참여한 과학자들은 모두 귀족들이었습니다. 그들은 과학연구를 명예롭게 생각했으며, 그들에 의해 이루어진 과학혁명은 중세를 근대로 바꾸어놓았습니다.

중세기의 많은 유럽 학자들은 예부터 내려오는 전설을 실현시켜 보려고 무척 노력하고 있었습니다. "현자(賢者)의 돌을 찾아내면 그것으로 고귀한 금이나 은을 만들 수 있다."는 전설입니다. 현자의 돌(philosopher's stone)은 *lapis philosophorum* 이라는 라틴어에서 왔으며, 현자의 돌을 발견하려고 애썼던 학문을 연금술(鍊金術 alchemy)이라 부른답니다. 당시에 이루어진 연금술사(alchemist)의 노력은 뒷날 화학과 의약학 발전에 중요한 역할을 했습니다.

고대 그리스 시대의 원자론은 2,000년 이상 별 의심 없이 믿어져 왔습니다. 그러나 1808년, 영국의 화학자 돌턴(John Dalton, 1766~1844)

돌턴은 원자론을 발표하기 이전인 1803년에 "화학결합에 참여하는 원소들은 일정한 정수비로 반용한다."는 '배수비례의 법칙'도 발견하고 있었습니다.

은 새롭고 신선한 원자설을 발표했습니다.

"모든 물질은 원자로 구성되어 있으며, 원자는 창조될 수도 없고 파괴되거나 분리될 수도 없다. 한 원소의 원자는 다른 원소의 원자와 다르다. 모든 화학반응은 원자들이 결합하거나 분리되는 결과로 일어난다."

혁명적인 원자론을 발표하자, 데모크리토스와 아리스토텔레스의 이론을 의심 없이 믿어왔던 많은 학자들은 그의 새 이론을 쉽게 받아들이지 않았습니다. 그러나 몇 해 지나지 않아 학자들은 전부 돌턴의 원자론을 지지하게 되었습니다. 돌턴의 원자론은 화학의 역사에서 대단히 큰 발전의 주춧돌이 된 것입니다.


## 원소기호 창안과 동소체 발견

원자론을 발표한 돌턴은 원자를 동그라미 모양으로 나타냈습니다. 이때 스웨덴의 화학자 베르셀리우스(Jöns Jacob Berzelius, 1779~1848)는 각 원소를 나타내는 기호를 제안했습니다. 즉 그는 원소의 라틴어 이름에서 머리글자를 따서 간단히 표시하는 '원소기호'를 창안한 것입니다. 이후 그의 제안에 따라 원소만 아니라 화합물의 이름까지 기호(화학식)로 표시하게 되었습니다.

예를 들면 산소(Oxygen)는 O로, 수소(Hydrogen)는 H로 나타내고, 화합물인 물의 화학식은 $H^2O$로 나타내기로 한 것입니다(오늘날에는 $H_2O$로 표기). 그는 실리콘(규소), 셀레늄, 토륨, 세륨 등의 원소를 처음 발견했으며, 그의 제자와 함께 리튬과 바나듐을 찾아내기도 했습니다. 베르셀리우스는 오늘날 돌턴, 라부아지에 그리고 보일과 함께 근대 화학의 아버지로 불립니다.

베르셀리우스는 숯을 화학적으로 처리하여 흑연으로 만드는데 성공하고, 숯, 흑연, 다이아몬드는 동일한 원소이면서 성질과 형태가 다름을 밝혔습니다. 그는 같은 원소로 이루어졌음에도 서로 성질과 형태가 다른 물질을 동소체(allotrope)라 불렀습니다.

현재 동소체 원소는 여러 가지 알려져 있습니다. 대표적 탄소의 동소체에는 숯, 흑연, 다이아몬드, 버키볼(buckyball)이라는 물질을 들 수 있습니다. 그리고 3종의 규소(Si) 동소체, 산소($O_2$)와 오존($O_3$), 인(燐 P)의 동소체인 흰인, 붉은인, 검은인 그리고 황(黃 S)의 동소체로 단사황, 사방황, 고무상황이 있지요.


## 멘델레예프의 원소 주기율 법칙 발견

1860년대에 이르자, 그 동안 화학자들은 원소의 종류를 60가지 이상 찾아냈고, 그 중 많은 원소에 대해서는 성질도 얼마큼 알게 되었습니다. 이러한 시기에 러시아의 화학자 멘델레예프(Dmitri Mendeleev, 1834~1907)는 그의 나이가 35세 되던 1869년까지 알려진 61종의 원소의 원자무게(오늘날은 '원자량'이라 부름)와 각 원소의 성질을 카드에 적어 분류해보았습니다. 그는 카드를 원자무게와 성질에 따라 정리해본 결과, 원소들에게 주기적으로 공통된 화학적 성질이 있음을 발견하고, 원소의 주기율표를 최초로 만들어 발표하게 되었습니다.

같은 시기에 독일의 물리학자 메이어(Julius Lothar Meyer, 1830~1895)도 주기율표를 독자적으로 만들었습니다. 그러나 그는 발표를 늦게 했기 때문에 주기율표를 창안한 역사적 영예는 멘델레예프에게 돌아갔습니다.

멘델레예프가 61종의 원소를 배열하여 만든 초기 주기율표에는 채우지 못한 빈 공란이 있었습니다. 그는 "이 빈자리는 아직 찾아내지 못한 원소가 있음을 말해준다."고 했습니다. 그는 새로 발견될 원소의 성질까지 예측하면서 빈자리를 채울 원소 이름을 미리 지어놓기도 했습니다. '알루미늄', '보론', '실리콘'이라고.

그의 예언대로 1886년까지 갈륨, 스칸듐, 게르마늄이 발견되었으며, 각 원소는 멘델레예프가 예상한 성질을 가지고 있었습니다. 그의 예언이 맞아들자, 멘델레예프는 당장 세계적으로 유명한 화학자로 인정받게 되었습니다. 또한 멘델레예프의 주기율표(Mendeleev's Periodic Table)가 옳다는 것을 확신하게 되면서, 여러 나라의 화학자들은 미처 발견하지 못한 원소들을 경쟁적으로 찾으려 했습니다.

1869년에 주기율표를 처음 발표한 러시아의 위대한 화학자 멘델레예프. 오늘날 화학 교과서나 실험실에 붙어 있는 원소주기율표는 여러 차례 편리하도록 개정된 것입니다. 훌륭한 과학 연구의 업적은 가장 큰 영예입니다.

화학자들은 1925년까지 자연계에 존재하는 수소에서부터 우라늄까지 92가지 원소를 발견했습니다. 당시에는 92종이 자연계에 존재하는 원소 종류 전부라고 생각했습니다. 그러나 1940년에 '넵투늄'이라는 인공원소를 만드는데 성공하면서, 이후부터 여러 인공원소를 생산하게 되었습니다. 1955년에 합성된 인공원소는 멘델레예프의 공로를 기념하여 '멘델레븀'이라 부르기로 했지요.

2017년 현재, 주기율표를 채우는 원소의 종류는 모두 119가지가 알려져 있습니다. 이 중에 자연계에 존재하는 것은 98종이고, 20종은 인공적으로 만든 것입니다. 주기율표에 나와 있는 1부터 119까지의 번호를 '원자번호'(atomic number)라 하는데, 이는 그 원소의 핵이 가진 양성자의 수와 일치합니다. 그리고 원자량

(atomic mass, atomic weight)은 각 원소의 원자가 가진 양성자와 중성자의 무게를 합한 질량입니다. 원소의 질량이란, 탄소(C-12, $C^{12}$로도 표기) 원자의 질량을 12로 했을 때, 각 원소의 상대 질량을 나타내는 것입니다. 전자는 무게가 너무 작아 원자량에는 거의 영향을 주지 않습니다.

## 전자와 양성자를 발견한 선구자들

멘델레예프가 주기율표를 발표한 당시만 해도 과학자들은 원소를 구성하는 최소 단위를 '원자'라고만 알고 있었고, 원자의 모습에 대해서는 상상조차 어려웠습니다. 원자를 구성하는 핵과 핵 속의 양성자, 중성자 그리고 전자의 존재를 알기 시작한 계기는 1870년대 초에 영국의 물리학자 크룩스(William Crookes, 1832 ~1919)가 음극선관을 발명하고, 1896년에 프랑스의 물리화학자

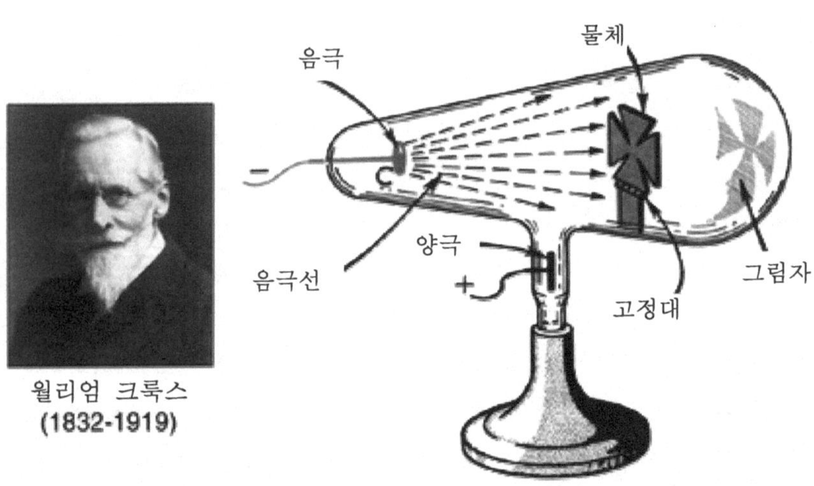


월리엄 크룩스
(1832-1919)

과학자 크룩스와 크룩스관의 모습입니다. 높은 전압을 걸었을 때, 음극에서 나온 전자가 양극으로 끌려 흐르기 때문에 가로막은 금속판의 그림자가 유리관 벽에 만들어집니다.

베크렐(Antoin Henri Becquerel, 1852~1908)이 방사능을 발견한 뒤부터입니다. 베크렐은 '피치블렌드'라는 광석을 얹어둔 사진건판이 저절로 감광되는 현상을 우연히 발견했으며, 얼마 뒤 사진건판을 감과시킨 것이 '방사선'이라는 것을 알게 되었습니다.

당시 많은 과학자들은 크룩스가 발명한 신비스런 음극선관(cathode ray tube)을 이용하여 많은 종류의 실험을 하고 있었습니다. 음극선관은 오늘날 '크룩스관'이라고도 하지요. 음극선관이란, 내부가 진공인 유리관의 양쪽에 고압의 전류를 걸었을 때, 진공관 내부에서 빛이 나도록 만든 관입니다. 과학자들은 음극선관에서 빛이 발생하는 원인이 음극에서 양극 쪽으로 무언가가 나간 때문이라고 믿고, 그것을 '음극선'(cathode ray)이라 불렀습니다(당시에는 전자의 존재를 몰랐음).

한편, 독일의 물리학자 유겐 골드스타인(Eugen Goldstein, 1850~1931)은 1886년에 음극선관에서 음극선만 아니라 양전하를 가진 입자도 방출된다는 사실을 발견했습니다. 그래서 이 입자에는 양성자(proton)라는 이름이 붙여졌습니다. 그 다음 해에는 영국의 물리학자 톰슨(Joseph John Thomson, 1856~1940)과 그의 연구팀이 '음극선은 음전하를 가진 입자의 흐름이며, 이 입자의 질량은 가장 가벼운 원자(수소) 무게의 2,000분의 1 정도'라고 발표했습니다.

그로부터 10년이 더 지난 1897년, 톰슨은 오늘날에 가까운 새로운 원자 모델을 발표했습니다. "원자는 양전하(+)를 가진 양성자와, 양성자의 전하를 중화시킬 정도의 음전하(-)를 가진 입자들로 이루어져 있다."

뒷날 과학자들은 음전하를 가진 입자를 '전자'(電子 electron)라 부르게 되었고, 1909년에는 전자의 질량이 양성자의 1,837분의 1이라는 것도 밝혀냈습니다. 그리고 '전류'(電流)라는 것은 '전자가 도체 속으로 흐르는 것'임도 알게 되었습니다.

리튬의 원자 구조를 나타내는 러더퍼드의 모델. 핵 주변을 전자들이 돌고 있는 형태로 나타냈습니다. 러더퍼드의 원자 모델 그림은 지금도 원자를 표현하는 디자인에 이용되고 있습니다.

톰슨의 제자 어니스트 러더퍼드(Ernest Rutherford, 1871~1937)는 뉴질랜드 태생의 물리화학자입니다. 러더퍼드는 오늘날 '핵물리학의 아버지'로 불린답니다. 그는 1909년, 영국의 맨체스터 대학에서 알파 입자(2개의 양성자와 2개의 중성자가 결합한 헬륨의 핵)가 흩어지는 것을 관찰하던 중, '원자의 중심에는 양전하를 가진 핵이 압축되어 있고, 그 주변에는 전자가 마치 태양 주위를 도는 행성처럼 넓은 공간을 두고 돌고 있다'는 새로운 이론을 발표했습니다. 이어 1911년에는 원자의 구조를 나타내는 모델을 만들었습니다.

## 러더퍼드와 모즐리의 놀라운 발견

러더퍼드는 원자를 연구하는 방법으로 그 당시 새롭게 발견된 방사성 원소(우라늄과 라듐)를 이용했습니다. 두 원소는 원자가 불안정하여 저절로 핵붕괴가 일어나면서 양전하를 가진 알파 입자를 방출합니다. 알파 입자가 2개의 양성자와 2개의 중성자로 이루어진 헬륨의 핵이라는 것을 알지 못했던(그림 참조) 그는 이 입자를 그리스 문자의 첫 글자를 따서 '알파'(alpha)라 불렀습니다. '알파선'이라는 말도 이때 나오게 되었습니다.

연구를 계속한 러더퍼드는 방사성 원소에서 나오는 알파입자를 원자의 핵에 충돌시키면 핵이 부서지는 것을 발견하고, 이러한 방법으로 핵의 구조를 연구했습니다. 1920년, 그는 가장 가벼운 원소인 수소의 핵이 모든 원자의 핵을 이루는 기본이 된다는 사실을 알았습니다. 그는 수소의 핵을 이루는 양전기를 가진 입자를 '양성자'(陽性子 proton)라 부를 것을 제안했습니다.

더 나아가 핵에 양성자 외에 중성자(neutron)가 있음을 처음 밝힌 과학자는 영국 캐번디시 연

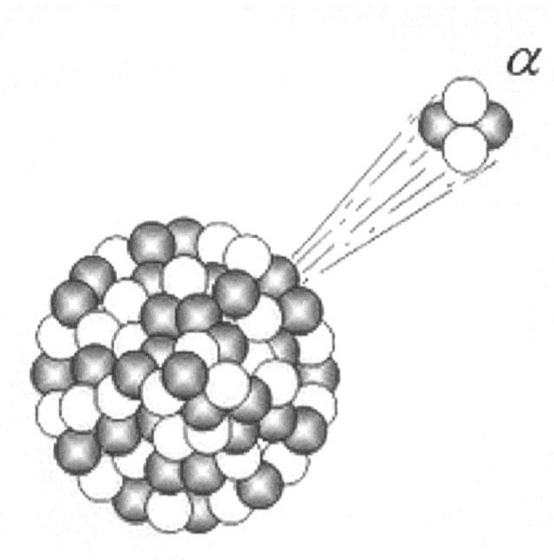

방사성 원소의 핵에서 알파 입자가 떨어져 나오는 모양을 표현합니다. 알파 입자는 2개의 양성자와 중성자만 있고 전자는 없기 때문에 양전하를 갖습니다. 알파입자는 바로 헬륨의 핵입니다.

영국의 물리학자 톰슨은 전자와 동위원소를 발견했으며, '질량분석계'라는 실험장치도 발명했습니다. 그는 1906년에 노벨 물리학상을 받았습니다.

구소의 물리학자 채드윅(James Chadwick, 1891~1974)이었습니다. 1932년에 처음 발견한 중성자는 질량이 양성자와 거의 같았으며, 전하를 갖지 않았습니다. 그래서 이 입자에는 '중성자'(中性子 neutron)라는 명칭이 붙여졌습니다.

한편 영국의 물리학자 모즐리(Henry Moseley, 1887~1915)는 제1차 세계대전이 시작되기 바로 전 1913년경부터 여러 종류의 원소에 빠른 속도의 전자를 충돌시켰을 때, 그 원소로부터 방출하는 X-선의 파장을 조사했습니다. 그 결과 원소의 종류에 따라 마치 지문(指紋)처럼 독특한 파장의 X-선이 방출되는 현상('모즐리의 법칙')을 발견했습니다. 그는 이 방법의 결과를 수학적으로 계산하여, 각 원소의 핵이 가진 양성자의 수를 헤아릴 수 있었습니다.

모즐리의 연구로 밝혀진 각 원소의 양성자 수는 바로 그 원소의 '원자번호'(atomic number)가 되었습니다. 원자번호는 언제나 자연수(自然數)입니다. 모즐리의 연구 때문에 멘델레예프의 주기율표는 원자번호에 따라 전보다 멋지게 완성시킬 수 있었습니다.

모즐리의 놀라운 연구는 X-선의 파장을 분석하여 원소와 물질의 종류를 구별하는 'X-선결정학'이라는 새롭고도 중요한 물리화학 분야를 탄생시켰습니다. 모즐리는 이 외에도

하나의 원자를 볼 때, 중앙의 핵과 주변의 전자 사이는 엄청나게 멀리 떨어져 있으며, 핵과 전자 사이는 텅 빈 공간입니다. 비유를 하자면, 핵이 고양이 크기라면 전자는 약 0.8km 밖에서 붕붕거리며 나는 벌의 크기라고 할 것입니다. 그리고 고양이와 벌 사이는 엄청난 빈 공간이고요. 마치 태양과 지구(행성들) 사이가 공간이듯이 말입니다.

원자 연구에 위대한 업적을 많이 남겼습니다. 그러나 불행하게도 그는 1914년에 시작된 제1차 세계대전 때 영국군 통신병으로 참전했다가, 1915년 8월 저격병의 총에 맞아 28세에 세상을 떠났습니다. 전쟁은 역사상 가장 전도유망한 과학자 한 사람을 잃게 만들어버린 것입니다.

## 원자의 구성과 구조

### 수소, 중수소, 삼중수소는 동위원소(isotopes)

모즐리의 발견에 따라, 각 원소는 그 원소가 가진 양성자와 중성자의 전체 수(원자무게)를 따지지 않고, 원자의 핵이 가진 양성자의 수(원자번호)에 따라 서로 구분할 수 있게 되었습니다. 그래서 멘델레예프가 주기율표상에서 원자무게에 따라 순서를 정하려고 했던 것이 원자번호만으로 순서를 정하도록 수정되었습니다.

모든 원소의 핵은 각기 일정한 양성자 수를 가졌지만, 그들의 핵이 가진 중성자 수는 다를 수 있습니다. 수소를 예로 들자면, 수소의 핵은 1개의 양성자만 있고 중성자는 없습니다. 그런데 '중수소'(重水素 deuterium)라 부르는 수소는 핵에 1개의 양성자만 아니라 1개의 중성자도 가졌습니다. 더군다나 '삼중수소'(tritium)라 불리는 더 무거운 수소의 핵은 양성자 1개에 2개의 중성자를 가졌습니다. 이 세 가지 수소는 '수소의 동위원소'(同位元素 isotope)입니다. 그들은 중성자의 수가 다르지만 수소 고유의 성질은 변하지 않습니다. 이처럼 같은 수의 양성자를 가지면서 중성자의 수가 다른 원자핵으로 이루어진 원소들을 동위원소라 합니다. 그런데 대부분의 원소가 동위원소를 가졌습니다. 어떤 원소는 단 2가지 동위원소만 있지만, 수십 가지 동위원소를 가진 원소도 있습니다.

주기율표에서 원자무게를 나타내는 수를 보면, 자연수가 아니라 소수점이 붙어 있습니다. 이것은 그 원소가 가진 동위원소들의 원자무게를 평균으로 계산한 값이랍니다. 예를 들어 주기율표에서 아르곤(Ar) 원소를 보면, 원자번호는 18인데, 원자무게는 39.95로 나타나 있습니다. 그리고 이것보다 원자번호가 하나 더 많은 원자번호 19인 칼륨(K)의 원자무게는 39.10입니다. 이는 아르곤 동위원소 중에 중성자를 39개 이상 가진 것들이 있기 때문입니다. 그리고 원자번호 20인 칼슘(Ca)의 원자무게가 40.08로 표시된 것은, 칼슘의 동위원소 중에 중성자를 20개 이상 가진 것이 있어 평균치를 나타낸 때문이지요.


## 전자의 성질

덴마크의 물리학자 닐스 보어(Niels Bohr, 1885~1962)는 "원자의 핵 둘레를 도는 전자들은 일정한 궤도를 가지고 있으며, 전자들은 한 궤도에서 다른 궤도로 이동할 수 있다."는 이론을 1913년에 발표했습니다.

보어는 영국 맨체스터에서 러더퍼드와 함께 연구했으며, 러더퍼드의 원자 모델을 더욱 발전시켰습니다. 러더퍼드는 전자들이 핵 주변을 무질서하게 돈다고 했으나, 보어는 아래와 같이 생각했습니다.

- 원자의 핵에 가까운 궤도를 도는 전자일수록 에너지가 적고, 먼 궤도일수록 큰 에너지를 갖는다. 이때 원자가 돌 수 있는 궤도는 원자의 핵에 의해 정해진다.
- 외부 궤도의 전자가 내부 궤도로 옮길 때 광자(photon)를 방

출한다.
- 전자가 에너지를 흡수하면 외부 궤도로 점프를 한다.

이를 '보어의 원자 모형'이라 합니다. 제2차 세계대전을 일으킨 독일이 덴마크를 점령하자, 보어는 히틀러에 저항하는 레지스탕스에 적극 참여했기 때문에 1943년 가족과 함께 미국으로 탈출했습니다. 미국에서 그는 원자탄 개발 계획인 '맨해튼 계획'(Manhattan Project)에 동참한 핵물리학자의 한 사람이 되었습니다. 그는 우라늄 같은 무거운 원자의 핵이 중성자

닐스 보어는 20세기의 핵물리학 발전에 가장 큰 공헌을 한 과학자들 중 한 사람입니다.

를 흡수하면, 핵분열을 일으키는 이유를 설명함으로써 핵물리학 발전에 위대한 공헌을 했습니다.

전자는 참으로 신비한 존재입니다. 전자는 원자를 구성하는 성분으로서 가장 작은 입자입니다. 또 전자는 우주 탄생 때 모든 원자의 구성분으로 생겨난 이후 지금까지 수십억 년을 두고 변함없이 운동해 왔습니다. 또 전자는 모든 전기 현상을 일으키는 장본인입니다. 전자를 움직이게 하는 힘은 무엇이기에 이런 운동과 전기현상이 나타나게 할까요? 이는 전자의 숙제들입니다.

## 전자껍질(전자각), 원자가 껍질, 원자가 전자

　모든 원소의 핵은 일정한 수의 양성자를 가졌고, 그 양성자의 수만큼 전자를 가졌습니다. 원자번호가 증가함에 따라 전자의 수가 많아지면, 전자들은 마치 태양 주위를 도는 행성들처럼 어떤 궤도(orbital)를 돕니다. 전자의 궤도를 설명할 때 편의상 양파 껍질과 비슷하게 나타내고 있습니다. 전자의 수가 많으면 전자들은 층을 이루어 궤도를 돈다고 생각할 수 있습니다. 원자과학에서는 여러 층의 전자 궤도를 전자각(電子殼 shell) 또는 '전자껍질'이라 합니다.

　핵에 가까운 껍질(전자각)을 도는 전자일수록 안정되어 있습니다. 그 이유는 전자의 음전하(-)와 핵의 양성자 전하(+)가 서로 가까운 만큼 더 강하게 끌기 때문입니다. 그러나 핵 가까운 껍질을 돌던 전자라도 에너지를 얻게 되면 바깥 껍질(궤도)로 나가게 되고, 반대로 바깥 껍질의 전자가 에너지를 잃으면 안쪽 궤도로 들어갈 수 있습니다. 한편 핵으로부터 가장 먼 바깥 껍질(최외각)의 전자는 핵과 거리가 멀기 때문에 결합력이 약하여 주변에 있는 다른 원자의 핵으로 끌려갈 수 있습니다.

　전자가 많은 원소들의 핵 주위를 회전하는 전자들은 몇 개의 층(껍질)으로 나뉜 궤도를 돌고 있다고 생각하고 있습니다. 전자 궤도 중에 핵과 가장 가까운 껍질을 K라 하고, 밖으로 나가면서 차례로 L, M, O, P, Q 또는 1, 2, 3, 4, 5, 6, 7껍질이라 부릅니다. 각 껍질에서는 일정한 수 이하의 전자들만 돌 수 있습니다. 예를 들어, 핵에 가장 가까운 K껍질에는 2개의 전자가, 그 다음 L껍질에는 8개, 그 다음 M에는 18개가 돌 수 있지요. 껍질 수가 많으면 바깥의 전자 수도 증가하지요. 이 책에서 각 원소의 각 전자궤도와 전자 수는 원소를 소개할 때마다 나타내도록 했습니다.

가장 바깥 껍질을 도는 전자는 화학에서 매우 중요합니다. 그 이유는 바깥껍질에 있는 전자는 주변의 다른 핵과 반응하여 화학작용을 일으키기 때문입니다. 제일 바깥 껍질(최외각)을 '원자가 껍질'(valence shell)이라 부르며, 최외각의 전자는 화학결합에 관여한다고 해서 '원자가 전자'(valence electrons)라 부르기도 합니다. 'valence'는 '힘'이라는 의미를 가진 라틴어에서 유래했습니다. 즉 다른 원자와 결합하거나 반응하는 '전자의 화학적 힘'을 의미합니다.

주기율표에서 같은 족(groups)에 속하는 원소들은 제일 바깥껍질에 같은 수의 전자가 돌고 있습니다. 그래서 같은 족의 원소들은 물리화학적 성질도 닮았습니다.


## 원자번호, 원자량, 표준원자량, 질량수, 핵자

**원자번호(atomic number)** - 주기율표상의 원자들은 1번 수소로부터 119번까지 고유의 번호가 있습니다. 이 번호를 원자번호(atomic number)라 하고, 이 번호는 그 원소의 핵이 가진 양성자의 수와 일치합니다. 그러므로 원자번호 92번 우라늄의 핵은 92개의 양성자를 가졌습니다.

**원자량(atomic weight)** - 각 원소의 원자량은 6개의 양성자와 6개의 중성자를 가진 탄소-12 원자의 무게를 12로 정한 비례 무게입니다. 그런데 주기율표에서 수소의 원자량을 보면 1.008로 나타나 있습니다. 이것은 지구상에 존재하는 수소의 동위원소 중에 양성자 1개를 가진 H-1의 존재량은 99.985%이고, 양성자 1개와 중성자 1개를 가진 중수소(H-2)는 존재량이 0.015%, 그리고 양성자 1개와 중성자 2개를 가진 삼중수소(H-3)가 극미량 존재하므로, 이들의 전체 질량을 평균하면 1.008이 됩니다. 모든 원소는 몇 가지 동위원소가 있으므로 이들의 평균 질량이 원자량입니다.

**표준원자량** - 각 원소의 동위원소 중에서 가장 많이 존재하는 표준이 되는 동위원소의 원자량을 나타냅니다.

**질량수(mass number)** - 각 원소의 핵을 이루고 있는 양성자와 중성자의 총합을 질량수라 합니다.

**핵자(nucleon)** - 핵을 이루는 입자인 양성자와 중성자를 통칭하여 핵자(nucleon)라 합니다.


## 금속원소와 비금속원소

제일 바깥 껍질에 전자가 가득 찬(2, 8, 18, 또는 32개로) 원소는 매우 안정하여 화학반응을 거의 일으키지 않습니다. 예를 들어 18족에 속하는 헬륨, 네온, 아르곤, 크립톤, 크세논과 같은



일반적으로 이용되는 오늘날의 원소주기율표. 각 원소 기호 위에는 원자번호, 그 아래에는 원소 이름, 그리고 이름 아래에는 원자량이 나타나 있습니다. 원자량을 소수점으로 표기한 것은 그 원소의 여러 동위원소들의 평균 원자량이기 때문입니다.

'희유(稀有)가스'(noble gas)라 부르는 원소들은 바깥껍질이 전자로 가득 채워져 있습니다. 반면에 바깥껍질의 전자가 완전하지 못한 원자들은 전자가 충만해지도록 다른 원자들과 반응을 일으키려 합니다.

예를 들어, 최외각에 소수의 전자를 가진 '금속원소'(metals)들은 일반적으로 바깥껍질의 전자를 잃어버리는 방법으로 화학결합을 하여 안정해지려 합니다. 반면에 바깥 껍질에 전자가 많은 비금속원소(nonmetals)들은 이웃 원자로부터 전자를 끌어들여 바깥껍질을 가득 채움으로써 안정해지려 하지요.


## 방사성원소와 방사선

원소 중에는 원자의 상태가 안정하지 못하여 자연적으로 붕괴하는 것들이 있습니다. 일반적으로 원자번호 82번(납)까지의 원소는 안정합니다. 다만 그 중에 43번 테크네튬과 61번 프로메튬은 예외입니다. 이처럼 원자번호가 아주 높은 원소들은 핵의 크기가 커짐에 따라 불안정해져서 저절로 붕괴하여 가벼운 원소로 변해갑니다. 이 붕괴 과정의 원소로부터 방사선이 나옵니다.

얼마 전까지만 해도 자연계에는 92번 우라늄까지만 있고, 93번 이상의 무거운 원소들은 자연계에 없으므로 모두 인공적으로 만들어야 하는 것으로 알았습니다. 그러나 93-98번까지의 원소가 흔적 정도 있다고 알려졌습니다.

가벼운 원소들일지라도 핵이 불안정한 동위원소들은 방사선을 내면서 붕괴합니다, 예를 들면 탄소-12는 안정되어 있지만, 탄소-12보다 중성자를 2개 더 가진 탄소 C-14는 방사선을 내면서 붕괴합니다.

방사선(放射線 radiation)이란 에너지를 가진 입자나 선(ray)을 말합니다. 방사선은 이온화방사선(iionizing radiation)과 비이온화방사선(non-ionizing radiation)으로 크게 나눕니다.

**이온화 방사선** : 음전하나 양전하를 가진 알파선, 베타선, 감마선, 중성자, 우주선(cosmic ray), X-선 등을 말합니다.

**비이온화 방사선** : 전하를 가지지 않은 전자기파(가시광선, 자외선, 적외선, 라디오파 등)를 말합니다.

**방사성 원소** : 원자가 불안정하여 방사선을 내면서 붕괴하는 원소를 말합니다.

**알파선** : 알파선은 양성자 2개와 중성자 2개로 이루어진 입자(헬륨의 핵과 동일)를 말하며, 알파입자는 에너지가 약하여 종이 1장도 뚫고 나가기 어렵습니다.

**베타선** : 베타선은 큰 에너지를 가진 고속의 전자(electron)나 양전자(positron)를 말합니다. 동위원소 K-40에서 방출되는 방사선은 베타선입니다(원소번호 19번 칼륨 참조). 베타선은 2mm 정도 두께의 알루미늄 판을 뚫고 나가지 못합니다.

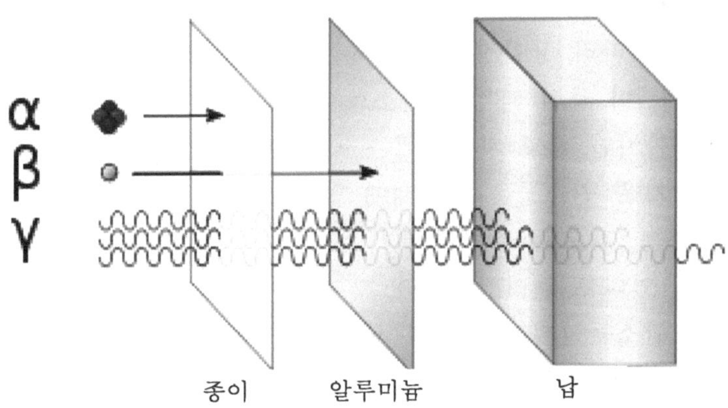


방사성 원소에서 나오는 3종의 방사선이 가진 에너지를 나타냅니다. 알파선은 종이를 투과하지 못하고, 베타선은 알루미늄 판에 차단되며, 감마선은 두터운 납을 투과하기도 합니다.

**감마선** : 큰 에너지를 가진 광자(光子 photon)입니다, 광자는 질량도 없고 전하도 없으며, 침투력이 매우 강합니다. 광자는 수cm 두께의 두꺼운 납판을 투과할 정도입니다.

**중성자** : 중성자는 전하가 없지만 이온화 방사선으로 분류합니다. 핵분열이나 핵융합 때 생겨나며, 큰 에너지를 가진 중성자는 다른 핵을 붕괴시킬 수 있습니다.

**X-선** : 파장이 10nm보다 짧은 강한 에너지를 가진 전자기파입니다.

### ♬ 주기율표를 보는 요령

원소의 물리적 화학적 성질이 원자번호의 주기에 따라 변하는 것을 '주기율의 법칙'(periodic law)이라 합니다. 주기율표에 대해서는 지금도 학자에 따라 의견의 차이가 있습니다. 그러나 이 책에서는 '국제순수응용화학연맹'(International Union of Pure and Applied Chemistry IUPAC, 발음은 아유팩)이 제정한 주기율표에 따라 설명합니다. IUPAC은 화학원소와 화합물의 국제 표준명칭을 제정하는 국제화학학회의 기구입니다. IUPAC에는 8개 분과(생물물리화학, 무기화학, 유기 및 생물분자화학, 거대분자화학, 분석화학, 화학 및 환경, 화학 및 건강, 화학명명 및 화학구조 표현)가 있습니다.

### ♬ 주기율표의 족과 주기

이 책의 30페이지에 나타낸 주기율표는 교과서의 주기율표와 동일합니다. 이 주기율표의 배열을 보면, 맨 위에 가로로 1번에서 18번까지 아라비아 숫자가 있는데, 이를 '족'(族 groups, families)이라 부릅니다. 그리고 맨 왼쪽에는 1주기에서 7주기까지 내려가며 표시되어 있는데, 이는 주기(週期 period)라 부릅니다.

　주기율표의 족과 주기는 마치 극장의 좌석표처럼 각 원소의 지정석을 나타냅니다. 예를 들면 수소는 1주기 1족의 원소이고, 산소는 16족 2주기, 니켈은 10족 3주기 원소이지요. 주기율표상에서 같은 족, 같은 주기에 속하는 원소들은 서로 비슷한 성질을 가졌습니다. 예를 들어 1족에 속하는 7가지 원소는 서로 비슷한 화학적 성질을 가졌습니다. 그 이유는 같은 족 원소의 핵 둘레를 도는 최외각 전자의 수가 같기 때문입니다.

　주기율표에서 1주기를 보면, 1족의 수소와 18족의 헬륨 둘 뿐이고, 2주기에는 리튬에서 네온까지 8개가 있고 중간(3-12족)은 비어 있습니다. 또 3주기 역시 나트륨에서 아르곤까지 2주기 원소들처럼 8개만 있지요. 그래서 1, 2, 3주기의 원소는 '단주기 원소'라 부르고, 그 이후 나머지는 '장주기 원소'라 부르기도 하지요. 주기율표에서 17족에 세로로 나타낸 원소들(F, Cl, Br, I, At)은 '할로겐(핼러젠) 원소'라 하고, 18족의 세로로선 He, Ne, Ar, Kr, Xe, Rn은 '희유가스 원소'라 합니다.

---

## ♬ 외국어 표기에 대한 참고 사항

　1. 참고서나 교과서에 장음으로 표기되고 있는 셀룰로오스, 요오드 등을 셀루로스, 요드로 표기했습니다.

　2. 과거에 일본은 네덜란드로부터 과학기술 문명을 처음 도입했습니다. 그에 따라 일본의 과학기술용어는 네덜란드식이나 독일식 발음으로 표기한 것이 대부분이었습니다. 우리나라는 일본의 표기법에 따라 원소명(예-티탄, 게르마늄, 브롬)을 많이 사용하게 되었습니다. 그러나 오늘에 와서는 많은 용어가 국제어인 영어로 차츰 바뀌어가고 있습니다. 타이타늄, 저마늄, 브로민 등으로 말입니다. 그래서 이 책에서는 함께 표기하기도 했습니다.

　3. 많은 화학용어는 한자를 기억해야 할 필요가 있으므로 중요한 용어 뒤에는 한자를 괄호 안에 넣었습니다. 한자 읽기는 할 수 있기 바랍니다. 또한 영어로 된 용어들은 정확한 영어 발음도 기억해둡시다.

---

# 제2장

# 1, 2, 3주기 원소의 특성

# 1. 수소(Hydrogen, H)

◆ 원자번호 : 1
◆ 족 : 1족(1주기)
◆ 원자량 : 1.008
◆ 밀도 : 기체(0.08988 g/L), 액체(0.07 g·cm$^{-3}$)
◆ 각 전자궤도의 전자 수 : 1
◆ 녹는 온도(mp) : -259℃　◆ 끓는 온도(bp) : -252℃

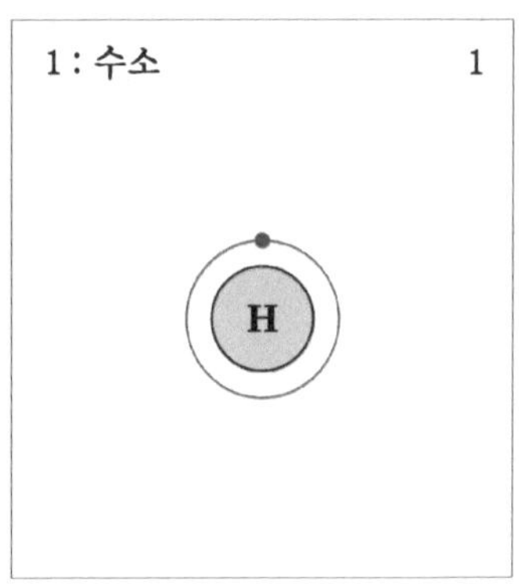


일반적인 조건에서 수소는 원자 2개가 결합한 분자(2원자 분자)로 존재하기 좋아합니다. 그래서 수소 분자는 화학기호로 H₂라고 표시하지요.

　우주는 수소의 세계라고 말할 수 있을 정도로, 우주 전체 물질의 75%를 수소가 차지합니다. 태양을 비롯한 별이 빛날 수 있는 것은 거대한 수소 덩어리 속에서 핵융합반응이 일어나고 있기 때문이지요. 주기율표에서 1족 1주기 1번 원소로 시작하는 수소는 원자 구조가 가장 간단합니다. 수소의 핵에는 1개의 양성자만 있고, 그 주변을 1개의 전자가 돌고 있지요. 이런 수소는 2개의 원자가 결합하여 1개의 분자($H_2$) 상태로 존재하기를 좋아합니다.

　수소는 우주가 처음 폭발(빅뱅)했을 때 가장 먼저 생겨난 원소입니다. 기타의 원소들은 별(태양)에서 일어나는 수소의 핵반응이 진행되면서 생겨나거나, 수명을 다한 별(초신성)이 대폭발할 때 만들어지기도 합니다.

　수소는 우주 물질의 대부분을 차지하지만, 지구 대기권에는 지극히 적은 양이 존재합니다. 공기 1억 리터 속에 수소는 겨우 5리터뿐입니다. 대기 중에 수소의 양이 적은 이유는, 너무 가벼운 기체이므로 지구의 중력으로부터 탈출하여 우주로 날아가 버렸기 때문입니다. 반면에 중력이 훨씬 큰 토성이나 목성에는 비교적 많은 양의 수소가 있으니까요. 그런데 목성이나 토성의 중심부에 있는 수소는 높은 압력을 받아 기체가 아니라 '액체금속' 상태로 존재한다고 합니다.

　지구에서 대기 중에는 수소가 조금 뿐이지만, 수소는 산소와 결합하여 물의 성분으로 상당량 존재하여 지각 성분의 약 3%를 차지합니다.

　수소를 처음 발견한 사람은 영국의 화학자 헨리 캐번디시(Henry Cavendish, 1731~1810)입니다. 캠브리지 대학의 '캐번디시 연구소'는 바로 그의 이름을 딴 것입니다. 캐번디시는 1766년에 금속 아연에 산(酸)을 넣어 순수한 수소를 발생시켜 수소라는 원소의 존재를 처음 확인했습니다. 그는 수소가 매우 불타기 쉬운 원소임을 발견했으며, 1783년에는 수소를 공기 중에서 태우면 물이 생겨난다는 사실을 알게 되었습니다. 그가 창안한 수소제조법은 지금도 실험실에서 이루어지고 있지요. 캐번디시는 지구의 질량을 정확히 계산했으며, '중력상수 G' 값을 계산하기도 하여, 뉴턴(Isaac Newton 1642~1723)의 '우주 중력 이론'이 옳음을 확인하기도 한 과학자입니다.

　수소는 냄새, 맛, 색이 전혀 없습니다. 그러면서 지극히 잘 불타는 기체입니다. 수소를 공기 중에서 태우면 수소는 산소와 맹렬히 결합하여 물이 되면서 막대한 열을 방출합니다. '수소'(hydrogen)라는 원소이름은 1783년에 프랑스의 화학자 라부아지에(Antoine Lavoisier 1743~1794)가 지었습니다. 'hydrogen'이란

H. Cavendish

영국의 화학자이며 물리학자인 캐번디시는 수소 원소를 처음 발견했으며, 지구의 밀도를 계산하여 매우 정밀하게 질량을 추정하기도 했습니다.

'*hydro* + *gene*' 즉 '물 + 생성'의 의미이며, 우리말도 '물(水)의 원소'라 하여 수소(水素)라 부르게 되었습니다.

수소는 공기보다 훨씬 가벼운 기체이므로, 수소를 넣은 풍선은 곧장 공중으로 떠오릅니다. 그래서 한때 사람이 타는 비행선에 넣기도 했으나, 1937년에 독일의 비행선 힌덴부르크 호가 폭발하는 사고 이후부터 비행선에 사용하지 않게 되었습니다. 지금의 비행선에는 수소보다는 무겁지만 불타지 않는 헬륨 가스를 넣습니다.

수소의 대표적인 화합물은 수소 2원자와 산소 1원자가 결합한 물($H_2O$)입니다. 또한 수소는 모든 유기물의 성분으로서 탄소, 산소와 함께 생명체를 구성하는 기본 원소입니다. 또한 수소는 탄소와 결합하여 탄화수소(炭化水素 hydrocarbon) 형태로 유기물뿐만 아니라 천연가스와 원유의 성분이 되어 있습니다. 이 탄화수소의 사슬이 끊어지면 에너지가 방출되는데, 그 에너지가 우리 몸만 아니라 화력발전소와 자동차 연료의 힘이 됩니다.

생명체를 이루는 '탄수화물'(炭水化物 carbohydrate)은 수소, 산소, 탄소 3원소가 결합한 분자입니다. 몸에 에너지를 제공하는 전분과 설탕은 바로 대표적인 탄수화물입니다. 수소는 다른 원소와 화합하여 향료, 염료, 살충제, DNA, 단백질 등 수없이 많은 종류의 화합물을 구성합니다.

수소를 공업적으로 대량생산할 때는 물을 전기분해하는 방법을 주로 씁니다. 때로는 뜨겁게 불타는 코크스 위로 수증기를 통과시켜 수소를 만들기도 하지요. 붉게 가열된 코크스 속으로 수증기를 보내면 코크스에서 발생한 일산화탄소($CO$)와 물이 반응하여 이산화탄소와 수소가 발생하는 것입니다.

$$CO + H_2O \rightarrow CO_2 + H_2$$

이러한 화학반응을 '수성가스 반응'(water gas reaction)이라 하며, 이 방법은 이탈리아의 의학자 펠리체 폰타나(Felice Fontana 1730~1805)가 1780년에 발견했습니다.


다음은 수소의 중요 용도입니다.

1. 상업적으로 대량생산한 수소는 화학공업과 식품공업에서 이용합니다. 특히 요소(尿素)비료(질소비료)를 생산할 때 수소를 가장 많이 사용하지요. 식품공업에서는, 액체상태의 식물성 기름에 수소를 작용시켜 단단한 마가린으로 만듭니다. 마가린은 콜레스테롤이 적기 때문에 동물성 버터 대신 많이 식용합니다.

2. 우주항공 산업에서는 수소를 우주선을 날려 보내는 로켓 연료로 대량 사용합니다. 즉 우주 로켓은 수소($H_2$)와 산소($O_2$)를 태웠을 때 발생한 뜨거운 수증기($H_2O$)가 팽창하여 고속으로 분사되므로 그 반작용으로 추진되는 것입니다.

3. 수소에는 2가지 동위원소가 있습니다. 일반 수소의 핵이 가진 양성자 1개에 중성자 1개가 더 들어간 '중수소'(deuterium, D, 2H)와, 중성자가 2개 들어간 '삼중수소'(tritium, T, 3H)가 있습니다. 양성자 1개만 가진 일반 수소(1H)는 '프로튬'(protium)이라 부르기도 합니다.

4. 수소는 화학반응에서 산과 염기의 반응에 주역을 담당하는 원소입니다.

## 중수소와 삼중수소의 성질

중수소는 원래 안정된 동위원소입니다. 이것은 일반 수소(1H 또는 H-1)보다 중성자를 더 가져 원자가 무겁기 때문에 '중수소'(重水素)라 부릅니다. 중수소도 일반 수소처럼 산소와 결합하여 물을 만들기도 합니다. 중수소로 만든 물을 '중수'(重水 heavy water)라 부르며, 화학식은 흔히 '$D_2O$'로 나타냅니다. 이런 중수는 바다나 호수의 물 6,000개 분자 당 1개꼴(0.0156%)로 섞여 있습니다.

중수소를 따로 분리하려면, 일반 물을 전기분해하여 산소와 수소로 일단 나눕니다. 이때 발생한 수소 가스는 일반 수소와 중수소가 섞여 있습니다. 그러므로 이 두 수소의 원자 무게 차이를 이용하여 분리하면 중수소만 얻을 수 있습니다. 중수소는 일반 수소와 화학적 성질이 조금 다릅니다. 예를 들어 중수가 40% 이상인 물($D_2O$)을 마신다면 인체에 해롭습니다.

원자폭탄은 우라늄(U-235)의 핵에 중성자를 쏘아 핵분열반응이 한꺼번에 일어나도록 한 것이지요. 원자력발전소에서는 원자로 속에서 일어나는 핵분열반응 속도를 조절하여 천천히 핵분열이 일어나도록 합니다. 원자로에 중수를 적당량 넣으면 중성자의 속도를 조절할 수 있습니다. 그래서 중수는 원자로에서 핵분열반응 속도를 줄이는 '감속제'(moderator)로 사용됩니다.

삼중수소는 중수소보다 중성자를 1개 더 가졌기 때문에, 그 핵은 불안정하여 방사성을 가지며, 그것의 반감기는 12.26년입니다. 즉 10그램의 삼중수소가 반감기 기간을 지나면, 그 중의 5그램은 가벼운 일반 수소로 변하고 삼중수소는 5그램만 남게 된다는 말입니다. 삼중수소의 반감기가 이렇게 짧은데도 지구에 삼중수소가 적게나마 남아있는 이유는, 항상 새로 생겨나고 있기 때문입니다. 즉 '우주선'(cosmic ray)이라 부르는 태양 또는 다른 우주에서 오는 강력한 입자가 지구 대기권 상층의 수소와 충돌하여 삼중수소를 만들고 있는 것입니다.

삼중수소는 대기 중의 산소와 반응하면, 방사성을 띤 물($T_2O$) 분자가 됩니다. 이 방사성 물은 빗물에 섞여 바다와 호수로 들어오지만, 이들은 양이 적고 방사성이 약하여 생명체에 피해를 주지 않습니다.

중수소와 삼중수소는 '핵융합반응'(nuclear fusion)으로 에너지를 얻으려 할 때 기본 연료가 됩니다. 핵융합반응이란, 물방울 2개가 만나면 큰 물방울이 되듯이, 2개의 수소 핵이 접근하여 1개의 큰 핵으로 되면 매우 불안정하여 안정해지려 합니다. 안정해지기 위해 불필요한 중성자를 내보낼 때 질량이 감소하면서 그와 동시에 막대한 에너지가 나오게 되지요. 이러한 핵융합반응은 바로 태양에서 끊임없이 빛과 열(에너지)이 방출되는 이유입니다. 수소폭탄은 수소 동위원소의 핵을 융합시켜 한순간에 막대한 에너지를 내도록 만든 가장 강력한 무기입니다.

수소폭탄은 핵융합반응 속도를 조절하지 못합니다. 그러나 만일 핵융합반응 속도를 조절하면서 에너지를 얻을 수만 있다면, 인류는 에너지 걱정을 영원히 하지 않아도 됩니다. 즉 전력 생산에 화석연료를 더 이상 사용하지 않아도 되고, 이산화탄소 배출과 공해 가스 발생을 염려하지 않아도 되지요. 오늘날 우리나라를 비롯한 몇 나라는 핵융합반응의 속도를 조절할 수 있는 핵융합원자로의 개발 연구에 큰 힘을 기울이고 있습니다.

오늘날 핵융합원자로 연구는 여러 나라의 과학자들이 공동으로 참여하고 있습니다. 그들에게 가장 어려운 과제 하나는 수소의 핵을 융합시키는데 약 1억도의 고온이 필요한 것입니다. 수소의 핵은 양성자(+)만 가졌으므로, 그 핵들은 서로 반발하여 자연적으로는 핵융합이 일어날 수 없습니다. 그러나 1억도 정도로 고

온이 되면 그 에너지에 의해 중수소와 삼중수소의 핵은 융합반
응을 일으킵니다.
  핵융합반응은 다음 4가지 방향으로 일어날 수 있습니다.
  1) 중수소 + 중수소 → 헬륨-3 + 중성자 + 에너지(3.2MeV)
  2) 중수소 + 중수소 → 삼중수소 + 수소 + 에너지(4.0MeV)
  3) 중수소 + 삼중수소 → 헬륨-4 + 중성자 + 에너지(17.6MeV)
  4) 중수소 + 헬륨 → 헬륨-4 + 수소 + 에너지(18.3MeV)
  (* MeV는 mega-electron volt)

수소폭탄이 터지자 빛과 열과 폭풍이 일면서
버섯구름이 고공으로 피어오릅니다.

  과학자의 계산에 따르면, 지구상의 물에 포함된 중수소를 전부 핵융합로의 연료로 사용한다면, 태평양에 담긴 물 500배에 달하는 양의 석유 에너지와 같을 것이라고 합니다. 인류가 수억 년 사용할 수 있는 에너지이지요.

# 2. 헬륨(Helium, He)

- 원자번호 : 2
- 족 : 18족(1주기)
- 원자량 : 4.003
- 밀도 : 기체(0.1785 g/L), 액체(0.145 g·cm$^{-3}$)
- 전자궤도의 전자 수 : 2
- mp : -272.2℃(26기압) / • bp : -268.94℃

헬륨의 핵은 2개의 양성자, 2개의 중성자로 이루어져 있으며, 핵 주변을 2개의 전자가 돕니다. 헬륨의 핵은 알파입자(알파선)입니다.

주기율표상에서 두 번째 원소인 헬륨의 핵은 2개의 중성자와 2개의 양성자를 가졌으므로 원자량은 4입니다. 헬륨은 주기율표에서 18족 제일 위 1주기에 있습니다. 헬륨을 비롯한 제18족의 원소들은 '희유가스'(noble gas)라 부르기도 합니다. 이들은 다른 원소와 화학반응을 거의 하지 않는 불활성(不活性) 기체이기 때문입니다. 'noble'은 '고고한, 귀한' 등의 의미가 있지요. 희유(稀有)가스 원소가 화학적으로 안정한 것은 그들 핵을 이루는 양성자와 중성자들 사이의 결합에너지(binding energy)가 워낙 크기 때문입니다.

헬륨이 속하는 18족 원소들은 모두 색과 냄새가 없습니다. 또 원자 2개가 결합하여 분자를 이루는 '이원자분자'인 수소($H_2$)와 달리, 18족 희유가스 원소들은 원자 혼자(He, Ne, Ar 등) 존재합니다.

우주에는 헬륨이 수소 다음으로 많으며, 우주 전체 물질의 약 25%를 차지합니다. 그러므로 우주 전체에서 수소(약 75%)와 헬륨의 양을 합치면 99.9%를 점유하게 되지요. 그러나 지구의 대기 중에 존재하는 헬륨의 양은 극히 적습니다.

헬륨 원소를 처음 발견한 곳은 지구가 아니라 태양이었습니다. 프랑스의 천문학자 장센(Pierre Janssen 1824~1907)은 1868년 태양빛을 분광기로 분석하다가 예상치 못한 파장의 빛을 발견했습니다. 각 원소는 높은 열을 주면 각기 독특한 파장의 빛을 냅니다. 그러므로 그 파장을 조사하면 그 빛을 내는 물질이 어떤 원소인지 구별할 수 있습니다. 이 고유의 파장은 각 원소의 지문(指紋)과도 같습니다. 예를 들어 가로등에서 나오는 노란색 빛(스펙트럼)은 나트륨에서 나오는 것이지요.

장센은 태양빛에 포함된 낯선 파장의 빛은 어떤 미지의 원소에서 나오는 것이라고 판단하고, '헬륨'이라는 이름을 붙였습니다. '헬륨'이란 말은 태양을 의미하는 그리스어 *helios*에서 따온 것입니다. 지구상의 헬륨 원소는 1895년에 스코틀랜드의 화학자 램지(William Ramsay 1852~1916)가 처음 발견했습니다. 그는 헬륨을 발견하고 연구한 공로로 1904년에 노벨 화학상을 수상했지요.

태양에서는 수소가 핵융합반응을 하여 헬륨이 생겨납니다. 태양 내부는 온도와 압력이 높아, 수소의 핵인 양성자가 융합하여 헬륨 핵이 생겨나는 것입니다. 다행스럽게도 태양에서는 핵융합반응이 수소폭탄처럼 한꺼번에 일어나지 않고 천천히 진행됩니다. 과학자들은 태양의 핵융합반응은 앞으로 50억년 더 계속될 것으로 추정한답니다.

헬륨의 핵은 '알파 입자' 또는 '알파선'이라는 다른 유명한 이름도 함께 가졌습니다. 방사성 원소가 붕괴할 때 나오는 방사선을 처음 발견한 영국의 물리학자 러더퍼드(Ernest Rutherford 1871~1937)는 그 방사선이 입자 상태임을 알고 '알파 입자'라는 이름을 붙였습니다.

산업에 사용하는 헬륨은 대부분 천연가스 속에 소량 포함된 것을 추출한 것입니다. 우라늄이나 라돈 같은 방사성 동위원소가 붕괴될 때도 헬륨이 발생하지요. 천연가스 속에는 메탄 외에 헬륨이 약 0.3% 포함되어 있습니다. 천연가스에서 헬륨만 추출할 때는 천연가스 전체를 액화(液化)시켰다가 기화(氣化)하는 온도차를 이용하는 '분별증류법'을 사용합니다. 헬륨은 -268.9℃가 되어야 액체로 되는 기체입니다. 그러므로 천연가스의 온도를 냉각시키면 메탄 등 다른 기체가 먼저 액화되고, 헬륨만 기체로 남게 되지요.

헬륨은 밀도가 낮고 가벼우며 불타지 않기 때문에 애드벌룬과 비행선 속에 수소 대신 넣습니다. 헬륨을 채운 기상관측 기구는 고층의 기상상태를 조사하는 중요한 도구이지요. 그리고 수심 20 ~30m 이하의 깊은 곳에서 작업하는 잠수부는 반드시 산소와 헬륨을 혼합한 산소탱크를 휴대하고 수중에서 호흡합니다. 그 이유는 헬륨은 질소와 달리 혈액에 녹지 않으므로 위험한 잠수병을 방지해주지요.

수심 깊은 곳에서 일반 공기를 호흡하면, 공기 중의 78%를 차지한 질소가 혈액 속에 많이 녹게 됩니다. 이런 상태에서 잠수부가 급하게 수면으로 떠오른다면, 기압이 낮아짐에 따라 혈액에 녹아 있던 질소가 작은 공기방울(기포氣泡)이 되어 모세혈관을 막게 됩니다. 이것이 잠수병이지요. 이 현상은 탄산수 병을 여는 순간 기압이 낮아짐에 따라 거품이 끓어오르는 것과 같습니다. 잠수병은 극심한 두통과 관절통을 느끼며, 치료가 어렵고 치명적이랍니다.

남극의 연구기지에서 헬륨을 채운 기상 관측 기구를 올려 기온, 기압, 풍속, 풍향, 방사선량 등을 조사합니다.

흥미롭게도, 헬륨이 다량 포함된 공기 중에서 말을 하면 아주 다른 목소리가 나옵니다. 헬륨은 공기보다 밀도가 낮기 때문에 성대(聲帶)를 더 빨리 진동시킨 때문입니다. 헬륨과 네온을 혼합한 가스로 기체 레이저를 만들 수 있습니다. 슈퍼마켓의 계산대에서 바코드를 읽는 레이저는 바로 '헬륨-네온 레이저'랍니다.

오늘날 헬륨은 극저온(極低溫) 과학기술 분야에서 매우 중요한 물질로 이용됩니다. 헬륨을 액화시키면 -270℃에 가까운 온도가 됩니다. 이런 낮은 온도에서는 전류가 저항 없이 흐르는 초전도현상이 나타납니다. 오늘날 초전도자석은 원자 연구에 사용하는 입자가속기를 비롯하여, 병원에서 인체 촬영에 사용하는 MRI, NMR 등에 이용됩니다. 또한 천문학자들은 여러 가지 관측 장비를 액체헬륨으로 냉각시켜 사용합니다. 초저온으로 냉각된 관측 장비들은 열(熱)에 의해 발생하는 오차를 없애주어 훨씬 정밀한 관측치를 얻을 수 있게 하기 때문입니다.

액체헬륨은 네덜란드의 과학자 오네스(Heike Kamerlingh Onnes 1853~1926)가 1908년에 처음 만들었습니다. 그가 액체헬륨을 만드는데 성공하기 이전까지는, 헬륨은 절대 액화되지 않는 기체라고 생각했답니다.

모든 원소는 금속(metal), 비금속(non-metal), 준금속(metalloid)으로 구분하기도 합니다. 이들의 구분법과 특성을 간단히 소개합니다. 주기율표에서 5번 원소(B)와 83번 원소(Po)를 대각선으로 연결했을 때, 왼쪽 부분의 원소(대부분)들이 금속 원소에 해당합니다. 금속 물질은 전기를 잘 통하고, 열을 잘 전하며, 연성(延性)과 전성(展性)이 좋은 원소와 그 화합물과 합금을 말합니다. 금속 물질들은 빛을 잘 반사하여 은백색으로 보이는 특징도 있습니다. 금속 원소들을 알칼리금속, 알칼리토금속, 희토류금속으로 구분하기도 합니다(아래 참조).

한편 대각선의 오른쪽 부분에 있는 탄소(6번), 질소(7번), 산소(8번), 플루오린(9번), 인(15번), 황(16번), 염소(17번), 셀레늄(34번), 브로민(35번), 요드(53번)가 비금속원소에 속합니다. 그리고 대각선에 걸치는 붕소(5번), 실리콘(14번), 저마늄(32번), 비소(33번), 안티모니(51번), 텔루륨(52번), 아스타틴(85번)과 같은 원소는 금속과 비금속 중간 성질을 가져 준금속이라 합니다. 이 준금속들은 조건에 따라 전기를 통하기도 하고 부도체가 되기도 하기 때문에 전자시대의 주역을 담당하는 반도체 원소가 되었습니다.



**알칼리 금속** - 주기율표에서 1족에 속하는 (수소를 제외한) 리튬, 나트륨, 칼륨, 루비듐, 세슘, 프랑슘 6종의 원소를 '알칼리 금속'이라 부릅니다. 이들은 단단하지 못한 은백색 원소이지요. 이들 6가지 알칼리 금속 원소는 제일 바깥 궤도에 1개의 전자가 돌고 있으며, 이 전자는 쉽게 핵으로부터 떨어져나가 버리므로, 전자 1개를 잃은 원자는 양이온(+1 이온) 상태가 됩니다.

1족 원소 중에서 첫 번째인 리튬(Li)은 물 위에 뜨는 가장 가벼운 금속입니다. 리튬 바로 아래의 나트륨 역시 물보다 가벼우며, 물을 만나면 빠르게 산화반응을 일으켜 알칼리성의 수산화나트륨(NaOH)이 됩니다.

나트륨 바로 밑의 칼륨(K) 역시 물 위에 뜰 정도로 가벼운 금속이며, 공기 중에서 수분을 만나면 폭발하듯이 산화반응을 일으켜 알칼리성의 수산화칼륨(KOH)으로 변합니다. 칼륨 아래의 세슘이나 루비듐도 공기와 만나면 폭발하듯이 반응하여 알칼리성 화합물이 됩니다. 그리고 맨 아래의 프랑슘 역시 맹렬하게 화학반응을 일으키며, 방사선을 내기도 합니다. 이처럼 1족의 원소들은 쉽게 알칼리성 화합물이 되기 때문에 '알칼리성 원소'라는 명칭을 갖게 되었습니다.

**알칼리토금속** - 주기율표에서 제2족에 속하는 베릴륨, 마그네슘, 칼슘, 스트론튬, 바륨, 라듐 이상 6가지 원소를 알칼리토금속(alkaline-earth metal)이라 부릅니다. 이들 원소는 제일 바깥 전자껍질(최외각)에 2개의 전자가 돌고 있으며, 이들은 2개의 전자를 쉽게 잃어버리고 +2 이온이 됩니다. 2족 원소들 역시 1족 원소와 비슷하게 물을 만나면 쉽게 알칼리성 화합물이 됩니다. 예) : $Mg + 2H_2O \rightarrow Mg(OH)_2 + H_2$

### * 알칼리토금속의 전자껍질 별 전자 수

| 원자 번호 | 원소 이름 | 전자껍질 별 전자의 수 |
| --- | --- | --- |
| 4 | B | 2, 2 |
| 12 | Mg | 2, 8, 2 |
| 20 | Ca | 2, 8, 8, 2 |
| 38 | St | 2, 8, 18, 8, 2 |
| 56 | Ba | 2, 8, 18, 18, 8, 2 |
| 88 | Ra | 2, 8, 18, 32, 18, 8, 2 |

**희토류 금속**(rare earth metal, rare earth elements) - 지구상에 매장량이 극히 적은 금속인 스칸듐(21번 원소), 이트륨(39번), 그리고 란타넘계의 15종 원소(57-71번)를 말합니다.

# 3. 리튬(Lithium, Li)

- 원자번호 : 3
- 족 : 1족(2주기)
- 원자량 : 6.941
- 밀도 : 0.82  g·cm$^{-3}$
- 각 전자궤도의 전자 수 : 2, 1
- mp : 179℃ / • bp : 1,336℃

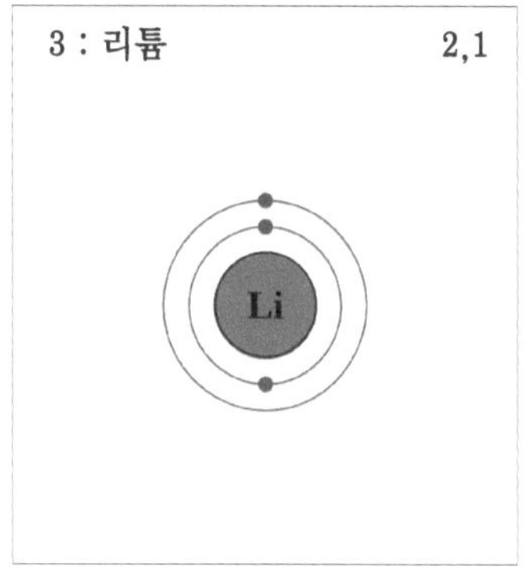


리튬은 내각에 2개, 외각에 1개의 전자가 있습니다. 외각의 1개 전자는 이웃 원소로 쉽게 끌려가 화학반응을 일으킵니다. 리튬은 1개의 원자가 전자를 가진 가장 가벼운 금속입니다.

리튬은 주기율표에서 수소, 헬륨 다음번 원소입니다. 가장 가벼운 금속 물질로서 화학반응을 잘 일으킵니다. 예를 들어 리튬을 물에 넣으면 화학반응을 일으켜 수소가 발생하는 한편, 산소와 결합하여 산화리튬($Li_2O$)으로 변합니다. 이처럼 화학반응을 잘 일으키기 때문에 리튬은 평소 보관할 때 공기(산소, 질소)와 접촉하지 못하도록 기름이나 케로신(kerosene) 속에 보존합니다.

리튬은 1817년에 스웨덴의 화학자 아르프베드손(Johan August Arfwedson 1792~1841)이 처음 발견했습니다. 주기율표 제일 왼쪽 1족에 속하는 원소들 즉, 리튬을 비롯한 나트륨, 칼륨, 루비듐, 세슘, 프랑슘은 1개의 '원자가 전자'를 가지고 있으며, 매우

볼리비아의 우유니 소금호수의 물에는 리튬이 다량 포함되어 있습니다. 리튬은 '21세기 산업의 쌀'이라 불릴 만큼 중요한 물질로 각광받고 있습니다.

반응성이 높은 첫 번째 '알칼리금속'이지요.

알칼리금속들은 주기율표에서 아래로 내려갈수록 화학반응성이 강해집니다. 그 이유는 아래의 원자일수록 전자의 수가 많고, 그에 따라 제일 바깥 궤도의 전자는 핵으로부터 멀리 떨어져 있으므로 이웃에 있는 원자로 쉽게 끌려갈 수 있기 때문입니다. 예를 들어 1족 원소 중에 원자가가 큰 루비듐이나 세슘은 물을 만나면 폭발하듯이 맹렬히 반응한답니다.

리튬은 워낙 가벼운 금속이어서 물 위에 뜨지요. 또 리튬은 날카로운 쇠칼로 자를 수 있을 정도로 무릅니다. 이 원소는 자연계에 순수한 형태로는 존재하지 않고 물이나 공기와 화합물을 이루고 있습니다. 순수한 리튬은 아름다운 은백색입니다.

리튬을 대량생산할 때는 탄산리튬($LiCO_3$)이나 염화리튬($LiCl$)을 전기분해하여 얻습니다. 이들을 전기분해하면 음극에 리튬이 모입니다. 오늘날 리튬은 매우 중요한 산업자원입니다. 2010년 8월에는 우리 정부가 유명한 리튬 생산국인 볼리비아 정부와 리튬

채굴 협정을 맺었지요. 볼리비아 서부 '우유니 호'는 이스라엘의 사해보다 농도가 진한 소금 호수인데, 이곳 소금물에 염화나트륨과 함께 세계 리튬 부존양(賦存量)의 절반 정도가 염화리튬 상태로 녹아 있다고 합니다.

리튬은 20세기 후반부터 매우 중요한 원소가 되었습니다, 리튬전지(lithium battery)는 생활에 매우 중요한 전지이지요. 리튬 금속을 전극으로 사용하는 소형 전지(리튬전지)는 카메라, 심장 박동기, 계산기 등에 이용됩니다. 리튬전지는 건전지보다 훨씬 가벼우면서 고전압(3V)을 낼 수 있습니다. 그러나 재충전하지는 못합니다. 반면에 리튬의 화합물을 건전지 재료로 사용하여 전자가 나오도록 만든 리튬이온건전지(lithium ion battery)는 재충전하여 사용하는 매우 편리한 전지랍니다. 리튬전지사업을 본격화한 포스코는 2011년 염수에서 리튬을 직접 추출하는 기술을 개발했다고 합니다.

리튬과 알루미늄을 결합시키면 매우 가벼우면서 단단한 금속이 됩니다. 이 합금은 비행기와 선박 건조에 이용되지요. 수산화리튬(LiOH)을 물에 녹이면 강한 알칼리성을 나타내는 수산이온(OH)이 고농도로 생겨납니다. 수산화리튬과 지방을 결합하여 만든 '리튬비누'는 자동차나 기계의 반고형(半固形) 윤활유(그리스)로 쓰입니다.

수산화리튬은 이산화탄소를 흡수하여 탄산리튬으로 변하는데, 이 성질을 이용하여 잠수함이나 우주선에서는 내부의 이산화탄소 농도가 높아지는 것을 방지하는 공기정화에 이용합니다. 탄산리튬은 뇌신경 질환의 하나인 조울증(bipolar disorder) 환자를 안정시키는 약으로 사용됩니다. 탄산리튬이 뇌의 신경전달물질로서 어떤 역할을 한다고 생각되고 있답니다.

리튬은 지금까지 7종류의 동위원소가 알려졌습니다. 자연계에 가장 많이(92.5%) 존재하는 것은 리튬-7(3개의 양성자와 4개의

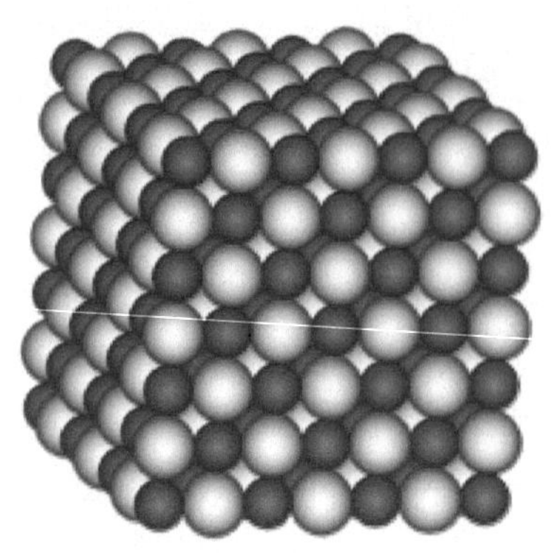

리튬과 수소가 1 : 1로 결합한 중수소리튬은 고체입니다. 중수소리튬은 많은 양의 중수소(H-2)를 가졌으므로 여기에 중성자를 충돌시키면 삼중수소(H-3)로 될 수 있습니다.

중성자를 가짐)이고, 그 다음으로는 리튬-6(3개의 중성자와 3개의 양성자를 가짐)이 많습니다. 리튬-6은 수소폭탄 제조에서 중요하게 쓰입니다.

수소폭탄은 중수소와 삼중수소의 핵을 융합시켜 막대한 에너지를 얻습니다. 이런 핵융합 반응을 일으키려면 엄청난 고온(高溫)이 필요합니다. 제2차 세계대전 때, 헝가리 태생의 미국 물리학자 텔러(Edward Teller 1908~2003)는 리튬-6과 중수소를 고온에서 결합시켜 무색의 고체인 중수소리튬(LiH : lithium deuteride)을 만드는데 성공했습니다. 고체 상태인 이 물질은 작은 양이지만 많은 중수소를 포함하고 있으므로, 여기에 중성자를 충돌시키면 삼중수소를 대량 만들 수 있었습니다. 이렇게 하여 최초의 수소폭탄은 우라늄 폭탄 주변을 중수소리튬으로 둘러싼 형태로 개발하게 되었습니다. 이 폭탄은 우라늄 폭탄이 터질 때 중성자가 방출되고, 핵융합에 필요한 고열을 충분히 공급했습니다.

여러 가지 물질 중에서 열을 가장 잘 저장하는 성질을 가진 것은 물입니다. 그런데 리튬은 물보다 2배나 더 많은 열을 저장하는 성질을 가졌습니다. 오늘날 전 세계의 과학자들은 핵융합반응을 자유롭게 조절하여 무한의 에너지를 얻는 '핵융합원자로' 개발에 큰 힘을 쏟고 있습니다. 리튬은 가까운 날 핵융합원자로의 연료로 이용될 것이며, 핵융합로에서 발생한 열을 저장하는 물질로도 중요한 역할을 할 것입니다.

# 4. 베릴륨(Beryllium, Be)

- 원자번호 : 4
- 족 : 2족(2주기)
- 원자량 : 9.012
- 밀도 : 1.85 g·cm$^{-3}$
- 각 전자궤도의 전자 수 : 2, 2
- mp 1,280℃ /  · bp 1,500℃

베릴륨의 핵 주변에는 안쪽(K껍질)에 2개
바깥쪽(L껍질)에 2개의 전자가 돌고 있습니다.

주기율표에서 베릴륨은 '알칼리-토금속'(alkaline-earth metal)이라 불리는 2족 원소 무리의 첫 번째 원소입니다. 이 족에 속하는 칼슘과 마그네슘은 매우 풍부히 존재하는 원소이며, 물리화학적 성질도 비슷합니다. 그러나 베릴륨은 흔하지 않은 물질입니다. 베릴륨은 회백색 금속으로 매우 가볍긴 합니다만, 유리에 잘 긁히지 않을 정도로 단단합니다. 이 족에 속하는 금속은 화학반응성이 대단히 강하여 산소라든가 다른 원소와 잘 화합합니다.

'베릴륨'이라는 이름을 갖게 된 것은, 이 원소가 베릴(beryl 녹주석 綠柱石)이라는 암석에서 발견되었기 때문입니다. 베릴륨 결정(結晶)은 매우 아름다우며, 잘 가공한 것은 값비싼 보석으로

베릴륨이 주성분인 에메랄드 결정은 단단하고 아름다운 녹색을 가졌으므로 가공하여 보석으로 만듭니다.

취급받습니다. 베릴(녹주석)은 베릴륨과 실리콘, 산소의 화합물이며, 브라질과 아르헨티나, 미국 등지에서 산출됩니다. 베릴륨을 발견하기 이전에는 녹주석과 에메랄드가 서로 다른 광물이라고 생각했답니다. 베릴에서 녹색이 나는 것은 '크로뮴(크롬)'이나 '바나듐'과 같은 원소가 소량 혼합된 때문입니다.

베릴륨은 X-선을 잘 투과시키기 때문에 X-선관 제작에 이용됩니다. 베릴륨과 구리를 혼합한 합금(베릴륨-구리)은 구리보다 6배나 강하여 스프링 재료로 쓰입니다. 또 이 합금은 강한 충격을 받아도 불꽃이 튀지 않기 때문에 폭발성 물질이나 로켓 연료를 취급하는 공장 등에서 도구로 이용합니다. 대표적인 베릴륨 화합물에는 산화베릴륨($BeO$)과 수산화베릴륨[$Be(OH)_2$]이 있습니다. 베릴륨 화합물은 모두 인체에 매우 유독하답니다.

베릴륨에 알파 입자를 충돌시키면 중성자가 방출됩니다. 영국의 물리학자 채드윅(James Chadwick 1891~1974)은 이 현상을 통해 1932년 처음으로 중성자를 발견하게 되었지요. 중성자 발견으로 그는 1935년에 노벨 물리학상을 수상했으며, 오늘날에도 원자핵 실험실에서는 같은 방법으로 중성자를 생산합니다.

# 5. 붕소(硼素 Boron, B)

- 원자번호 : 5
- 족 : 13족(2주기)
- 원자량 : 10.81
- 밀도 : 2.35 g·cm$^{-3}$
- 각 전자궤도의 전자 수 : 2, 3
- mp : 2,300℃ / • bp : 2,500℃

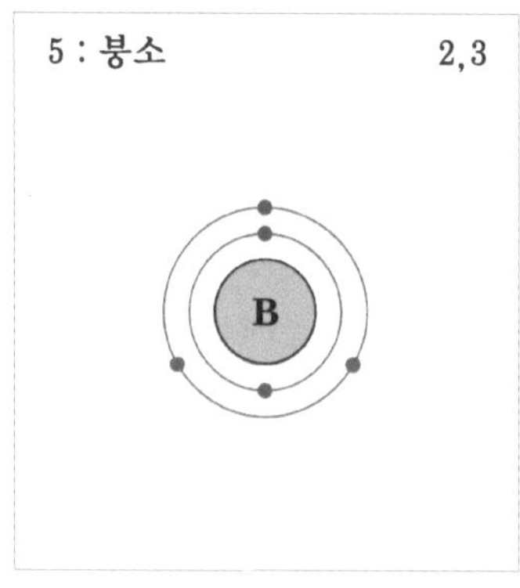


붕소는 핵에 5개의 양성자와 6개의 중성자를 가졌으며, 핵 주변에는 5개의 전자가 돕니다.

붕소는 단단하지만 잘 부서지는 비금속 원소입니다. 붕소가 소속된 13족 원소들 중에서 오직 붕소만 비금속이고 알루미늄을 비롯한 다른 원소들은 금속입니다. 붕소는 지각(地殼)에 0.0003% 뿐인 귀한 원소로서, 순수한 붕소는 갈색을 띠며, 다이아몬드에 버금가는 강도를 가졌습니다. 그러나 자연계에서는 순수한 상태로 발견되지 않고, 산소와 물 그리고 나트륨이 결합한 '붕사'(硼砂 borax)라 부르는 흰색 고체 화합물로 존재합니다.

붕사는 미국 캘리포니아 주의 말라버린 호수 바닥 등에서 산출됩니다. 지하수 중에 무기염류가 많이 녹아 있는 경수(硬水)에 붕사를 넣으면, 물속의 마그네슘이나 칼슘 같은 염류와 결합하여 찌꺼기 같은 침전물로 되므로, 빨래가 잘 되는 연수(軟水)로 변합니다.

붕소 화합물로 중요한 것이 '붕산'(硼酸, boric acid)입니다. 붕사에 염산이나 황산을 반응시키면 붕산($H_3BO_3$)이 생겨나지요. 붕산은 아주 약한 산성이며 살균작용이 있으므로 눈(眼) 세정제와 바퀴벌레 퇴치 약으로 사용합니다.

붕산을 첨가하여 유리를 만들면 아주 단단해집니다. 이름난 내열유리 상품인 파이렉스(Pyrex)는 붕산유리입니다. 붕산유리는 온도가 갑자기 높아져도 열팽창률이 작아 잘 깨지지 않으므로, 조리용 유리주전자나 유리냄비 또는 실험실의 플라스크 같은 유리기구 제조에 이용되지요.

붕소는 중성자를 잘 흡수하는 성질이 있어, 원자력발전소의 원자로에서 감속제의 하나로 매우 잘 이용하고 있습니다. 원자로에서는 핵분열 연료인 우라늄-235에 중성자를 충돌시켜 핵분열반응을 일으키는데, 이때 우라늄 핵이 쪼개지면 더 많은 중성자가 튀어나오므로 순식간에 연쇄적으로 핵분열반응이 일어나게 됩니다. 그러나 튀어나오는 중성자를 적당히 흡수하면, 연쇄반응 속도를 조절할 수 있지요. 원자로에서는 붕소 막대를 우라늄 연료 사이에 집어넣어 핵분열 속도를 조절합니다. 만일 원자로의 연료를 교체하기 위해 원자로 가동을 중지해야 할 필요가 있다면, 붕소 막대를 충분히 밀어 넣어 핵반응을 중단시킵니다.

붕소는 반도체(트랜지스터) 제조에도 중요합니다. 오늘날 반도체는 컴퓨터와 휴대폰, 비디오, TV, 계산기 등 거의 모든 전자기기에 쓰이지요. 많은 반도체는 규소나 게르마늄에 붕소를 교묘하게 섞어 만들고 있습니다. 이처럼 규소 또는 게르마늄에 붕소라는 불순물을 미량 넣을 때, 이 불순물을 화학 용어로 '도판트'(dopant)라 합니다.

규소는 바깥 궤도에 4개의 전자가 있지만 붕소는 3개가 있습

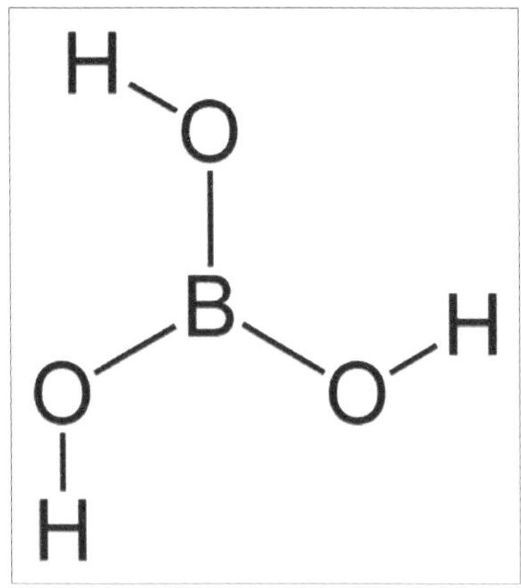

붕산의 원자 구조. 붕산은 약한 산성이며, 살균력이 있습니다. 바퀴벌레, 흰개미, 벼룩, 좀벌레 등의 퇴치에 이용합니다. 해충이 붕산을 먹으면 위장 장애를 일으켜 죽습니다. 붕산 1스푼, 설탕 10스푼, 물 1컵을 섞은 용액을 솜덩이에 적셔 해충이 다니는 곳에 두지요. 곤충은 붕산을 먹기도 하고 자기 집으로 가져가 주변 해충까지 죽게 합니다.

니다. 그러므로 규소 원자들 사이의 붕소 원자는 전자 1개가 부족한 +전하 상태에 있게 됩니다. 이러한 규소 결정에 전류를 흘리면, 붕소 원자 이웃에 있던 원자의 전자 1개가 전자가 없는 자리로 이동하게 되고, 그러면 그 자리는 다시 전자가 비게 됩니다. 전자가 없는 자리를 메우느라 전자의 이동이 계속되면, 규소 결정은 전류가 흐르는 반도체가 됩니다.

반도체는 빛을 전류로 바꾸는 태양전지에서도 이용됩니다. 오늘날 화학의 발전에 따라 붕소의 성질과 용도가 계속 개발되고 있습니다.

# 6. 탄소(炭素 Carbon, C)

- 원자번호 : 6
- 족 : 14족(2주기)
- 원자량 : 12.01
- 밀도 : 3.51 g·cm$^{-3}$
- 각 전자궤도의 전자 수 : 2, 4
- mp : 3,570℃ / • bp : 4,827℃

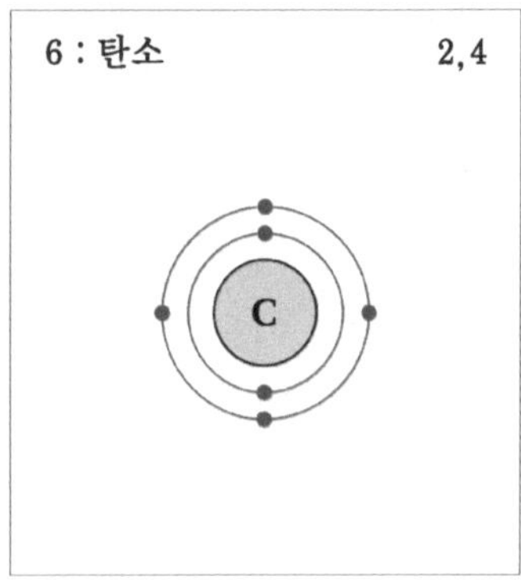


6개의 양성자와 6개의 중성자로 이루어진 탄소(C-12)의 핵 둘레에는 2개, 4개 모두 6개의 전자가 있습니다.

숯과 흑연과 다이아몬드가 모두 탄소라는 것은 잘 알려진 상식의 하나입니다. 지구에는 탄소가 0.09%뿐이지만, 모든 생명체의 몸을 구성하는 기본 원소는 탄소입니다. 즉 식물이나 동물체를 이루는 탄수화물, 지방, 단백질, 호르몬, 효소, 섬유소 등의 주성분이 모두 탄소이니까요. 놀랍게도 우리 몸은 32%가 탄소랍니다. 뿐만 아니라 고대의 생명체가 지하에 묻혀 생겨난 석탄, 석유, 메탄가스, 천연가스 등도 역시 탄소가 주성분입니다.

탄소는 전기적으로 양성도 음성도 아니며, 비금속에 속하는 원소입니다. 화학은 크게 무기화학과 유기화학으로 구분합니다. '유기물'(有機物 organic compound)이란 생명체를 구성하는 성분을 지칭하는데, 유기물은 탄소가 주성분이지요. '유기화학'은 이런 유기물의 성질을 연구하는 과학입니다. 생명체(유기체)를 구성하는 탄소화합물(유기물)의 종류는 약 1,000만 가지라고 알려져 있습니다.

탄소 원자는 유기물을 구성하는 분자의 중심 자리에서, 탄소 원자끼리만 아니라 다른 원소의 원자와도 긴 사슬을 이루어 잘 결합하는 성질을 가졌습니다. 탄소 분자의 사슬은 사방으로 가지치기도 하고, 끝없이 긴 것도 있습니다. DNA(deoxyribonucleic acid) 또는 핵산(核酸)이라 불리는 유기물 분자는 대표적으로 길게 탄소가 사슬을 이루고 있습니다. 핵산은 식물이나 동물 세포의 핵에 들어 있으며, 그 생명체의 유전 정보를 전부 담고 있을 뿐만 아니라, 생체 내에서 복제되어 생명체의 정보를 다음 세대에 전달하는 기능까지 가진 놀라운 분자입니다. 탄소가 이러한 성질을 나타낼 수 있는 것은 맨 바깥껍질의 전자(원자가 전자)가 4개(4가)이기 때문입니다.

탄소는 유기물로만 아니라 자연계에 여러 가지 형태로 존재합니다. 탄소에는 몇 가지 동소체(同素體 isomers)가 있으며, 각 동소체는 성질이 매우 흥미롭습니다. 탄소 동소체의 하나인 다이아몬드는 세상에서 가장 단단한 물질이지만, 흑연과 석탄을 구성하는 탄소는 전혀 다른 성질과 모습을 가졌습니다. 흑연의 탄소는 책장처럼 얇은 층을 이루고 있기 때문에 부드럽고 잘 미끄러집니다. 그래서 흑연은 연필이 되었고, 때로는 연마재로 이용되기도 합니다.

검은 흑연과 투명한 다이아몬드가 같은 원소라고 하면 믿어지지 않습니다. 그러나 흑연을 고온에서 고압으로 처리하면 다이아몬드로 변합니다. 인공 합성한 다이아몬드는 크기가 작아 보석이 되지는 못하지만, 단단하기 때문에 산업에서 연마재로 중요하게 씁니다. 반대로 다이아몬드가 흑연으로 변화되기도 하는데, 이때는 수백만 년이라는 시간이 걸립니다.

1985년에 새로운 탄소 동소체가 발견되어 세계 화학자들을 놀라게 했습니다. 이 동소체의 분자는 60개의 탄소원자(C60)가 마치 축구공 모양으로 뭉쳐진 모습을 하고 있었습니다. 영국 석세스 대학의 크로토(Harold Kroto 1939~ )와 미국 휴스턴 대학의 스몰리(Richard Smalley 1943~2005) 두 화학자는 고온의 레이저 빔을 이용하여 기체 상태로 만든 흑연에서 이를 발견한 겁니다. '풀러렌'(fullerene) 또는 '버키볼'(buckyball)이라 불리는 이 새로운 탄소의 동소체는 현재 C60 외에 C70, C80, C240, C540 등 여러 가지가 발견되었으며, 이들은 전기전도율이 아주 우수하여 앞으로 상온(常溫)에서 초전도 현상을 나타낼 물질의 하나로 기대되고 있지요.

탄소가 주성분인 석탄은 에너지 공급원으로 가장 중요한 물질의 하나입니다. 화석연료에 속하는 석탄, 원유, 천연가스, 메탄하이드레이트(methane hydrate) 등은 모두 수억 년 전 동식물이 지하에 묻혀 변형된 것입니다. 화력발전소의 중요 연료인 무연탄은 2억 5000만 년 전에 형성된 석탄의 일종으로, 성분의 약 80%가 탄소입니다. 무연탄보다 생성 연대가 짧은 역청탄이라든가 갈탄 등은 탄소 함량이 그보다 적습니다.

철강 제련에 대량 사용하는 코크스는 석탄을 공기 없이 가열하여 만드는데, '석탄 건류'라 부르는 공정 동안에 석탄 성분 중에 연소 가능한 물질은 모두 기화하여 타버리고 탄소만 남은 것을 말합니다. 코크스를 태우면 장작불보다 훨씬 뜨거운 온도를 얻을 수 있으므로 이는 철강이나 기타 금속을 재련하는 용광로에 사용합니다.

화석연료는 에너지 자원으로만 중요한 것이 아니라 각종 플라스틱과 화공약품 및 의약품의 원료입니다. 한편 화석연료를 태울 때 발생하는 연기는 그 속에 포함된 황 때문에 산성비가 되기도 하고, 공기를 오염시키지요. 오늘날 지구가 직면한 환경 재앙인 지구온난화현상의 주범으로 화석연료가 연소할 때 발생하는 이산화탄소가 주목되어 있습니다. 무색무취한 이산화탄소는 동물들의 신진대사(인간의 호흡 등)에서 부산물로도 나오지요.

동식물이 죽어 부패할 때도 이산화탄소가 생겨납니다. 다행스럽게도 식물은 광합성작용을 할 때 이산화탄소를 흡수하여 기본 영양분인 탄수화물을 만들고 동시에 산소를 방출합니다. 지구에서는 이산화탄소의 배출량과 식물의 흡수량이 균형을 유지해왔기 때문에 공기 중의 이산화탄소량은 거의 변함이 없었습니다. 그러나 산업이 발달하여 화석연료 사용량이 증가하면서 그 균형이 깨지기 시작했지요.

## 이산화탄소의 성질과 용도

1. 이산화탄소는 태양에서 오는 적외선의 열에너지를 잘 흡수하는 성질이 강하여 '온실효과'라 불리는 영향을 줍니다. 이 때문에 지구 전체의 대기 온도가 조금씩 상승하여 세계적으로 기후변화가 극심하게 일어나도록 하고 있지요. 이산화탄소가 지구 환경에 재앙을 가져오는 '범죄자'로 취급을 받지만, 인류의 생존에 절대 필요한 원소는 바로 탄소라 하겠습니다.

2. 이산화탄소는 물에 잘 녹는 성질이 있어 탄산음료 제조에 쓰이기도 합니다.

3. 이산화탄소가 물에 녹으면 '탄산'이 되는데, 탄산($H_2CO_3$)은 H+와 $(CO_3)^-$로 분리하여 약한 알칼리성을 나타냅니다. 탄산 분자 속의 $CO_3$은 물에 녹아있는 칼슘과 화합하여 탄산칼슘($CaCO_3$)이 되고, 이것은 물밑에 침전하여 두터운 층을

이루게 됩니다. 지구 곳곳에 석회암과 대리석, 백악(chalk) 등의 '탄산염'(炭酸鹽) 층이 있는데, 탄산염 층은 그 자리가 과거에 물로 뒤덮였던 곳임을 말해줍니다. 석회동굴은 바로 두터운 탄산염 층 틈새로 수백만 년 동안 지하수가 스며들어 물속의 탄산이 탄산칼슘을 녹여내어 생겨난 것입니다.

4. 이산화탄소를 압축하여 영하 78도까지 내리면, 액체상태가 되지 않고 바로 하얀 고체인 '드라이아이스'가 됩니다. 기체가 고체로 직접 되는 현상을 '승화'(昇華 sublimation)라 하지요. 만일 드라이아이스를 고압 조건에서 온도를 올려준다면, 영하 56도에서 액체 상태로 변합니다. 이런 액화 이산화탄소는 커피에서 카페인을 제거할 때 이용되는데, 작업이 끝나면 기화하여 날아가 버리므로 아무것도 남지 않아 편리합니다.

5. 드라이아이스는 냉동제로 잘 이용됩니다. 예를 들어 생선을 일반 얼음으로 냉동시켜 운반한다면 얼음은 녹아 물이 됩니다. 그러나 드라이아이스로 냉동시키면 바로 기체로 승화하기 때문에 물건이 젖지도 않고 청소할 것도 없지요.

6. 이산화탄소는 공기보다 밀도가 1.5배 정도 높은 무거운 기체입니다. 그러므로 환기가 되지 않는 공간의 이산화탄소는 바닥에 고입니다. 밀폐된 지하 창고나 하수관에서 일하던 사람이 이산화탄소에 중독되는 사고가 수시로 발생하지요.

7. 무거우면서 불에 타지 않는 이산화탄소는 불을 끄는데 이용됩니다. 가정이나 사무실에 상비해두는 소형 소화전 중에는 화학반응으로 이산화탄소가 뿜어 나오도록 만든 것이 있는데, 이것은 소규모 불이나 물로 끌 수 없는 화재를 진화(鎭火)하는데 편리하지요.

8. 산소가 부족한 상태에서 탄소를 태우면 일산화탄소(CO)가 발생합니다. 일산화탄소는 산소와 반응하여 이산화탄소로

되려 하므로, 광물을 재련하는 과정에 일산화탄소를 공급하면 광물에 포함된 산소 성분을 제거할 수 있습니다.

9. 일산화탄소는 인체에 매우 위험합니다. 이 기체를 호흡하면 혈액의 헤모글로빈이 산소 대신 일산화탄소와 결합해버리기 때문에, 인체 조직에 산소가 공급되지 못합니다. 인체는 소량의 일산화탄소만 호흡해도 심한 두통을 느끼며, 심하면 생명까지 잃습니다. 그러므로 일산화탄소가 발생하는 공간에서는 충분히 환기를 시켜야 하지요. 일산화탄소는 자동차의 배기가스에도 대량 포함되어 있어 대기를 오염시키는 하나의 원인이 되기도 하지요.

10. 산업용으로 '활성탄'(活性炭 activated charcoal)이라는 것을 많이 사용합니다. 활성탄은 숯을 가루로 만든 것입니다. 먼지처럼 잘게 가루가 된 활성탄은 표면적이 매우 넓어져, 활성탄 1그램의 표면적이 $1,000m^2$가 될 정도입니다. 이처럼 넓은 표면적은 다른 분자를 매우 효과적으로 흡수하거나 포착하는 작용을 합니다. 그러므로 공기정화기를 비롯하여 화학공업에서 활성탄을 편리하게 이용하지요.

11. 산소가 다소 부족한 조건에서 천연가스나 석유를 태우면 분말 상태의 탄소, 즉 검댕이 생기는데, 이것을 '카본블랙'(carbon black) 또는 '램프검댕'(lampblack)이라 합니다. 고대로부터 중국과 이집트에서는 카본블랙을 종이(파피루스) 위에 글씨를 쓰는 잉크(먹물)로 사용해 왔습니다. 또 카본블랙은 자동차의 타이어를 제조할 때 첨가하여 타이어의 마모 강도를 높이고 있습니다. 일반 건전지의 전극에도 카본블랙을 사용합니다.

12. 탄소를 규소와 함께 고온으로 가열하면 탄화규소(silicon carbide) 일명 '카보런덤(carborundum)이 됩니다. 이 물질은 다이아몬드처럼 단단하여 유리나 금속 연마재로 대량 이용합니다.

13. 탄소와 질소를 화합시키면 '시안화물'(cyanides)이라는 유기
    물이 됩니다. 시안화수소는 공기 중에 1~2%만 포함되어
    있어도 몇 분 안에 생명을 잃게 하는 치명적인 독가스입니
    다. 시안화수소가 독성을 나타내는 이유는 적혈구 분자를
    구성하는 철(Fe)의 기능을 억제하기 때문이랍니다.

## 방사성탄소(C-14)와 연대측정 방법

　핵에 6개의 양성자와 6개의 중성자를 가진 탄소-12(C-12)는 안
정하여 방사성을 갖지 않지만, 양성자 6개에 8개의 중성자를 가
진 C-14는 베타선(전자의 방출)을 내는 방사성 동위원소입니다.
그러므로 C-14는 유물이나 화석의 연대(年代)를 측정하는데 잘
이용되고 있습니다. 시카고 대학의 화학자 리비(Willard Libby
1908~1980)는 1949년 C-14를 사용하여 고대 유물의 연대를 측
정하는 방법을 발표하여 1960년에 노벨 화학상을 수상했습니다.
　탄소-14는 반감기가 5,370년입니다. C-14는 우주로부터 오는
방사선(중성자)의 영향으로 대기 상층에 있는 질소(N-14) 분자가
양성자 1개를 잃고 6개의 양성자를 가진 C-14로 변하여 생겨납
니다. C-14는 C-12와 마찬가지로 공기 중의 산소와 결합하여 '방
사성 이산화탄소'가 됩니다. 방사성 이산화탄소는 지상 15km 높
이의 대기 상층에서 주로 생겨나며, 이들은 차츰 대기 아래로 내
려와 섞입니다.
　식물이 광합성을 할 때 C-14의 이산화탄소를 흡수하면, 식물체
를 구성하는 탄소화합물의 구성 원소가 됩니다. 이런 식물을 동
물이 먹으면, C-14는 동물체의 일부가 되지요. 6,000억 개의
C-12 중에 C-14는 1개 비율로 섞여 있습니다. 만일 어느 날 식물
이나 동물이 죽어 화석으로 된다면, 그 순간부터 C-14는 베타 입

자(전자)를 방출하면서 N-14로 되돌아갑니다. 그러므로 이때부터 죽은 생물체의 몸에 포함되어 있던 C-14의 양은 줄어들기 시작합니다. 그러나 C-12의 양은 변하지 않습니다. 화학자들은 화석이나 유물에 포함된 C-12와 C-14의 양을 비교 측정함으로써 그것의 연대를 짐작할 수 있습니다. 그런데 약 6만 년 이상 지난 것은 C-14를 이용한 측정법으로 연대 추정이 어렵습니다.

## ♬ 유기물과 무기물

'화학의 아버지'로 불리는 화학자 중의 한 사람인 스웨덴의 베르셀리우스(John Jacob Berzelius 1779~1848)는 세상의 모든 화합물은 유기화합물(organic compound)과 무기화합물(inorganic compound)로 나눌 수 있다고 했습니다. 그리고 유기화합물(유기물有機物)은 신비한 생명력(vital force, 생기生氣)을 가지고 있다고 생각했습니다. 그 당시만 해도 화학자들은 유기물은 분자가 워낙 복잡하여 물리나 화학법칙으로 설명할 수 없으며, 생명체 특유의 원리인 생기(生氣)에 의해 지배된다고 믿었습니다. 과학자들의 그러한 옛 생각을 화학 역사에서 '생기론'(生氣論 vitalism)이라 합니다.

생기론이 지배하던 시절, 화학자들은 "무기물로는 유기물을 만들 수 없다."고 생각했습니다. 그럴 때 독일의 화학자 뵐러(Friedrich Wohler 1800~1882)는 1828년에 무기화합물로부터 유기화합물인 요소(尿素 urea)를 합성하는데 성공했습니다. 이후부터 화학자들은 헤아릴 수 없이 많은 종류의 유기물을 합성하게 되었습니다.

$$AgNCO + NH_4Cl \longrightarrow (NH_2)_2CO + AgCl$$

요소[$(NH_2)_2CO$]는 인체나 포유동물의 오줌 속에 생겨나는 질소를 포함한 유기물입니다. 순수한 요소는 냄새가 없으나 물과 만나면 특유의 냄새가 나게 되지요.

## 7. 질소(窒素 Nitrogen, N)

- 원자번호 : 7
- 족 : 15족(2주기)
- 원자량 : 14.01
- 밀도 : 기체(1.251 g/L), 액체(0.808 g·cm$^{-3}$)
- 각 전자궤도의 전자 수 : 2, 5
- mp : -210℃ / · bp : -195.8℃

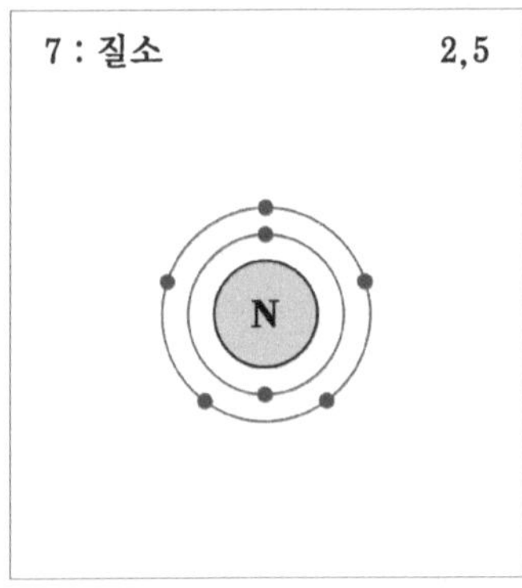



질소 원자 주변에는 2, 5개의 전자가 있습니다.

질소 원소는 주기율표에서 제15족 제일 윗자리를 차지합니다. 질소는 대기의 78%(산소 양의 약 4배)를 차지하는 기체입니다. 질소는 색, 맛, 냄새가 전혀 없으며, 화학적인 활성이 비교적 적습니다. 인체는 호흡할 때 질소를 대량 들여 마시지만 어떤 영향도 받지 않으므로 질소의 존재를 느끼지 않습니다.

질소는 화학적으로 활성이 약하지만, 질소가 포함된 화합물은 수만 가지입니다. 그 중에는 매우 불안정한 폭발물(예 : TNT)을 비롯하여 독극물도 있고, 질소비료와 같은 중요한 화합물도 있습니다.

질소가 있다는 것을 처음 발견한 화학자는 영국의 화학자 러더퍼드(Daniel Rutherford 1749~1819)였습니다. 그는 1772년에 밀폐된 용기 속에 촛불을 켜두고 꺼질 때까지 두어 산소를 거의 없앤 다음, 추가로 인(P)을 태워 산소가 전혀 남지 않도록 했습니다. 그는 남은 기체를 이산화탄소를 흡수하는 용액 속을 거쳐 나오게 하여, 질소만 분리하는데 성공했습니다. 그는 남은 기체 속에 쥐를 넣어두면 마치 질식(窒息)하듯이 곧 죽었으므로, 이 기체에 질소(窒素 noxious air)라는 이름을 붙였습니다.

질소는 용도가 가장 많은 원소의 하나입니다. 전 세계적으로 해마다 약 3,000만 톤의 질소 가스를 액체질소로 만들어 이용하고 있습니다. 기체 상태의 질소를 -195.8℃도까지 온도를 내리면 물과 같은 액체상태(액체질소)가 되고, -210℃까지 더 내리면 고체의 질소가 됩니다. 그러므로 질소만을 순수하게 생산할 때는 공기를 압축하여 액체공기로 만든 다음, -195.8℃(끓는점)에서 끓어오르는 기체만 분리하지요.

액체질소는 화학반응을 잘 일으키지 않으므로 각종 산업에서 냉동제로 대량 사용합니다. 예를 들면 음식이나 생체 표본을 저온 저장하는데 쓰고, 소를 인공 수정시킬 때는 수컷의 정자를 액체질소 안에 보존했다가 필요할 때 해동시켜 사용합니다. 저온에서는 정자를 장기간 보존할 수 있습니다. 또한 액체질소는 매우 온도가 낮으므로, 저온에서 나타나는 초전도 성질(163페이지 참조)을 이용하는 실험에 사용하고 있습니다.

질소 가스는 산소와의 접촉을 방지해야 할 전자제품이라든가 포도주, 과일 등을 장기 보존할 때 잘 이용합니다. 예를 들어 질소 가스를 채운 냉장고에 사과를 두면 30개월이나 보존이 가능하답니다. 또 원유를 지하에서 퍼 올릴 때, 질소 가스를 고압 펌프로 밀어 넣으면, 질소 가스의 압력에 밀려 원유가 쉽게 지상으로 뿜어 나오게 됩니다. 이런 원유 생산 방법을 '강화원유생산' 이라 합니다. 강화원유생산 때 일반 공기를 사용치 않는 이유는,

공기 중의 산소가 원유와 화학반응을 일으켜 다른 물질로 변화시킬 가능성이 많기 때문입니다.

질소는 생명체의 단백질이라든가 핵산을 구성하는 원소로서 중요합니다. 질소는 화학 반응성이 적습니다. 그러나 자연계의 뿌리혹박테리아와 남조류(藍藻類) 같은 일부 생명체는 질소 화합물을 스스로 합성하는 방법을 진화시켰습니다. 생물체가 공기 중의 질소를 비료가 되도록 반응시키는 것을 '질소 고정'(nitrogen fixation)이라 합니다.

## 암모니아와 질소비료의 인공합성

번개가 번쩍일 때는 공기 중의 질소가 고정(질소비료화)됩니다. 번개가 치면 초고압 전류에 의해 번개 주변이 고온으로 되고, 고온 에너지에 의해 질소와 산소가 결합하여 일산화질소($NO$)와 이산화질소($NO_2$)가 생성됩니다. 이산화질소는 빗물에 녹아 땅에 떨어지지요. 남조류와 시아노박테리아(cyanobacteria)는 빗물에 녹은 이산화질소를 단백질과 아미노산 성분으로 변화시킬 수 있습니다. 식물은 질소비료를 흡수하여 생장하고, 동물은 이러한 식물을 먹어 생존에 필수적인 단백질을 만듭니다. 흙속에는 질소를 고정하는 미생물만 있는 것이 아니라, 죽은 동식물의 질소화합물을 분해하여 기체 상태의 질소로 환원시키는 종류도 가득 살고 있습니다.

이상에서와 같이, 공중의 질소가 지상으로 내려오고, 다시 대기(大氣) 중으로 되돌아가는 변화를 '질소 순환'(nitrogen cycle)이라 합니다. 질소 순환에 참여하는 대표적인 식물이 콩, 클로버, 알팔파와 같은 콩과식물입니다. 이들 식물의 뿌리에 생긴 작은 혹에는 질소를 고정하는 박테리아가 살고 있습니다. 이 박테리아는 효소를 내어 공기 중의 질소를 암모니아로 바꾸지요. 이 세균이 질소를 고정하는 화학적인 과정은 아직 확실하게 밝혀지지 않았습니다. 그 방법을 알아낸다면 매우 효율적인 질소비료공장을 세울 수 있을 것입니다.

논밭에서는 작물을 계속 재배하기 때문에 흙속의 질소 비료 성분이 부족해지고, 이를 보충하기 위해 인공합성 질소비료를 대량 공급합니다. 인공 질소비료 성분으로 가장 중요한 화합물이 암모니아($NH_3$)입니다. 암모니아는 독특한 냄새를 가진 무색 기체인데, 암모니아 기체를 물에 녹인 것을 '암모니아수'($NH_4OH$)라 하지요. 암모니아수는 약한 알칼리성을 가지고 있어 실험기구라든가 유리를 청소랄 때 세제(洗劑)로 사용하기도 합니다.

암모니아와 질산($HNO_3$)을 화합시키면 무색의 고체인 질산암모늄($NH_4NO_3$)이 됩니다. 질산암모늄은 물에 매우 잘 녹으며, 식물의 뿌리는 이를 질소 비료로 흡수합니다. 암모니아를 인공적으로 합성하는 방법은 1905년에 독일의 화학자 하버(Fritz Harber 1868~1934)가 처음 발명했습니다. 당시까지 화학자들은 암모니아를 인공 합성하는 것이 불가능하다고 생각했습니다. 그러나 그는 500℃의 고온과 1,000기압이라는 고압 조건에서 철을 촉매로 하여 질소와 수소를 화합시켜 암모니아를 합성하는데 성공한 것입니다. 그는 이 업적으로 1918년에 노벨 화학상을 수상했습니다.

$$N_2 + 3H_2 \rightarrow 3NH_3$$

'하버법'은 흔히 '하버-보슈 법'이라 부르기도 합니다. 하버는 암모니아 인공합성법을 실험실 규모에서 성공했고, 같은 독일 화학자 보슈(Carl Bosch 1874~1940)는 공장에서 대량생산할 수 있도록 개발한 과학자이기 때문입니다. 보슈는 이 공로로 1931년에 노벨 화학상을 받았지요. 하버-보슈법의 개발은 이후 화학공업 발전과 농산물 증산(增産)에 엄청난 공헌을 하게 되었습니다.

## 자동차 배기가스 속의 산화질소는 공해 가스

질소와 산소가 결합하여 생기는 일산화질소는 도시에서 공해 가스로 작용합니다. 자동차의 내연기관 속에서는 번개가 칠 때처럼 산소와 질소가 결합하여 일산화질소가 생겨 배출됩니다. 대기 중으로 나온 일산화질소는 곧 산소와 결합하여 이산화질소($NO_2$)가 됩니다.

이산화질소에 태양의 자외선이 작용하면 분자가 분해되어 일산화질소(NO)와 산소 원자(O)로 분리되고, 이 산소 원자는 산소 분자($O_2$)와 결합하여 오존($O_3$)으로 변할 수 있습니다. 오존은 산화작용이 강하여 식물과 동물에 피해를 주며, 플라스틱이라든가 고무를 부식시키기도 합니다. 오존 농도가 높은 곳에 있으면 눈과 목이 아파옵니다. 도시 거리에서 공해 정도를 알아보는 방법으로 오존 농도를 측정하는 것은 이 때문입니다.(원자번호 8 산소 참조)

이산화질소가 동식물에 피해를 주고 부식작용을 하는 이유는, 이산화질소가 대기 중의 수분과 결합하여 강한 산성을 갖는 질산($HNO_3$)이 되기 때문입니다. 질산이 소량일 때는 토양에서 질소 비료 성분이 되기도 하지만, 농도가 진하면 건물 벽과 대리석 석상들을 부식시킵니다. 자동차 배기가스 속의 이산화질소를 줄이는 방법은 촉매를 사용하여 배기가스 속의 이산화질소가 무해한 질소와 산소로 분해되도록 하는 것입니다.

질소와 산소가 결합하여 만들어지는 3번째 화합물에 화학식 $N_2O_3$로 표시하는 '삼산화이질소'(아산화질소)가 있습니다. 아산화질소는 NO 또는 $NO_2$와 성질이 다르며, '웃음 가스'(소기笑氣)로 유명합니다. 이 가스를 사람이 마시면 취한 듯이 기분이 좋아지기 때문에 붙여진 이름입니다.

질산은 상업적으로 매우 중요한 물질입니다. 질소비료(질산암모늄)와 화약(다이너마이트) 및 플라스틱이라든가 합성섬유의 원료로 쓰이니까요. 질산의 용도는 매우 많아 세계적으로 매년 수백만 톤 소비되고 있습니다. 오늘날의 질산 제조법은 1902년에 독일의 화학자 오스트발트(Wilhelm Ostwald 1853~1932)가 개발했습니다. 그는 암모니아 가스를 고온에서 백금을 촉매로 하여 산소와 결합시켜 질산으로 만들었습니다.

오스트발트가 이 방법을 개발하기 이전에는 칠레의 광산에서 대규모로 산출되는 질산나트륨($NaNO_3$)을 질산 제조에 이용했습니다. 제1차 세계대전 때(1914~1918) 연합군은 독일이 폭탄을 만들지 못하도록 칠레의 초석을 운송하지 못하도록 막았습니다. 그러나 이런 위기에 독일은 오스트발트의 연구 덕분에 다이너마이트와 폭탄을 계속 생산할 수 있었습니다.

질산을 수산화나트륨($NaOH$)이라든가 수산화칼륨($KOH$)과 같은 염기성 물질로 중화시키면 '질산염'(nitrates)이라 부르는 물질이 생겨납니다. 질산을 글리세롤(glycerol)과 결합시키면 '니트로글리세린'이라는 폭발력이 강한 물질(다이너마이트)이 됩니다. 이 물질은 작은 충격에도 폭발하여 질소와 이산화탄소로 변합니다.

다이너마이트는 1867년에 스웨덴의 알프레드 노벨(Alfred bernhard Nobel, 1833~1899)이 처음 발명했습니다. 그는 니트로글리세린을 점토에 섞는 방법으로 충격을 받아도 쉽게 폭발하지 않는 다이너마이트를 만든 것입니다. 그는 다이너마이트를 비롯하여 수백 가지 발명특허를 가지고 있었으므로 엄청난 부를 쌓았습니다. 그는 그 재력으로 과학자들이 꿈꾸는 명예의 노벨상을 수여하는 재단을 설립했습니다.


## 질소의 동위원소

자연계의 질소는 대부분 질소-14(99.634%)이지만 질소-15, 질소-13 등의 동위원소가 몇 가지 있습니다. 이 가운데 질소-13은 반감기가 짧은(약 10분) 방사성동위원소로서, 양전자를 방출하면서 붕괴됩니다. 이 성질을 이용하여 만든 '양전자방출 단층촬영기'(positron emission tomography PET)는 인체 내부를 촬영하는 중요한 진단 장치가 되었습니다. PET에서 방출되는 N-13의 양전자는 마치 X-선처럼 인체를 투과하여 내부의 영상을 볼 수 있도록 해줍니다. 이때 나오는 양전자는 인체 세포에 별다른 영향을 주지 않습니다. 오늘날 PET는 진단이 매우 어려운 뇌의 질병인 정신분열증이나 알츠하이머병(치매)을 진단하는데도 이용됩니다. 그러나 PET의 위험성을 완전히 무시하지 못하기 때문에 사용에 제한을 두기도 합니다.

자동차의 에어백은 충돌사고 때 운전자와 승객을 보호하는 중요한 안전장치인데, 이 에어백에는 '아지트화나트륨'($NaN_3$)이라는 질소화합물이 담겨 있습니다. 이 화합물은 충격을 받으면 순식간에 엄청난 양의 질소 가스를 방출하여 플라스틱 주머니를 팽창시킵니다. 1967년에 미국 크라이슬러 회사가 처음 자동차에 사용한 에어백은 오늘날 대부분의 차와 모터사이클 등에 장착하고 있습니다.

에어백은 앞에 설치하는 것, 옆 또는 목 뒤에 장착하는 것이 실용되고 있습니다. 자동차가 충돌하면 순간적으로 에어백의 전기점화장치가 아지트화나트륨을 폭발시키는데, 오늘날의 에어백은 200만분의 1초 이내에 터져 신체를 가로막도록 만들고 있습니다. 에어백은 미국 해군의 엔지니어였던 헤트릭(John W. Hetrich)이 1953년에 발명하여 특허를 얻었답니다.

질소화합물을 이용하여 만든 자동차의 에어백은 안전벨트와 함께 가장 중요한 보호장비입니다.

# 8. 산소(酸素 Oxygen, O)

- 원자번호 : 8
- 족 : 16족(2주기)
- 원자량 : 15.9994
- 각 전자궤도의 전자 수 : 2, 6
- 밀도 : 기체(1.429 g/L), 액체(1.141 g·cm$^{-3}$)
- mp : -218.4℃ /  · bp : -183℃

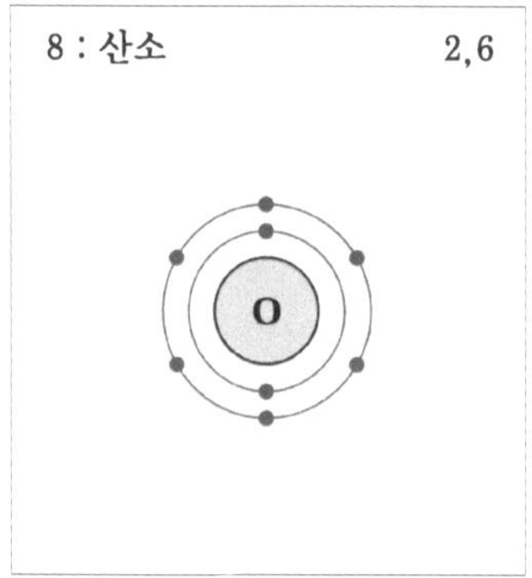


원자번호 8번인 산소는 8개의 전자를 가졌습니다.

호흡할 때 드려 마시는 공기의 5분의 1(20.8%)은 산소입니다. 산소는 우주에 수소와 헬륨 다음으로 많이 존재하며, 지구상에서는 지각 구성 물질로서 가장 많은 49.2%를 차지합니다. 산소는 공기 중에서는 기체로, 물에서는 물 분자의 일부로, 땅의 암석과 토양에서는 온갖 산소화합물 상태로 존재합니다.

산소는 모든 생명체의 몸을 구성하는 탄수화물, 지방, 단백질 등을 구성하는 필수 물질입니다. 나무나 석유가 불타는 것은 산소와 맹렬하게 결합하는 작용이며, 이러한 산소의 산화작용으로 난방과 산업에 필요한 에너지의 대부분을 얻고 있습니다.

공기를 이루고 있는 산소 분자의 대부분은 두 원자로 구성된

$O_2$입니다. 무색무취한 산소는 지상의 생명체들이 대량 소모하고, 석탄이나 나무가 탈 때도 소비되지만, 식물은 광합성 작용으로 산소를 끊임없이 재공급합니다. 즉, 식물 잎의 엽록소는 대기 중의 이산화탄소와 물을 이용하여 탄수화물을 생산하는 동시에 부산물로 산소를 만들어 대기 중으로 방출하기 때문에, 공기 중의 산소 양은 일정합니다. 이를 '산소의 순환'이라 하지요.

$$6CO_2 + 6H_2O \rightarrow C_6H_{12}O_6 + 6O_2$$

산소를 처음 발견한 과학자는 영국의 화학자 프리스틀리(Joseph Priestly 1733~1804)입니다. 그는 산소 실험을 끝낸 뒤, "산화수은($HgO$)을 가열했을 때 발생하는 가스를 촛불에 보내면 불꽃이 훨씬 밝아진다. 이 가스가 산소이다."라고 했습니다.

생명체는 거의 모두 산소에 의존하여 생존합니다. 체내에서 일어나는 많은 생리적 과정에는 산소가 꼭 필요하지요. 인체 내에서 소요되는 산소는 적혈구 속의 '헤모글로빈'이라는 단백질이 운반해줍니다. 헤모글로빈은 아미노산이 574개나 결합된 거대한 분자입니다. 혈액의 붉은색은 산소와 결합한 헤모글로빈의 색이며, 산소를 방출하고 나면 검푸른 색으로 변하지요.

산소는 때로 3개의 원자가 결합하여 분자를 이루기도 합니다. $O_3$으로 표시되는 오존은 약간 푸른빛을 띠며, 나쁜 냄새가 조금 납니다. 오존은 일반 산소 속에서 전기방전을 일으키면 잘 생겨나지요. 그러므로 고압 전류로 움직이는 지하철이나 기차의 전동 모터라든가, 번개가 칠 때 오존이 생겨납니다.

오존은 화학작용이 강하여 고무라든가 섬유를 부식시키며, 공기 중에 많이 포함되어 있으면 폐에 해를 끼칩니다. 그러므로 도시에서는 대기 중의 오존 농도를 측정하여 위험을 경고하고 있습니다. 예를 들어 일정한 곳의 오존 농도가 1시간 동안에 100만분의 120 이상이라면 '대기 오염 장소'로 지적된답니다. (원자번호 7 질소 참고)

인간이 사는 높이에서는 오존 농도가 높으면 나쁘지만, 대기의 상층에서는 오존이 없으면 오히려 큰 위험을 초래합니다. 왜냐하면 상층의 오존은 태양으로부터 오는 강력한 자외선을 흡수해 주기 때문입니다. 강한 자외선은 지상 생물들의 조직을 파괴시킵니다. 그래서 세균 살균에 오존을 이용하기도 하지요.

원자산소(O)는 오존이 분해될 때 생겨납니다. 최근 과학자들은 초고압 조건에서 $O_4$, $O_8$도 생겨나는 것을 알고 있습니다. 이런 산소는 산화작용이 더욱 강하기 때문에 연료를 더 효과적으로 연소시킬 필요가 있는 로켓 등에서 이용할 수 있을 것입니다.

산소는 거의 모든 원소와 화합할 수 있으므로, 산소화합물의 종류는 헤아릴 수 없이 많습니다. 지구에서 가장 흔한 물질은 이산화탄소, 이산화질소, 이산화규소, 산화칼슘, 산화알루미늄, 산화마그네슘 등과 같은 산소화합물입니다. 산화철(적철광)은 철성분을 대량 함유한 철광석입니다.

산소는 수소와 결합하여 지상에 가장 풍부하게 존재하는 물($H_2O$)을 만들고 있습니다. 물은 액체이지만 얼음보다 밀도가 크기 때문에 얼음이 물위에 뜨도록 합니다. 만일 물의 이러한 물리적 성질이 아니었다면, 겨울이 오면 호수의 물은 밑바닥까지 얼어 수중생물이 살 수 없게 되었을 것이며, 지구 환경은 지금과 전혀 다른 세계가 되었을 것입니다.

과산화수소($H_2O_2$)는 물과 성분이 같지만 성질이 크게 다르며, 살균제나 탈색제로 이용됩니다. 순수한 산소는 여러 산업에서 이용되는데, 특히 응급실 환자의 호흡 보조, 금속을 아세틸렌으로 용접할 때(산소를 대량 공급하여 고온이 되도록 함), 로켓 연료 등으로 이용합니다.

공업용으로 사용하는 산소는 공기를 액화시켰다가, 먼저 끓어 나오는 것을 분리하는 방법으로 생산합니다. 산소는 -193℃에서 액체 상태가 되고, -219℃가 되면 고체로 됩니다. 고체 산소를

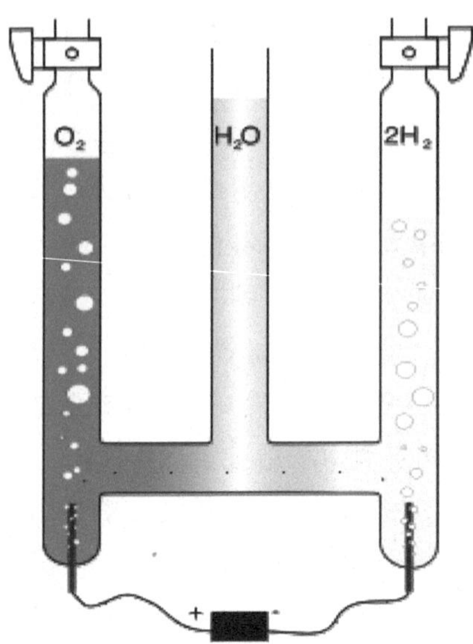



산소를 만드는 가장 효과적인 방법은 물을 전기분해하는 것입니다. 물에 전류를 흘리면 H⁺와 O⁻로 나뉘어 O⁻는 양극으로, H+는 음극으로 끌려가 발생하지요.

만들자면 96GPa(기가파스칼)의 압력이 필요하답니다.(1기압은 1013.25hPa, 1GPa = 10억Pa = 약 1,000기압)

액체 상태의 산소는 고압탱크에 담아 보존합니다. 실험실에서는 염소산칼륨($KClO_3$)이나 염소산나트륨($NaClO_3$)을 가열하여 산소를 만듭니다. 비행기에는 승객에게 산소가 급히 필요한 때를 대비하여 염소산나트륨과 철을 혼합한 작은 용기를 담은 산소마스크를 준비해두고 있습니다. 마스크를 착용하면 두 물질이 반응하여 산소를 일정 시간 발생시키지요.

병원에서 응급환자나 미숙아들의 호흡에 이용하는 산소는 순수 산소가 아니고 30~50%의 산소가 포함된 것입니다. 고농도의 산소를 장시간 호흡한다면 폐와 중추신경계에 지장이 생길 수 있기 때문입니다.

산소에는 여러 종류의 동위원소가 있습니다. 일반 표준 산소인 O-16(99.762%) 외에 O-17, O-18(0.2%), O-15 등 14가지 동위원소가 알려져 있지요. 표준 산소보다 중성자를 2개 더 가진 방사성 동위원소인 O-18은 반감기가 몇 십초 정도로 짧습니다. 과학자들은 이 방사성 산소를 추적하여 광합성이 진행되는 과정을 연구할 수 있었습니다.

주기율표에서 16족 산소 바로 아래에 있는 황(S)은 성질이 산소를 닮았습니다. 수천 미터 깊은 세계의 해저 곳곳에는 마치 온천처럼 뜨거운 물과 황화수소($H_2S$) 가스가 분출하는 구멍(열수공 熱水孔)이 있습니다. 햇빛도 산소도 없는 이런 곳에 사는 미생물은 열수공에서 나오는 황을 산소처럼 이용하여 생존에 필요한 에너지를 얻습니다(원자번호 16 황 참조).

## ♬ 할로겐(halogen)이란?

주기율표에서 제17족에 속하는 플루오린(원자번호 9번 불소), 염소(17번), 브롬(35번), 요드(53번), 아스타틴(85번), 그리고 117번 원소인 테네신 이상 6종 원소를 총칭하여 '할로겐'이라 부릅니다. 이들은 제일 바깥 전자껍질에 7개의 전자가 있으므로, 이웃 금속으로부터 전자를 매우 잘 끌어들이는 성질을 가졌습니다(아래의 표 참조). 이런 전자 구조 때문에 할로겐들은 헬륨, 네온, 아르곤 3가지 원소(희유가스)를 제외한 모든 원소와 화합물을 잘 만듭니다. 할로겐이 포함된 화합물을 할로겐화물(핼라이드 hallide)라 하지요. 할로겐(영어 발음은 핼러젠)이라는 용어는 현대 화학의 개척자 가운데 한 사람인 스웨덴의 베르셀리우스(Jöns Jakob Berzelius 1779~1848)가 처음 명명했답니다.

| 원소 이름 | 원자번호 | 전자껍질의 전자 수 |
|---|---|---|
| 플루오린 | 9 | 2, 7 |
| 염소 | 17 | 2, 8, 7 |
| 브롬 | 35 | 2, 8, 18, 7 |
| 요드 | 53 | 2, 8, 18, 18, 7 |
| 아스타틴 | 85 | 2, 8, 18, 32, 18, 7 |

할로겐은 화학결합 때 전자를 얻기 때문에 음이온이 됩니다. 이들 원소는 원자 2개가 결합하여 하나의 분자를 이루는 '2원자분자'(예 : $F_2$, $Cl_2$, $Br_2$, $I_2$, $At_2$)로 존재합니다. 이 원소들은 원자번호가 올라갈수록 녹는 온도와 끓는 온도가 높습니다.

# 9. 플루오린(불소 Fluorine, F)

- 원자번호 : 9
- 족 : 17족
- 원자량 : 18.9984
- 밀도 : 기체(1.696 g/L). 액체(1.505 $g \cdot cm^{-3}$)
- 각 전자궤도의 전자 수 : 2, 7
- mp : -223℃ / · bp : -118℃

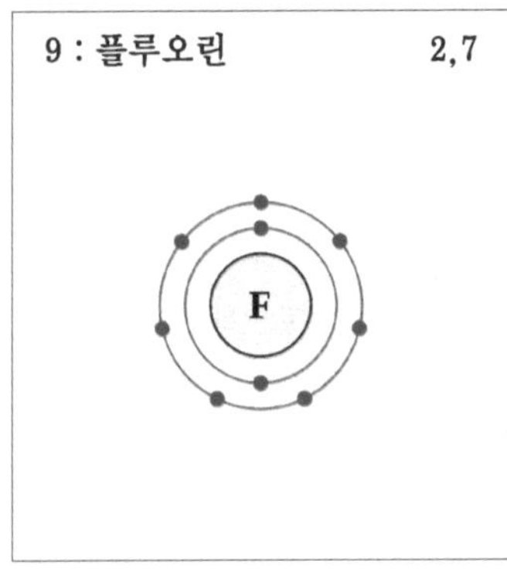


플루오린 핵은 9개의 양성자와 10개의 중성자로 이루어져 있으며, 핵 주변에는 2개, 7개의 전자가 돌고 있습니다.

플루오린(플루오르, 불소)은 주기율표에서 17족에 속하는 할로겐(앞쪽 참조)의 첫 번째 원소입니다. 할로겐 원소는 작은 원자일수록 핵과 전자 사이의 거리가 가까워(전자 친화력이 크므로) 화학결합을 잘 합니다. 할로겐 중에 제일 작고 가벼운 플루오린은 이 그룹에서 화학반응력이 가장 강하지요.

플루오린은 연한 황갈색 기체로서 독성이 강하고, 그 분자는 2개의 원자($F_2$)로 이루어져 있습니다. 자연계에서 플루오린은 '플루오린화칼슘'($CaF_2$, 형석)이나 '칼슘플루오라이드'(calcim fluoride : 알루미늄, 나트륨, 플루오린의 화합물)로 존재하며, 해수에 소량 용해되어 있고, 이빨과 뼈 및 혈액에도 미량 있습니다.

미국의 일부 주에서는 수돗물에 플루오르화나트륨을 조금 섞
어 송수(送水)하고 있습니다. 이것은 미량의 플루오린이 이빨의
부식을 방지한다는 연구 결과 때문입니다. 이빨의 단단한 에나멜
성분은 '수산화인화석'입니다. 이 물질은 물에 녹지 않으나, 입안
의 당분이 분해되어 생긴 약한 산성 물질에 조금씩 부식됩니다.
그렇지만 이빨은 수산화인회석을 자연적으로 생산하여 부식된
부분을 보충하고 있답니다. 치약 중에는 플루오린화나트륨을 혼
합하여 만든 것(불소치약)도 있지요.

프랑스의 화학자 무아상(Henri Moissan 1852~1907)은 플루오
린 원소를 1886년에 처음 순수 분리하여 1906년에 노벨 화학상
을 수상했습니다. '플루오린'은 '흐른다'는 뜻을 가진 라틴어에서
따왔지요. 플루오린의 존재는 그 이전부터 알고 있었으나, 화학
반응력이 워낙 강해 순수한 원소로 분리하지 못했던 겁니다.

플루오린은 이 원소가 포함된 화합물(fluoride) 속으로 전류를 흘
려 분리해왔는데, 이 방법은 막대한 전력이 소비되었습니다. 그러
나 1986년, 미국 공군연구소의 화학자 크리스티(Karl O. Christie)가
화학적인 방법으로 플루오린을 순수 분리하는데 성공하여, 지금
은 이 방법으로 매년 수천 톤 생산합니다.

플루오린 가스는 우라늄과 결합시켜 무색의 고체인 육플루오
린화우라늄(UF6, '헥스' hex라 부름)을 만드는데 대량 쓰이며, 핵
연료인 우라늄-235는 헥스로부터 분리합니다. 맹독한 플루오린과
탄소를 화합시켜 테플론(teflon)이라는 근사한 플라스틱을 만듭니
다. 탄소와 플루오린이 길게 연결된 이 물질은 화학적으로 안정
하여 다른 물질과 잘 결합하지 않습니다. 고급 프라이팬이나 주
방 냄비의 바닥에 테플론을 코팅하면 매끈하기도 하려니와 음식
이 바닥에 들어붙지 않게 됩니다. 이 테플론은 화학공장의 반응
로(反應爐)라든가 배관(配管) 내부에도 바르고, 인공심장 판막을
만드는 재료로 쓰기도 합니다.

수도관이나 가스관을 서로 연결할 때 '테플론테이프'라 부르는 특수한 접착테이프를 사용하는데, 관을 연결하는 부분에 테이프를 감고 나사 홈을 돌려 끼우면, 나사가 잘 미끄러져 들어갈 뿐 아니라 단단히 밀봉이 됩니다. '테플론'이란 말은 이를 처음 개발한 미국 화학회사 듀퐁사가 정한 상품명이랍니다.

플루오린 화합물인 '프레온가스'($CF_2H_2$)는 냉장고나 에어컨 같은 냉동장치의 냉매로 대량 사용했습니다. 프레온 가스는 -128℃도에서 액체로 되는 기체이지요. 흔히 CFC(chlorofluoroethylene)라 부르기도 하는 프레온가스는 장기간 냉매로 잘 이용해왔으나, 이 가스가 고공으로 올라가 오존층을 파괴한다는 사실이 알려진 이후 사용이 금지되었습니다. 이러한 현상을 몰랐던 과거에는 CFC를 살충제와 혼합하여 분무 가스로 대량 사용했지요.

플루오린을 수소와 혼합하면 점화하지 않아도 순식간에 폭발하듯이 불타면서 플루오린화수소(HF)로 변합니다. 플루오린을 물에 녹이면 '불화수소산'이 되는데, 이 용액은 매우 맹독한 물질이며, 피부에 묻으면 대단히 고통스럽습니다. 불화수소산은 유리를 녹일 수 있으므로 유리에 그림이나 글씨를 새길 때, 우윳빛 유리를 제조할 때 부식제로 사용합니다.

플루오린의 방사성 동위원소인 F-18은 병원에서 인체 내부를 촬영하는 첨단 진단장치인 '양전자방사단층촬영기'(PET)에 이용됩니다. F-18은 전자와 반대되는 양전기를 띤 입자(양전자)를 방출하는데, 양전자와 전자가 충돌하면 X-선과 같은 방사선을 내기 때문에, 이 방사선을 이용하여 단층촬영을 합니다. 플루오린 -18의 반감기는 109.8분이랍니다.

# 10. 네온(neon, Ne)

- 원자번호 : 10
- 족 : 18족(2주기)
- 원자량 : 20.18
- 밀도 : 기체(0.9002 g/L), 액체(1.207 g·cm$^{-3}$)
- 각 전자궤도의 전자 수 : 2, 8
- mp : -248.67℃ /  ·bp : -246.05℃

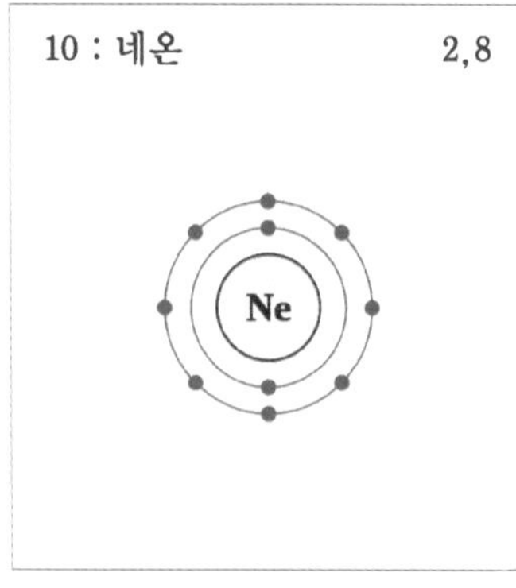



네온의 핵 주변에는 2,8개의 전자가 돌고 있습니다.

네온(영어 발음은 '니온')은 다른 희유가스 원소들과 마찬가지로 단원자(Ne) 기체이며, 희유가스 중에 두 번째로 가볍습니다. 네온은 화학적으로 아주 안정(불활성)하여 그의 화합물이 없습니다. 네온은 무색, 무취한 가스이며 대기 중에는 5번째로 많이 (0.002%) 포함되어 있는데, 이는 이산화탄소 양의 10분의 1 정도인 셈입니다.

밤거리 광고판의 글씨를 밝히고 있는 네온사인은 네온 가스에 전기 에너지를 주었을 때 나오는 빛입니다. 즉 네온 원자가 에너지를 받으면 붉은 오렌지색 빛을 발산합니다. 야간 광고판을 장식하는 다양한 색의 유리관을 보통 '네온사인'이라 말하는데, 이들은 네온만 아니라 다른 가스도 넣어 여러 색을 내도록 만들고 있습니다. 예를 들어 전기 에너지를 흡수한 아르곤 기체는 보라색을, 크세논 기체는 청록색을 내지요.

네온 가스를 처음 발견한 과학자는 영국의 화학자 램지(William Ramsay 1852~1916)입니다. 그는 1898년에 공기를 액체 상태로 압축한 것을 '분별증류'(分別蒸溜)하는 방법으로 네온 기체를 순수하게 분리했습니다. '네온'이라는 말은 '새롭다'(*neos*)는 의미의 그리스어에서 따온 것입니다.

네온을 분별증류할 때는 액체공기가 담긴 용기의 뚜껑을 열어, 끓는 온도(bp)가 높은 원소부터(산소, 질소, 아르곤, 크립톤, 크세논 순) 먼저 증발시켜 분리한 후, -229℃에서 기화되어 나오는 네온을 분리합니다.

최초의 네온사인은 '프랑스의 에디슨'으로 불리는 유명한 발명가 클로드(George Claude 1870~1960)가 만들었습니다. 그는 1910년 파리에서 개최된 자동차 쇼 때, 길이 12m의 네온관 2개를 만들어 처음 전시했습니다. 네온사인이 발명되고 25년이 지난 뒤에 형광등이 발명되었는데, 형광등 역시 선구자인 네온관과 구조가 비슷합니다. 액화 네온은 냉동기구의 냉각제로 이용되기도 합니다.

### ♩ 희유가스(noble gas)란?

주기율표에서 18족에 속하는 헬륨, 네온, 아르곤, 크립톤, 제논(크세논), 라돈 그리고 오가네손 이상 7가지 원소는 전부 기체이므로 '희유가스'(noble gas)라 부릅니다. 희유가스 원소들은 제일 바깥 전자껍질에 8개의 전자가(헬륨은 2개) 가득 차 있기 때문에 화학적으로 매우 안정하여 화합물을 잘 만들지 않습니다. 그래서 과거에는 18족 원소들을 '불활성 가스'(inert gas)라 불렀습니다. 그러나 1960년대 이후 '희유가스'(noble gas)라는 이름으로 바뀌었지요. 그 이유는 화학이 발달함에 따라 이들도 특별한 조건에서 화합물로 만들 수 있기 때문입니다. 희유가스는 모두 원자 혼자 분자이기도 한 '단원자'(單原子) 원소들입니다.

# 11. 나트륨(Sodium, Natrium, Na)

- 원자번호 : 11
- 족 : 1족(3주기)
- 원자량 : 22.993
- 밀도 : 0.97 g·cm$^{-3}$
- 각 전자궤도의 전자 수 : 2, 8, 1
- mp : 97.8℃ / · bp : 883℃

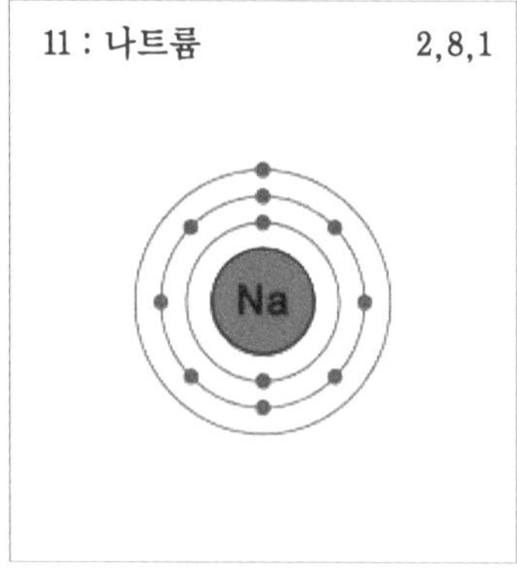


나트륨은 제일 바깥 궤도에 1개의 전자가 있어, 이를 다른 원소에 쉽게 넘겨주고 화합물을 만듭니다.

나트륨은 지구상에 6번째로 풍부하게 존재하는(지각의 2.63%) 원소로서, 화학반응성이 대단히 강한 밝은 은빛 금속입니다. 금속으로 분류되지만 나트륨은 물보다 가볍고, 칼로 자를 수 있을 정도로 무릅니다.

'나트륨(*natrium*)'은 라틴어이고, 영어는 소듐(sodium)이라 하지요. 나트륨의 가장 중요한 화합물인 소금을 영어로는 'sodium chloride'라 부르고, 우리말 화학명은 '염화나트륨'이라 합니다. 영어 sodium 은 'soda'에서 유래한 말입니다.

나트륨 원소는 영국의 화학자 데이비(Humphry Davy 1778~1829) 가 1807년에 처음 순수하게 분리했습니다. 그는 수산화나트륨

(NaOH)을 전기분해하는 방법으로 나트륨을 뽑아냈지요. 수산화나트륨($Na^+Cl^-$)은 이온결합을 하고 있는 알칼리성 화합물입니다. 그러므로 액체상태의 수산화나트륨에 전극을 꽂고 고압 전류를 보내면 음극으로 나트륨 이온($Na^+$)이 끌려가 모입니다. 전자 1개를 잃은 양이온 상태의 나트륨은 액체 속에서 음극으로 쉽게 이동할 수 있습니다.

오늘날에는 염화나트륨(NaCl 소금)을 가열하여 녹인 것에 전극을 꽂아 나트륨을 생산합니다. 이때 나트륨 원자는 음극에 모이고, 양극에서는 염소가 생산되지요.

나트륨 원소는 화학반응성이 강하기 때문에 자연계에는 순수한 상태로 존재하지 않습니다. 나트륨을 온전하게 보존하려면 공기나 습기와 접촉하지 않도록 석유(kerosene, kerosine)와 같은 액체 속에 저장하지요. 나트륨을 물에 넣으면 폭발하듯이 표면에서 지글지글 거품을 내면서 녹아들어갑니다.

나트륨은 98℃이면 녹아 액체 상태로 됩니다. 그러므로 나트륨을 운반할 때는 온도를 내려 고체 상태로 만들어 탱크에 담고, 탱크에서 들어낼 때는 전기 히터로 온도를 높여 액상(液狀)으로 되었을 때 펌프로 뽑아냅니다.

순수한 나트륨의 용도는 특별합니다. 액체 나트륨은 원자로에서 핵반응 속도를 조절하는 감속제로 쓰입니다. 또한 나트륨은 비열(比熱-온도를 높이는데 필요한 에너지 양)이 아주 크기 때문에, 원자로에서 발생한 열을 외부로 전달했다가 물을 끓이도록 하는 '열전달물질'로도 이용됩니다.

나트륨화합물은 인류에게 중요한 물질입니다. 지하에서 암염(巖鹽)이나 바다에서 천일염으로 생산하는 소금의 소비량은 엄청납니다. 급료를 영어로 샐러리(salary)라 하는 것은 로마시대에 군인들에게 급료로 소금(라틴어로 *sal*)을 준 데서 비롯되었다고 전합니다.

수산화나트륨은 매우 중요한 나트륨의 화합물입니다. 이것은 주로 염화나트륨 용액을 전기분해하여 만듭니다. 흔히 '가성소다'라고 부르기도 하는 수산화나트륨은 지방질을 녹여버리므로, 막힌 하수구를 청소할 때, 기름기를 씻어낼 때 세제로 씁니다. 그러므로 피부에 수산화나트륨이 묻으면 위험합니다. 지방질과 수산화나트륨이 결합하면 물에 녹는 비누가 됩니다.

## 중요 나트륨 화합물의 용도

중요한 나트륨 화합물에 탄산나트륨($Na_2CO_3$)이 있습니다. 통칭 양잿물 또는 '세탁소다'라 부르는 이 화합물은 소금과 석회석을 화합시켜 만들며, 세탁용 세제로 많이 사용합니다. 식물을 태운 재에는 탄산나트륨이 포함되어 있습니다. 그래서 옛 사람들은 나무의 재를 물에 담가 우려낸 물을 '잿물'이라 하여 세탁에 사용했습니다. 공업적으로 대량 만든 탄산나트륨이 상품으로 나오자, 우리나라에서는 이를 '서양잿물' 도는 '양잿물'이라 부르게 되었습니다.

이 외에 중탄산나트륨($NaHCO_3$)은 중탄산소다, 중조(重曹), 베이킹파우더 또는 탄산수소나트륨이라고도 불립니다. 이것은 일상생활에서 중요한 용도를 가진 물질이지요. 빵을 만들 때 밀가루 반죽에 이것을 소량 섞어 열을 주면, 중탄산나트륨은 물과 탄산나트륨과 이산화탄소로 변합니다. 이때 발생한 이산화탄소 기체는 기포가 가득한 빵이 되도록 합니다. 이렇게 만든 빵은 이스트(빵 곰팡이)로 발효시킨 것처럼 씹기도 편하고 소화가 잘 되도록 부풀어 있습니다.

중탄산나트륨은 위산(胃酸)을 중화시키는 작용을 하기 때문에 위산과다 환자는 이것을 제산제로 쓰기도 합니다. 또한 가정이나

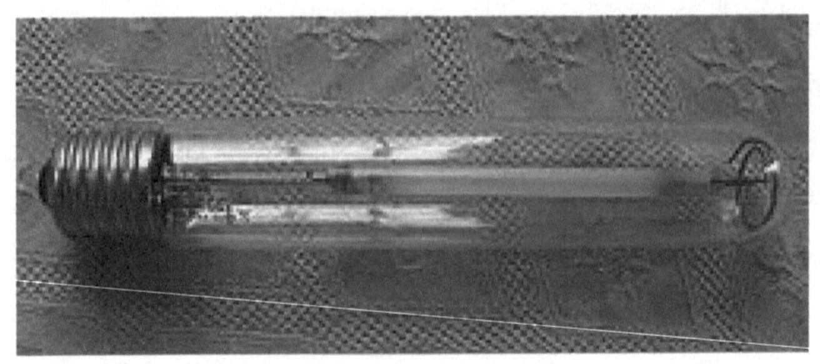

나트륨 가스를 채운 전등은 매우 밝은 황색 빛을 냅니다. 가로등
과 자동차 미등으로 이용합니다.

사무실에 비치한 비상용 소화기(消火器)에도 이 물질이 들어 있
습니다. 소화기를 동작시키면 내부에 따로 담아둔 황산과 중탄산
나트륨이 섞이면서 화합하여 대량의 이산화탄소를 발생함으로써
불을 진화합니다.

나트륨의 몇 가지 동위원소 중에 Na-24는 생물학 연구에 중요
하게 쓰입니다. 소금 분자의 나트륨 성분을 나트륨-24로 만들면
(표지標識를 하면) 소금이 인체 혈관을 따라 이동하는 상황이나
화학변화 과정을 추적할 수 있습니다. 인체 내의 소금 함량은 의
학적으로 매우 중요한 문제이지요. 나트륨-24의 반감기는 약 15
시간이랍니다.

나트륨을 전기로 가열하면 그 증기는 황색 빛을 냅니다. 이 빛
은 파장이 매우 일정하므로 광학실험에 이용합니다. 또 나트륨
가스를 채운 황색 빛을 내는 가로등은 전력소모가 적으면서 밝
은 빛을 냅니다. 그리고 나트륨등의 황색은 산란이 적어 멀리서
도 잘 보이기 때문에 고급차에서 미등(尾燈)으로 사용하지요.

# 12. 마그네슘(Magnesium, Mg)

- 원자번호 : 12
- 족 : 2족(3주기)
- 원자량 : 24.305
- 밀도 : 1.74 g·cm$^{-3}$
- 각 전자궤도의 전자 수 : 2, 8, 2
- mp : 651℃ / • bp : 1,107℃

마그네슘의 핵 둘레에는 12개의 전자가 돌고 있으며, 화학반용 때 최외각의 전자 2개는 쉽게 떨어져 나갑니다.

마그네슘은 은백색의 매우 가볍고 부드러운 원소로서, 알칼리토금속에 속하는 두 번째 원소입니다. 알칼리토금속이란 알칼리금속과 희토류금속의 중간 성질을 가진 금속을 말합니다. 마그네슘은 지각 중에 13%가 포함되어 있어, 철, 산소, 실리콘 다음으로 4번째 많은 원소입니다. 이 원소는 물에 잘 녹으며 해수 속에도 다량 녹아 있지요.

마그네슘이라는 이름은 옛날 그리스의 '마그네시아'라는 지역에서 채굴되었기 때문에 붙여졌다고 합니다. 마그네슘은 영국의 화학자 데이비(Humphry Davy 1778~1829)가 1808년에 산화마그네슘(MgO)를 전기분해하여 처음 순수하게 분리했습니다. 마그네슘을 생산하는 가장 중요한 방법의 하나는 바닷물에서 얻는 '도우법'(Dow process)입니다. 미국의 화학자 도우(Hebert Henry Dow 1866~1930)가 개발한 혁명적인 이 방법은, 마그네슘이 많이 녹아있는 바닷물에 산화칼슘이 가득한 굴이나 조개껍데기를 넣어, 마그네슘과 산화칼슘이 결합하여 물에 녹지 않는 침전물이 되도록 한 후, 이 침전물을 염산으로 처리하여 염화마그네슘으로 만들고, 이를 전기분해하여 순수한 마그네슘과 염소를 생산합니다.

마그네슘은 밀도가 1.74에 불과한 가벼운 금속이지만 단단한 성질을 가졌습니다. 마그네슘의 비중은 철의 약 1/5이고, 알루미늄의 약 2/3입니다. 알루미늄과 마그네슘으로 만든 합금은 가벼우면서도 더 단단하고 부식(腐蝕)에도 강한 성질을 갖게 됩니다. 독일은 제1차 세계대전 때부터 알루미늄-마그네슘 합금으로 비행기 동체를 제조했으며, 뒤에는 경주용 자동차 제조에도 이용하기 시작했습니다.

오늘날 마그네슘은 철과 알루미늄 다음으로 대량 소비되는 구조재(構造材) 합금 금속입니다. 금속(알루미늄) 사다리, 자동차, 비행기, 고급 자전거, 공구(工具), 휴대전화기, 노트북 컴퓨터, 카메라 몸체 등을 이 합금으로 만들지요. 마그네슘과 알루미늄 합금은 마그날륨(magnalium) 또는 마그넬륨(magnelium)이라 합니다.

마그네슘은 화학반응을 잘 일으키므로, 철 재련 때 황(S) 성분을 제거하는데 이용되기도 합니다. 마그네슘의 가루라든가 입자를 공기 중에서 태우면 산소와 화합하면서 불꽃놀이 탄처럼 밝은 백색광을 내면서 맹렬하게 불탑니다. 마그네슘은 공기 중에서 630℃에 이르면 자연 점화되고, 그것이 탈 때는 3.100℃까지 고온이 됩니다.

사진촬영에 사용하는 강한 빛을 내는 섬광전구(flash bulb)는 가느다란 마그네슘 코일에 배터리 전류를 흘려 점화함으로써 순간적으로 강한 빛을 얻는 조명구(照明具)입니다. 섬광전구 속에는 순수한 산소를 채워 산화반응이 급격히 일어나도록 합니다.

흥미롭게도 마그네슘은 이산화탄소 속에서도 연소합니다. 그러므로 마그네슘의 화재를 진화하기 위해 이산화탄소 소화기를 사용한다면 아무 소용이 없지요.

마그네슘은 인간을 비롯하여 생물체에 필수적인 무기 영양소입니다. 인체 내에는 마그네슘이 11번째 많이 포함되어 있으며, 수백 가지 효소들의 기능을 정상화하는데 필수적입니다. 또한 세포 내에서 DNA, RNA, ATP(대사과정에 생겨나는 에너지 전달물질)와 같은 중요 물질을 생산하는데 꼭 참여하는 중요한 원소이기도 합니다. 성인 한 사람의 몸에는 약 24g의 마그네슘이 들어 있으며, 그중 약 60%는 뼈에, 약 39%는 세포 내에, 나머지 1%는 세포 외부에 있습니다.

특히 마그네슘은 녹색식물의 엽록소를 구성하는 가장 핵심적인 원소입니다. 만일 마그네슘이 없다면 녹색식물이 존재할 수 없습니다. 엽록소의 분자 구조는 적혈구의 헤모글로빈 분자와 비슷한데, 헤모글로빈 분자는 중심에 철이 있고, 엽록소 분자의 중심에는 마그네슘이 있습니다. 엽록소는 태양에너지를 효과적으로 흡수하여 모든 생물체의 에너지원이 되는 탄수화물을 생산하도록(광합성작용) 하지요.

수산화마그네슘[$Mg(OH)_2$] 가루를 물에 풀면 우윳빛으로 보이는데, 이것을 '마그네시아 밀크'라 부릅니다. 이것은 약한 염기성을 가지고 있으므로, 위에 산(酸)이 많이 분비되었을 때 적당량을 복용하면 중화시키는 제산제 작용을 합니다.

엽록소에는 a, b, c, d, e 등 몇 가지 종류가 있습니다. 사진은 그 중 하나인 엽록소-a의 구조를 나타냅니다. 모든 엽록소 분자의 중심에 Mg가 놓여 있습니다.

# 13. 알루미늄(Aluminum, Al)

- 원자번호 : 13
- 족 : 13족(3주기)
- 원자량 : 26.97
- 밀도 : 2.7 g·cm$^{-3}$
- 각 전자궤도의 전자 수 : 2, 8, 3
- mp : 660.32℃ / ・bp : 2,519℃

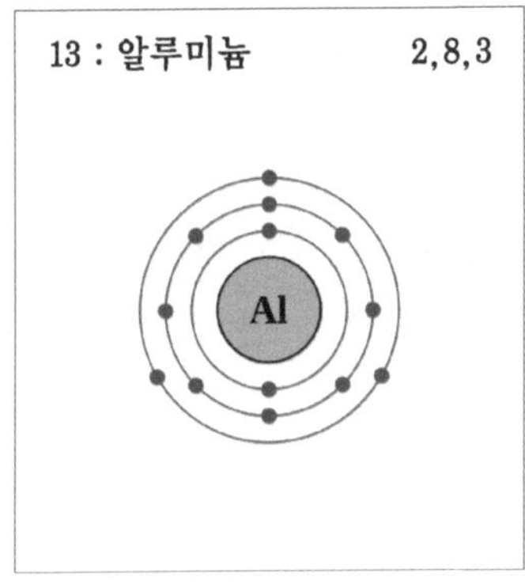


알루미늄 핵 주변에는 궤도에 따라 2, 8, 3개의 전자가 돕니다.

알루미늄(앨류미넘)은 비행기 날개로부터 창문틀을 비롯한 각종 건축 자재, 음료수 캔, 알루미늄 포일에 이르기까지 산업 전반에 걸쳐 그 용도가 대단히 많은 중요한 금속입니다. 순수한 알루미늄은 은백색이고 매우 부드럽습니다. 이 금속은 지각(地殼) 속에 산소와 규소 다음으로 많으며, 산소와 결합한 화합물로 대개 존재합니다. 알루미늄을 포함한 광물은 270여 가지가 있으며, 그중 대표적인 광물이 '보크사이트'(bauxite 수산화알루미늄 일종)라 불리는 광석입니다.

알루미늄은 지각의 약 8%를 차지할 만큼 매장량이 많지만, 1886년 미국의 홀(Charles M. Hall 1863~1914)과 프랑스의 헤롤

(Paul L. T. Heroult 1863~1914)이 각각 독립적으로 산화알루미늄($Al_2O_3$)을 전기분해하여 쉽게 분리하는 방법을 발견하기 전까지는 매우 비싼 금속이었습니다.

'알루미나'(alumina)라 부르는 산화알루미늄은 흰색이며 매우 단단합니다. 결정(結晶) 상태의 산화알루미늄을 흔히 '코런덤'(corundum)이라 하는데, 샌드페이퍼나 연마제로 사용할 정도로 단단하지요. 또 이것은 용해온도(mp)가 매우 높기 때문에 용광로 벽을 만드는 내열 벽돌로 쓰이기도 합니다. 커런덤에 철, 티타늄, 크롬 등의 불순물이 소량 포함된 것은 귀중한 보석이 될 수 있습니다. 크롬이 혼합된 코런덤(산화알루미늄)은 붉은색 루비이고, 철과 티타늄을 함유한 것은 푸른색 사파이어입니다.

알루미늄은 가볍고 전기를 잘 통하는 성질이 있어 그에 맞는 용도가 매우 많습니다. 알루미늄의 전도성(傳導性)은 구리의 약 65%이지만, 값이 싸면서 가볍기 때문에 고압 송전선으로 쓰기도 합니다. 또한 알루미늄은 빛(전자기파)을 잘 반사하므로 각종 거울과 태양 반사경, 안테나 제조에 쓰입니다. 순수한 알루미늄은 성질이 무르지만, 구리나 마그네슘과 합금을 하면 매우 단단한 금속이 된답니다.

알루미늄은 화학반응을 잘 일으킵니다. 알루미늄 표면은 공기 중의 산소와 쉽게 결합하여 회색의 피막(皮膜)을 만드는데, 이 피막은 내부로 더 이상 다른 화학반응이 일어나지 않도록 보호해주는 '부식 방지' 작용을 합니다. 많은 음료수는 알루미늄 캔에 담아 판매합니다. 알루미늄은 독성이라든가 냄새와 맛을 가지지 않았습니다. 오늘날 알루미늄 캔은 대부분 분리수거하여 재활용하고 있지요.

# 14. 규소(Silicon, Si)

- 원자번호 : 14
- 족 : 14족(3주기)
- 원자량 : 28.08
- 밀도 : 2.33 g·cm$^{-3}$
- 각 전자궤도의 전자 수 : 2, 8, 4
- mp : 1,414℃ /  • bp : 3,265℃

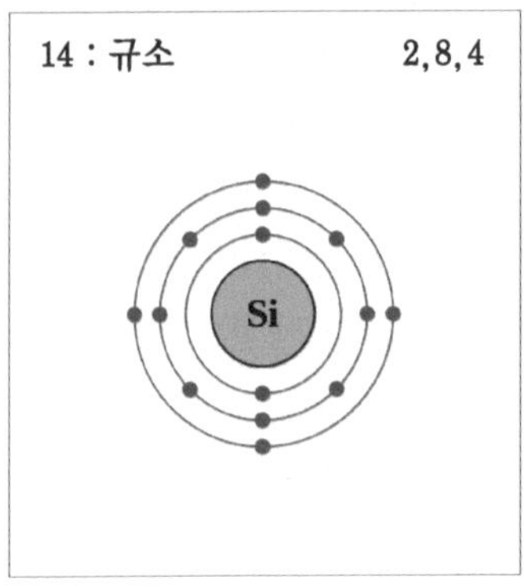


규소의 핵은 14개의 양성자와 14개의 중성
자로 구성되어 있으며, 핵 주변에는 2, 8, 4
개의 전자가 돕니다.

규소는 지각 속에 산소 다음으로 다량(약 27.7%) 포함된 원소
로서, 자연계에서 산소와 화학적으로 결합하여 흙, 모래, 바위의
주성분을 이루고 있습니다. 규소는 1824년 스웨덴의 화학자 베르
셀리우스(John Jakob Berzelius, 1779~1848)가 처음 순수하게 분
리했습니다. 규소의 영어인 silicon은 부싯돌(flint)을 뜻하는 라틴
어(*silicis*)에서 유래했습니다.

'실리카'(silica)라는 것은 규소 화합물의 대표인 산화규소($SiO_2$)
를 말합니다. 산화규소는 자연계에 두 가지 형태 즉, 모래에서
볼 수 있는 결정체 모양의 석영(수정 crystal)과 플린트(flint)라 부
르는 비결정상으로 존재합니다. 자수정(amethyst), 단백석(opal),

마노(agate), 벽옥(jasper) 등은 석영 보석류인데, 포함된 불순물에 따라 독특한 색을 가집니다. 다음은 중요 규소 화합물을 소개합니다.

* 가장 단단한 돌을 차돌이라 하지요. 석기시대의 선조들은 차돌(flint)로 돌칼, 돌도끼, 창과 화살촉 등을 만들었습니다. 성냥이 없던 시절의 선조들은 차돌(부싯돌)을 서로 쳤을 때, 작은 입자가 부서지면서 튀는 불꽃에 불쏘시개를 대어 불을 일으켰습니다. 이때 불쏘시개(부싯깃)로는 말린 쑥 잎을 주로 사용했습니다. 이런 쑥을 애융(艾絨)이라 하지요. 돌 도구와 부싯돌로 쓰인 차돌은 바로 석영과 마찬가지로 산화규소가 주성분입니다.

* 규소는 유리, 시멘트, 도자기 제품의 주원료이며, 오늘날에는 중요한 반도체 원료이기도 합니다. 미국 샌프란시스코 근처의 반도체 연구 단지는 '실리콘 밸리'라는 명칭을 얻었지요. 오늘날의 컴퓨터와 전자장치들이 소형화될 수 있게 된 것은 바로 규소를 원료로 만드는 반도체 덕분이라 하겠습니다.

* 석영(수정)은 압력을 가하면 전류가 생겨나는 '피에조 전기 효과'(piezoelectric effect)라 불리는 매우 흥미로운 성질을 나타냅니다. 그래서 축음기라든가 마이크로폰에서 소리를 재생하는 수단으로 석영을 사용했지요. 수정은 이와 반대 성질도 보여줍니다. 수정 결정에 교류 전류를 흘려주면 원자가 매우 일정하게 진동합니다. 이 성질을 이용하여 스프링을 감아 동작시키던 기계식 시계를 대신하여 오늘날에는 거의 모든 시계(수정시계)에 수정을 쓰게 되었습니다.

수정은 크기에 따라 진동수가 다른데, 시계용 수정은 1초에 32,768Hz로 진동하는 것을 사용합니다. 가장 정밀하게 만든 수정시계는 진동수의 오차가 10억분의 1초에 불과하답니다. 초정밀 수정시계는 라디오와 텔레비전 송신장치에 이용되고 있지요.

* 공해 위험물질의 하나로 알려진 석면(石綿)은 규소가 주성분인 광물입니다. 석면은 매우 강하면서 열에 잘 견디기 때문에 건축에서 한동안 절연재(絶緣材)로 대량 사용했습니다. 그러나 석면 가루가 폐 질환을 일으킨다는 사실이 알려지면서 건축 재료로 사용하지 않게 되었습니다.

* 인류에게 너무나 귀중한 물질인 창유리는 규소와 탄산나트륨, 석회석(탄산칼슘)을 혼합하여 높은 온도로 녹여 만든 것입니다. 유리의 종류는 혼합하는 성분과 가공법에 따라 1,000가지도 넘지만 기본 원료는 규소이지요. 투명한 창유리, 유리병, 안경, 렌즈, 유리 장식물 등 수많은 물건을 만드는 유리는 단단하면서 화학적으로 대단히 안정한 물질입니다.

높은 열에도 잘 깨어지지 않기로 이름난 '파이렉스 유리'는 유리 원료에 붕소산화물을 혼합하여 팽창률이 낮도록 만든 것이지요. 규소에 칼륨, 나트륨, 석회 등의 성분을 넣은 유리는 좀처럼 긁히지 않으므로 안경이나 렌즈 제조에 이용됩니다.

* 인류는 고대로부터 음식과 물을 담는 도자기 그릇을 만들어 왔습니다. 도자기 제조 원료인 찰흙(점토)은 규소가 주성분이며, 그 입자는 직경 0.004mm 이하로 미세합니다. 그러므로 입자 사이에 틈새가 많아 다량의 수분을 흡수할 수 있습니다. 이런 점토로 그릇을 만들어 고열(대개 1,200℃ 이상)로 구우면 수분을 잃고 대단히 단단하게 변하지요.

* 주기율표에서 탄소 바로 아래에 놓인 규소는

오늘날 반도체 웨이퍼는 직경 1인치(25.4mm)인 것에서부터 300mm인 것까지 만들며, 곧 450mm 웨이퍼가 등장합니다.

다이아몬드의 결정 구조를 닮았습니다. 다이아몬드는 부도체이지
만 규소는 전류가 조금 흐릅니다. 순수하게 정제한 규소에 비소
(As)나 붕소(B), 또는 갈륨(Ga)을 극미량 처리(도핑 doping)하면
반도체가 되지요.

1947년에 미국 벨연구소에서 반도체를 발명하게 되면서 이를
이용하여 전류의 흐름을 조절하는 트랜지스터를 만들게 되었습
니다. 작은 트랜지스터가 커다란 진공관을 대신하게 되면서 컴퓨
터와 텔레비전이 오늘날처럼 발전하는 계기가 되었습니다. 이후
트랜지스터는 지금의 반도체가 대신하게 되었지요. 태양전지는
얇은 실리콘 웨이퍼에 비소와 붕소를 도핑하여 만듭니다.

* 건축자재의 하나로 쓰는 '실리콘'(영어로는 silicone)이라는
산업제품은 창문이나 벽의 틈새를 매우는 충전제 외에 윤활제,
인체 성형 재료, 절연제, 고무 대용 등으로 사용합니다. 이 실리
콘은 규소를 탄소, 질소, 산소와 인공적으로 결합시켜 만든 것입
니다.

* 흔히 '물유리'라 부르는 것은 규산나트륨($Na_2SiO_3$)입니다. 규
산나트륨은 흰색 고체이지만 물에
잘 녹아 액상(液狀)이 됩니다. 약
병이나 특수 제품의 포장 속에 제
습제로 사용하는 실리카겔(silica
gel)은 규산나트륨을 가공하여 만
든 것입니다. 실리카겔은 입자 사
이에 틈새가 많은데다 물 분자와
친화력이 강하여 강력한 흡수작용
을 하지요. 수분을 가득 머금은
실리카겔을 가열하면 탈수되므로
다시 건조제로 사용할 수 있습니다.

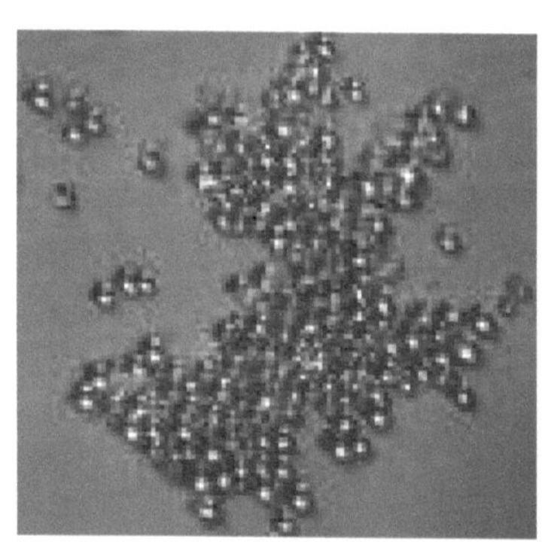

작은 유리구슬처럼 만든 제습제인
실리카겔은 독성이 있으므로 먹어서는
안 됩니다. 실리카겔 1g의 표면적은
약 800m$^2$라 합니다.

# 15. 인(燐 Phosphorus, P)

- 원자번호 : 15
- 족 : 15족(3주기)
- 원자량 : 30.97
- 밀도 : 2.70 $g \cdot cm^{-3}$
- 각 전자궤도의 전자 수 : 2, 8, 5
- mp(백인) : 44.1℃ /  · bp : 280.5℃

인은 15족의 질소 그룹에 속하는 비금속 원소로서, 강한 화학 반응성을 가졌기 때문에 지구상에 순수한 상태가 아니라 주로 산소와의 화합물로 많이 존재합니다. 독일의 연금술사 브란트 (Henning Brant 1630~1710)는 1669년에 처음으로 인을 순수하게 분리했습니다. 그는 유리 증류기(retort) 속에 오줌을 넣고 끓였습니다. 오줌이 모두 증발해버리고 증류기 바닥이 빨갛게 된 마지막 순간, 증류기 안이 증기로 가득해지더니, 증류기 입구로 액체가 흘러내렸습니다. 그리고 그 액체는 곧 불꽃에 휩싸였습니다.

실험을 계속한 브란트는 흘러내리는 액체를 냉각시켜 흰 고체로 만들었습니다. 그 고체는 어둠 속에서 연녹색 빛을 내며, 더운 공기 속에서는 저절로 불타버리는 것을 알게 되었습니다. 그가 분리한 고체는 바로 백린(白燐 white phosphorus)이었지요. 당시 그는 이 백린으로 금을 만들어보려고 한동안 발견 사실을 발표하지 않았습니다. 인에는 여러 가지 동소체(같은 원소이면서 성질이 다른 형태)가 있지요. 대표적인 동소체로 백린(황린), 적린(赤燐), 흑린이 있습니다.

* **백린** - 기온이 35℃ 넘으면 공기 중에서 저절로 점화되어 불타버리고, 체온보다 조금 높은 44℃이면 녹아 액체로

됩니다. 백인은 낮은 온도에서 쉽게 불붙기 때문에 군
사용으로 소이탄을 만들 때 사용합니다. 그러므로 백인
은 물속에 저장해야 안전합니다. 인을 태운 연기는 매
우 유독하므로(간, 연골을 침해함) 조심해서 다루어야
합니다.

* **적린** - 백린을 250℃로 가열하거나 햇볕을 쪼이면 적린이 됩
니다. 적린은 300℃가 넘어야 점화되므로 백린보다 훨씬
안전하지요.

* **흑린** - 적린을 고압처리하면 흑린이 됩니다. 흑린은 550℃
이하에서는 안전합니다.


자연적으로 불타는 인의 빛을 인광(燐光)이라 하는데, 이는 화
학발광(chemiluminescence) 현상입니다. 인의 영어는 '빛을 내
다'(*phosphorus*)는 뜻의 그리스어입니다. 인은 주기율표에서 같은
족인 질소와 화학적 성질이 닮았으며, 질소와 마찬가지로 생명체
의 주요 구성분이 되어 있습니다. 인체 뼈의 약 20%는 인산칼슘
($Ca_3P_2$)이고, 이것은 이빨의 중요 성분이기도 합니다. 인산(燐酸
$H_3PO_4$)은 동식물의 유전형질을 결정하는 DNA와 RNA, 그리고
대사물질인 ATP의 중요 성분입니다.

자연계에서 인은 구아노(물고기를 주식하는 바닷새의 배설물
이 퇴적된 것)와 인회석(apatite) 상태로 대부분 존재합니다. 인과
칼슘, 염소, 브롬, 플루오르 등이 혼합된 광물인 인회석의 최대
산지는 아랍국가 지역입니다. 인은 인산비료로서 가장 많이 소비
되고 있습니다. 따라서 대부분의 인은 인산($H_3PO_4$) 제조에 사용
됩니다. 인산은 백색 고체이지만, 물에 잘 녹기 때문에 일반적으
로 85%의 수용액으로 만들어 유통합니다.

인산비료에는 과인산석회, 중과인산석회, 인산암모늄, 인산마그
네슘 등의 종류가 있습니다. 세제(洗劑) 속에 포함된 인산염(sodium

tripolyphosphate)은 센물(경수硬水)을 연화시키는 작용을 합니다. 인산염이 다량 포함된 인공세제를 자연계에 흘려보내면 부영양화(富榮養化)되어 호수나 바다에는 식물 플랑크톤이 대량 발생하게 됩니다. 호수에 녹조가 많이 번식하면 낮에는 광합성 작용으로 산소가 많이 발생하지만 밤이 되면 호흡작용을 하므로 수중의 산소가 부족해집니다. 또한 대량 번식한 식물 플랑크톤이 죽어 바닥에 쌓이면 부패하면서 수중 산소 양을 감소시킵니다. 부영양화에 의한 수중의 산소 부족을 '저산소현상'(hypoxia)이라 합니다.

최초의 성냥은 영국의 화학자 왈커(John walker)가 1826년에 발명했습니다. 그가 만든 성냥은 황, 염화칼륨, 안티모니(Sb) 등을 혼합한 것이었습니다. 이후 1830년에는 인을 혼합한 성냥이 나왔습니다. 성냥은 불씨를 쉽게 얻는 획기적인 발명이었습니다. 성냥이 탄생하기 전에는 부싯돌이 중요 불씨였습니다.

인에는 23종의 동위원소가 있답니다. 그들 중에 베타선을 방출하는 P-32는 반감기가 14.3일입니다. 생리학자들은 P-32를 이용하여 DNA, RNA 등을 추적하는 연구를 합니다.

제2차 세계대전과 한국전, 월남전 등에서 인명살상용으로 이용된 네이팜탄(napalm 소이탄)에는 인이 포함되어 있습니다. 네이팜탄이 터지면 사방으로 흩어진 내용물이 900~1300℃의 고열로 불타면서 주변을 불바다로 만듭니다. 이 불은 좀처럼 꺼지지도 않습니다.

# 16. 황(黃 Sulfur, S)

- 원자번호 : 16
- 족 : 16족(3주기)
- 원자량 : 32.065
- 밀도 : $2.07\text{g}\cdot\text{cm}^{-3}$
- 각 전자궤도의 전자 수 : 2, 8, 6
- mp : 115.21℃ / • bp : 444.6℃

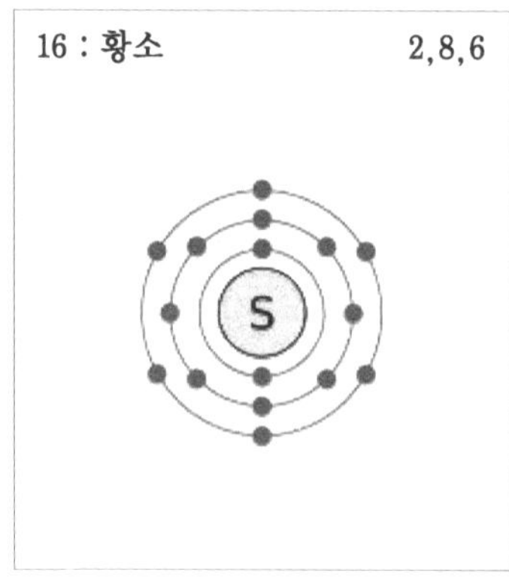


황의 핵은 8개의 양성자와 8개의 중성자로 이루어져 있고, 그 주변에는 2, 8, 6 모두 16개의 전자가 돕니다.

화학반응성이 강한 비금속 원소인 황은 산화제로서 또는 환원제로 작용합니다. 지구상에 널리 분포하기 때문에 쉽게 구할 수는 있으나, 지각 성분의 0.06%만을 차지하므로 매장량은 풍부하지 못합니다. 황은 온천이나 간헐천, 화산 분화구 근처에서 잘 발견되며, 순수한 황은 부서지기 쉬운 고체입니다. 황은 색이 노랗고 낮은 온도에서 녹아 액체처럼 흐르기 때문에 동양에서는 유황(硫黃)이라는 이름으로 불러왔습니다.

화산 분화구에서 분출되는 가스에는 산화황($SO$)과 이산화황($SO_2$)이 포함되어 있으며, 이들이 서로 화합하여 순수한 황이 되기도 합니다. 화산 분화구 근처에서 발견되는 황은 흔하지 않습니다.

그러나 공기 중에 포함된 황의 3분의 2는 화산에서 분출된 것이
며, 이들은 대기오염의 중요 원인이기도 합니다.

황은 아름다운 푸른 불꽃을 내며 연소합니다. 황을 영어로 브
림스톤(brimstone)이라고도 말하는데, 이는 '불타는 돌'이라는 의
미입니다. 황 성분을 많이 포함한 광석은 석고($CaSO_4$)와 황화철
광($FeS_2$, pyrite)입니다. 황화철광은 마치 금덩어리처럼 보여 미숙
한 탐광자들을 흥분하게 하기도 하지요. 황은 석탄과 석유 속에
도 포함되어 있으며, 이 황은 고대에 생물의 몸을 이루던 성분입
니다.

지하의 황을 채굴할 때 '프래쉬법'이 잘 이용되고 있습니다.
독일의 화학자이며 광산기술자인 프래쉬(Herman Frasch 1851~1914)
는 1868년에 미국으로 이민하여 석유 채굴 등의 광산사업을 하
던 중에 황을 쉽게 채굴하는 방법을 1890년대에 개발했습니다.
그의 이름을 딴 '프래쉬법'은 황이 용해되는 115℃ 이상의 뜨거운
물을 고압 상태로 지하 광맥으로 내려 보내, 고온 고압에 황이
녹아 분출되도록 하여 채굴하는 것입니다. 고온의 물을 내려 보
내는 관은 3개의 동심원으로 만들어져 있는데, 제일 바깥 관으로는 고열 물을 보내고, 중간의 관으로는 고압의 공기를 밀어 넣습니다. 이렇게 하면 녹은 황이 중앙의 관으로 올라옵니다.

인도네시아의 한 화산 분화구 주변에서 황을 채취하고
있습니다. 화산 분화구 주변에서 구할 수 있는 황의 양은
많지 않으며, 대부분의 황은 석유 정제 때 부산물로 생산합
니다.

115℃에서 녹은

황의 분자는 160~195℃가 되면 이상스럽게 점성도(粘性度)가 평소의 10,000배나 강해집니다. 그러다가 온도가 200℃를 넘으면 검붉은 색이 되면서 점도가 차츰 낮아집니다.

오늘날 이용되는 대부분의 황은 석유 정제 때 부산물로 얻습니다. 황은 생명체의 대사반응에도 관여하고 시스테인, 메티오닌과 같은 아미노산(단백질을 이루는 성분)과 티아민(비타민 B), 바이오틴(비타민 B7)의 성분이기도 합니다.


## 황산의 용도

* 황이라고 하면 먼저 황산이 떠오릅니다. 세계에서 생산되는 황의 약 90%는 이산화황($SO_2$) 가스 제조에 쓰입니다. 성냥을 켤 때 풍기는 독특한 냄새는 이산화황 때문이지요. 이 가스의 대부분은 물과 결합시켜 황산($H_2SO_4$) 제조에 쓰이고, 일부는 음식물 보존에 이용합니다. 이산화황은 곰팡이와 세균을 죽이는 성질이 있기 때문에 포도주나 건과일 보존에 이용되고 있지요. 일부 사람은 이산화황에 알레르기 반응을 일으키므로 상표를 잘 읽어 확인해야 합니다. 이산화황은 종이제조에 쓰는 펄프를 탈색할 때도 이용합니다.
* 순수한 황산은 냄새가 없는 기름 같은 액체입니다. 황산은 물과 매우 빨리 결합하는 성질이 있습니다. 그러므로 유기물에 황산을 넣으면 금방 탈수작용을 하면서 대량의 열을 발생시킵니다. 예를 들어 설탕에 황산을 첨가하면 맹렬하게 거품이 나면서 검은 탄소 덩어리로 변합니다. 황산을 다루는 사람은 피부에 묻지 않도록 절대 조심해야 하지요. 황산이 피부에 떨어지면 아무리 빨리 물로 씻어내도 심한 화상을 입으며 물집이 생깁니다.

* 황산은 화학공업에 워낙 많이 사용됩니다. 황산을 특히 많이 소비하는 곳은 인산비료 공장입니다. 인이 포함된 암석을 황산으로 녹이면 식물이 흡수할 수 있는 과인산염이 생겨납니다.

* 황산은 자동차 배터리 제조에도 다량 사용되며, 황산 용액에 녹슨 철을 담가두면 녹이 녹아버립니다. 이를 '산세척'(酸洗滌 pickling process)이라 하지요.

* 산성비의 주범으로 황산이 포함됩니다. 이것은 석탄이나 석유를 태울 때 그 속의 황이 산소와 결합하여 이산화황이 되었다가, 수증기나 빗방울에 녹아 황산이 된 겁니다. 황산이 많이 포함된 빗물은 산성비이지요.

* 황화수소($H_2S$)의 냄새는 썩은 계란에서 맡을 수 있습니다. 이 냄새는 계란 노른자를 이루는 단백질 속의 황 성분이 세균에 의해 분해되어 나옵니다. 황화수소는 유독하기로 소문난 시안화물보다 더 맹독합니다. 이 가스는 호흡기관의 효소를 파괴시키며, 소량을 마시더라도 두통과 구토증이 발생합니다.

위에서 말한 것 외에도 황과 황 화합물은 고무, 세제, 염료, 합성섬유, 성냥, 흑색화약, 살충제, 살균제 등의 제조에 이용됩니다. 그러므로 화학계에서는 "국민 1인당 황 소비량은 그 나라 산업 발달의 척도가 된다."는 말도 하고 있지요.

# 17. 염소(鹽素 Chlorine, Cl)

- 원자번호 : 17
- 족 : 17족(3주기)
- 원자량 : 35.432
- 밀도 : 기체(3.2 g/L) / 액체(1.5625 g·cm$^{-3}$)
- 각 전자궤도의 전자 수 : 2, 8, 7
- mp : -101.5℃ /  · bp : -34.04℃

염소의 핵은 양성자 17개와 중성자 18개로 구성되어 있으며, 핵 주변에는 2, 8, 7개의 전자가 돌고 있습니다. 염소 원자는 주변 물질로부터 전자 1개를 끌어들여 쉽게 화합물을 만듭니다.

염소의 영어인 'chlorine'은 '황록색'을 뜻하는 그리스어이고, 우리말 염소(鹽素)는 '소금(鹽)의 성분(素)'이라는 의미를 가졌습니다. 염소는 황록색의 유독한 기체이며, 2원자 분자($Cl_2$)입니다. 염소는 주변 물질로부터 전자 1개를 끌어들여 음이온 상태로 화합물을 잘 만드는(예 : $H^{++}$ $Cl^-$) 강력한 산화제입니다.

염소는 스웨덴의 화학자 실레(Carl Wilhelm Scheele 1742～1786)가 1774년에 처음 발견했으나, 당시 그는 이 기체가 산소 화합물이라고 생각했습니다. 그러나 영국의 화학자 데이비(Humphry Davy 1778～1829)가 1810년에 그것이 염소임을 확인했습니다.

자연계에 존재하는 대부분의 염소는 바닷물 또는 소금 광산의 암염(巖鹽) 속에 소금(NaCl) 상태로 존재합니다. 화학반응성이 강한 염소는 화학공업에서 가장 많이 이용되는 10여 가지 원소 중의 하나입니다.

염소는 소량만 호흡해도 폐를 크게 손상시키기 때문에 제1차 세계대전 때는 독가스로 이용되었습니다. 오늘날에는 염소의 살균작용을 이용하여 수영장의 물이나 수돗물을 소독할 때 인체에 해가 없을 정도의 양을 넣고 있습니다. 이 작업을 '염소처리'(chlorination)라 합니다. 금방 쏟아져 나온 수돗물에서 나는 냄새가 바로 염소입니다.

염소는 물에 잘 녹지 않으며 탈색작용이 강합니다. 수소와 염소의 화합물인 염화수소(HCl)는 물에 잘 녹지만 면(綿)이라든가 아마와 같은 섬유를 녹여버리기 때문에 표백제로 쓰기 어렵습니다. 그러나 하이포아염소산나트륨(NaOCl)을 희석한 용액은 OCl이 표백작용을 하므로 오래 전부터 이용하고 있습니다.

대량의 염소는 소금물을 전기분해하여 생산합니다. 염소는 PVC(polyvinyl chloride) 제조에 많이 쓰입니다. PVC는 산화되거나 부식되지 않기 때문에 수도관으로 흔히 사용되고 있으며, 투명한 PVC는 유리병을 대신하여 음료수병으로 이용하고 있지요.


## 대표적인 염소 화합물

* 염소의 대표적인 화합물은 염화수소(HCl)입니다. 이것은 코를 찌르는 냄새를 가진 무색의 기체입니다. 염화수소는 물에 잘 녹으며, '염산'은 바로 염화수소를 물에 녹인 것입니다. 염산은 쇠의 녹을 세척하는 작용을 하므로 쇠에 아연을 도금할 때 이용합니다. 염산은 염료, 약품, 사진공업 등 여러 화학공업에 대량 이용합니다. 소화기관인 위에서 분비되

는 염산은 단백질 소화 효소를 활성화시키는 작용을 하지요.

* 사염화탄소(CCl₄)와 클로르포름(CHCl₃)은 유지(油脂 grease)를 효과적으로 녹이므로 드라이클리닝 용제(溶劑)로 한때 이용되었으며, 클로르포름은 마취제로 이용되기도 했습니다. 그러나 이 두 화합물은 인체의 간과 신장 조직에 피해를 주기 때문에 지금은 사용 금지되었지요.

* 염소는 DDT와 같은 살충제 제조에 대량 사용되었습니다. 그러나 DDT가 환경에 큰 피해를 준다는 것이 밝혀지자 이 또한 사용이 금지되었습니다.

* 염화플루오르화탄소(CFCs)는 환경 피해를 주는 중요한 염소 화합물의 하나입니다. 미국의 유명한 화학회사 듀폰사가 개발하여 '프레온'(freon)이라 부른 이 화합물은 액체 상태로 만들어 과거에 냉장고라든가 냉방기를 동작시키는 냉매(冷媒)로 편리하게 사용했습니다(원자번호 9번 F 참조).

# 18. 아르곤(Argon, Ar)

- 원자번호 : 18
- 족 : 18족(3주기)
- 원자량 : 39.948
- 밀도(0도) : 기체(1.784 g/L), 액체(1.40 $g \cdot cm^{-3}$)
- 각 전자궤도의 전자 수 : 2, 8, 8
- mp : -189.35℃ /  • bp : -185.85℃

아르곤은 냄새와 색이 없으며 인체에 무독한 비활성 기체(noble gas)입니다. 아르곤은 지구 대기 성분 중에 질소와 산소 다음으로 많은 0.93%를 차지합니다. 아르곤이 많은 이유는 지각 속의 칼륨-40이 붕괴하여 아르곤-40(전체 아르곤의 99.6%가 아르곤-40임)으로 변하기 때문입니다. 아르곤은 다른 원소와 화학반응을 하지 않지만, 극저온(-265℃ 이하)에서는 수소와 플루오르와 결합하여 HArF(argon flurohydride)로 존재할 수 있다는 것을 헬싱키 대학의 연구자들이 지난 2,000년에 발견했습니다.

아르곤 원소는 영국의 물리학자 레일리(Lord Rayleigh 1842~1919)와 스코틀랜드의 화학자 램지(William Ramsay 1852~1916) 두 과학자가 1894년에 발견했습니다. 당시 레일리는 질소 샘플을 둘 가지고 있었습니다. 하나는 공기 중에서 산소와 이산화탄소, 수증기를 제거하고 남은 질소였고, 다른 하나는 암모니아에서 분리한 질소였습니다. 그런데 두 샘플은 같은 질소이면서 밀도에 0.05% 차이가 있었습니다. 이를 이상하게 여긴 레일리는 램지의 도움을 얻어 오랜 연구 끝에 공기 중에 아르곤이 포함되어 있다는 것을 알게 되었습니다. 이 연구로 레일리는 1904년에 노벨물리학상을 수상했지요.

아르곤은 액화 공기를 분별증류(分別蒸溜 distillation)하여 순수

아르곤으로 청록색 기체 레이저를 만들기도 합니다. 특수 용접(예; 전기용접) 때 주변에 질소나 산소가 있으면 화학반응이 일어나 불량상태가 되기 쉽습니다. 이럴 때 용접 부위를 아르곤으로 차폐해두고 용접하면 이상이 생기지 않습니다.

한 산소와 질소를 생산할 때 그 중간 온도에서 부산물로 얻습니다. 아르곤은 세계적으로 1년에 약 70만 톤 생산되고 있는데, 아르곤을 백열전구 속에 채우면 텅스텐 필라멘트의 부식과 증발을 방지하여 전구 내부가 검게 변하는 것을 방지합니다. 형광등에도 내부에 아르곤을 채웁니다. 방사능을 측정하는 가이거계수관 속의 아르곤은 방사선이 지나가면 이온화되어 계기가 작동토록 합니다. 아르곤은 무거운 기체이면서 불활성이므로 소화기(消火器)에 채워 사용하기도 하는데, 값비싼 귀중 장비들이 보존된 방에 소화 도구로 준비해둔답니다.

아르곤-40은 반감기가 12억 5천만년인 방사성 칼륨으로부터 생겨나고 있습니다. 그러므로 암석에 포함된 칼륨과 아르곤의 양을 비교 조사하면 암석의 연대를 측정할 수 있습니다. 이를 '칼륨 아르곤 연대측정'이라 부릅니다.

# 제3장

# 4주기 원소들의 특징

# 19. 칼륨(Potassium, K)

* 원자번호 : 19
* 족 : 1족(4주기) 알칼리 금속
* 원자량 : 39.09
* 밀도 : 0.86 $g \cdot cm^{-3}$
* 각 전자궤도의 전자 수 : 2, 8, 8, 1
* mp : 63.7℃ / • bp : 756℃

원소 기호 K로 나타내는 칼륨(*kalium*)은 라틴어이고, potassium (포태시엄)은 영어입니다. potash는 pot(항아리)와 ash(재)의 합성어로서 잿물을 의미합니다. 이는 칼륨이 식물을 태운 재에 다량 포함되어 있기 때문에 만들어진 이름이지요. 은백색의 칼륨은 칼로 자를 수 있을 정도로 무른 알칼리금속입니다.

주기율표에서 1족에 속한 나트륨과 칼륨은 화학적 성질이 비슷하여 늦게야 서로 다른 원소임을 알게 되었습니다. 영국의 화학자 데이비(Humphry Davy 1778~1829)는 칼륨을 함유한 광물을 전기분해하여 1807년에 처음으로 순수한 칼륨을 분리했습니다. 칼륨 역시 나트륨처럼 바닷물 속에 많이 녹아 있으며, 해수의 0.04%(무게 비율)가 칼륨입니다.

칼륨은 화학방응성이 강해 자연계에 순수한 상태로는 존재하지 않지만, 지각 구성 물질의 2.6%를 차지합니다. 정장석(orthoclase)이라는 암석을 비롯하여 몇 가지 암석이 칼륨을 포함하고 있습니다.

칼륨은 물과 빠르게 반응하여 수소를 발생하면서 동시에 많은 열을 방출합니다. 이 열은 수소를 점화시켜 불꽃이 일도록 합니다. 그러므로 칼륨을 저장할 때는 물과 접촉하지 않도록 석유와 같은 액체 속에 둡니다.

* 칼륨을 공기 중에서 태우면 과산화칼륨($KO_2$)이 되는데, 이 화합물은 물이나 이산화탄소와 반응하여 산소를 방출합니다. 이러한 성질 때문에 호흡 보조 장치로 이용되는데, 자신이 호흡으로 배출한 이산화탄소와 과산화칼륨이 반응하여 산소를 생산하게 되지요.
* 수산화칼륨($KOH$)은 물에 잘 녹으며 매우 강한 알칼리성을 갖습니다. 이런 성질은 축전지의 전해질로 이용되기도 하고, 액체 비누 제조에 쓰기도 합니다.
* 질산칼륨($KNO_3$)은 소금처럼 짠맛이 있으며, 비료로 씁니다. 또 이 화합물을 가열하면 막대한 양의 질소를 내면서 폭발하므로 폭약이 되기도 하지요.
* 칼륨의 동위원소는 23가지가 알려져 있으며, 그 중 방사성 칼륨(K-40)은 희유가스 아르곤으로 변하면서 붕괴하는데, 그 반감기는 12억 5천만년입니다. 아르곤이 포함된 양을 측정하여 암석의 연령을 측정한답니다. 지구에서 가장 오랜 암석의 나이 38억년은 이 방법으로 측정된 것입니다. 인체 내에는 약 140그램의 칼륨이 포함되어 있으며, 그 중 0.012%는 방사성 칼륨(K-40)입니다.
* 칼륨은 동식물의 몸에 꼭 필요한 무기물입니다. 동물의 몸은 나트륨을 많이 필요로 하는 반면에 식물은 칼륨을 대량 함유합니다. 그래서 세계에서 생산되는 칼륨의 95%는 농작물의 비료로 쓰고 있지요. 식물 재의 칼륨은 탄산칼륨($K_2CO_3$) 상태로 존재합니다. 인간을 포함한 동물의 몸에서 칼륨이온(K+)은 신경전달에 중요한 역할을 한답니다.

# 20. 칼슘(Calcium, Ca)

- 원자번호 : 20
- 족 : 2족(4주기)
- 원자량 : 40.08
- 밀도 : 1.55 g·cm$^{-3}$
- 각 전자궤도의 전자 수 : 2, 8, 8, 2
- mp : 642℃ /  · bp : 1,484℃

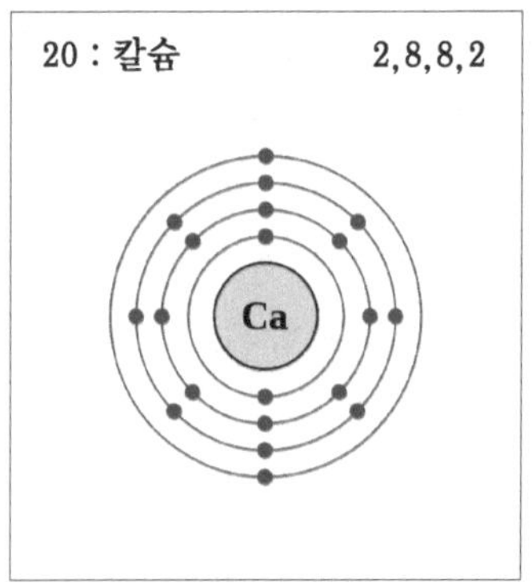


칼슘 원자의 핵은 20개의 양성자와 20개
의 중성자로 이루어져 있습니다.

칼슘은 지구상에 5번째 풍부한 원소로서, 온갖 산업에서 여러
용도로 대량 이용될 뿐 아니라, 모든 생명체에게 꼭 필요한 중요
성분이기도 합니다. 사람의 뼈와 이빨, 조개나 소라의 껍데기,
산호의 단단한 부분 등은 탄산칼슘($CaCO_3$)이 주성분입니다. 그래
서 키자 잘 자라자면 칼슘을 많이 먹어야 한다고 야단입니다.

지구상 곳곳에서 발견되는 석회석 산은 산호라든가 바다동물
의 껍데기가 수억 년을 두고 해저에 퇴적하여 생긴 것이므로 주
성분은 탄산칼슘입니다. 순수한 칼슘은 은백색이며, 납보다는 강
하지만 상당히 연한 금속입니다. 2족에 속하는 원소들, 즉 베릴륨,
마그네슘, 칼슘, 스트론튬, 바륨, 라듐은 '알칼리토금속' (alkaline-earth

metal)이라 부르는데, 그 이유는 이들이 토양(earth) 속에 많으면서 물과 화합하여 강한 알칼리성 물질이 되는 금속이기 때문입니다. 예를 들면 마그네슘은 물과 결합하여 수산화마그네슘[(Mg(OH)$_2$]이 되고, 칼슘은 수산화칼슘[Ca(OH)$_2$]이 되지요.

칼슘은 산소와 접촉하면 산화칼슘(CaO)이 됩니다. 그래서 자연계에서는 순수한 칼슘이 발견되지 않습니다. 순수한 칼슘 원소는 영국의 데이비(Humphry Davy 1778~1829)가 1808년에 전기분해 방법으로 처음 분리했습니다. 데이비는 일생 동안 전기분해 실험을 하면서 칼슘만 아니라 나트륨, 칼륨, 마그네슘, 바륨, 브롬 등을 처음 분리해낸 과학자입니다.

순수한 칼슘의 용도는 별로 없으며, 필요할 때는 산화칼슘과 알루미늄을 함께 가열하여 생산합니다. 칼슘을 물에 녹이면 최외각 전자 2개를 잃고 칼슘 이온(Ca$^{2+}$)으로 되며, 이것은 다른 화합물과 잘 반응합니다. 칼슘 이온이 다량 녹아있는 물은 센물(경수 硬水)입니다. 즉 센물 속의 칼슘 이온은 비누와 결합하여 물에 녹지 않는 침전물이 되므로 빨래 기능을 제대로 못하게 합니다.

어떤 센물에는 중탄산염(탄산수소염 HCO$_3$)이 녹아 있습니다. 이런 물을 끓이면 이산화탄소는 공기 중으로 날아가고 탄산염 이온[(CO$_3$)$^-$]이 칼슘과 결합하여 물에 녹지 않는 탄산칼슘(CaCO$_3$)이 됩니다. 보일러의 벽이나 온수 파이프 내벽에 탄산칼슘이 두텁게 들어붙어 물때('관석'罐石 또는 '보일러 물때')가 되면, 보일러는 고열 상태에서 파열(破裂)될 위험이 커지고, 파이프 관은 좁아져 물 흐름이 나빠집니다.

칼슘 화합물의 용도는 너무나 많고 중요합니다. 눈이 많이 내리면 빨리 녹이도록 염화칼슘(CaCl$_2$)을 살포하지요. 수영장의 물을 소독하거나 탈색하는 데는 Ca(OCl)$_2$를, 비료나 동물사료 첨가제로는 Ca$_3$(PO4)$_2$를 사용하고, 아세틸렌가스(C$_2$H$_2$)의 제조 원료는 탄화칼슘(CaC$_2$)입니다.

$$CaC_2 + 2H_2O \rightarrow Ca(OH)_2 + CaH_2$$

**생석회** : 석회석(탄산칼슘)을 550℃ 이상으로 가열하면 산화칼슘(CaO)과 이산화탄소로 분리됩니다. 이때 나온 산화칼슘은 백색 고체로서 일반적으로 '생석회'(生石灰)라 부릅니다. 생석회는 수분을 잘 흡수하므로 제습제로 씁니다.

$$CaCO_3 \rightarrow CaO + CO_2$$

산화칼슘(생석회)을 고온으로 가열하면 강렬한 청백색 빛을 냅니다. 19세기에는 이 빛('석회광')으로 무대의 배우를 조명하는데 이용했지요. 오늘날 생석회는 철광을 재련할 때 가장 중요하게 쓰입니다. 철광석과 생석회를 용광로에 넣고 가열하면, 생석회(산화칼슘)는 불순물과 결합하여 슬랙(slag)이 되어, 철만 남기고 용광로 아래로 흘러나옵니다.

**소석회** : 생석회를 물에 넣으면 수산화칼슘[Ca(OH)$_2$]이 되는데, 이는 물에 잘 녹지 않는 흰색 고체이며, 이것을 '소석회'(消石灰)라 합니다. 소석회는 알칼리성 염(수용액 중에서 OH⁻를 방출하는 화합물)이므로, 산성토양을 중화시킬 때 많이 사용하며, 센물을 단물로 바꿀 때도 쓰입니다. 소석회(수산화칼슘)를 모래와 물과 함께 갠 것(모르타르 mortar)을 건조시키면 단단한 탄산칼슘 결정이 됩니다. 모르타르는 공기 중의 이산화탄소와 결합하여 매우 단단한 상태로 변한 것입니다. 모르타르는 벽돌을 서로 붙일 때 사용하는데, 고대 로마 때부터 건축과 도로 공사에 이용해 왔습니다.

**시멘트** : 석회석의 대표 용도는 시멘트일 것이다. 오늘날 건축에 사용하는 시멘트의 본명(本名)은 '포틀랜드 시멘트'(Portland cement)입니다. 포틀랜드 시멘트는 1824년에 영국의 포틀랜드 섬에서 발견된 자연산 석회석 이름에서 유래한 것입니다. 포틀랜드 시멘트는 석회석에 모래, 진흙, 석고를 혼합하여

제조합니다. 여기에 모래를 섞고 물을 부어 반죽해두면 바위처럼 단단하게 굳어지지요.

석고($CaSO_4 \cdot 2H_2O$) : 자연계에서 산출되는 흰색의 석고(石膏)는 매우 중요한 건축자재입니다. 석고 가루에 물을 부어 반죽하면 얼마 후 단단하게 굳어지지요. 석고로 벽과 천정을 흰색으로 바르기도 하고, 외과의사는 골절 부위를 보호하도록 석고로 부목을 만들기도 합니다. 또 조각가는 석고로 형틀을 만들며, 흑판에 글씨를 쓰는 분필 역시 석고입니다.

관광 명소인 석회동굴은 바로 거대한 석회암 굴입니다. 석회암 틈새로 수억 년을 두고 물이 흘러들면 석회 동굴이 만들어집니다. 물은 공기 중의 이산화탄소를 녹여 약한 산성의 탄산수가 됩니다. 이 물이 석회암층 틈새로 흘러들면, 탄산칼슘과 결합하여 물에 녹는 '탄산수소칼슘'으로 변화시킵니다. 그러므로 석회암 속으로 장기간 물이 스며들면 기묘한 석회 동굴이 생겨나게 됩니다. $CaCO_3 + H_2O + CO_2 \rightarrow Ca(HCO_3)$

# 21. 스칸듐(Scandium, Sc)

- 원자번호 : 21
- 족 : 3족(4주기)
- 원자량 : 44.96
- 밀도 : 2.99 g·cm$^{-3}$
- 각 전자궤도의 전자 수 : 2, 8, 9, 2
- mp : 1,541℃ / ・ bp : 2,831℃

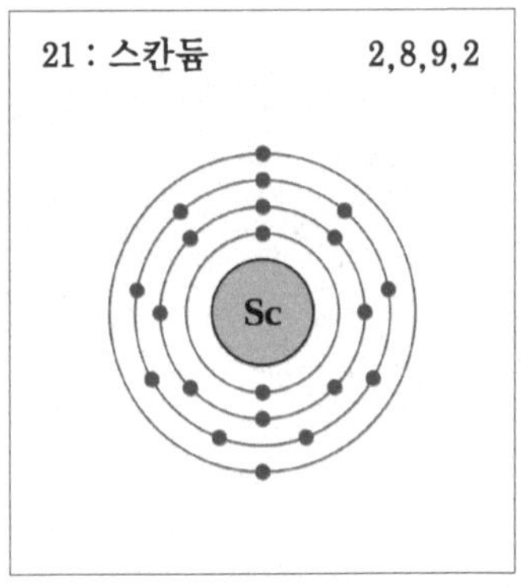


스칸듐의 핵은 양성자 21개, 중성자 24개로 구성되어 있으며, 핵 주변에는 2, 8, 9, 2개의 전자가 돌고 있습니다.

스칸듐은 멘델레예프가 1871년에 만든 주기율표에서 이론적으로 존재할 것이라고 믿고 공란으로 비워둔 원소의 하나였습니다. 스칸디나비아의 화학자 닐슨(Lars Frederik Nilson 1840~1899)은 1879년에 은백색의 이 금속을 처음 찾아냈습니다. 그는 이 새로운 원소에 조국의 이름을 붙였지요. 스칸듐은 지각 성분의 0.0025%를 차지하는 희토류 원소에 속하지만, 태양이나 다른 천체에는 훨씬 많이 존재한답니다.

스칸듐을 소량씩 함유한 광물의 종류는 여러 가지이나 성분 함량이 많은 광석은 매우 귀합니다. 스칸듐 광석 중에 토르트바이타이트(thortveitite)는 산화스칸듐을 45% 함유하고 있답니다. 순수한 스칸듐은 염화스칸듐($ScCl_2$)을 전기분해하여 생산합니다. 순수한 스칸듐을 공기 중에 방치하면 노란색을 나타내게 됩니다.

스칸듐은 현재 매우 비싼 금속이기 때문에 용도가 많이 연구되지 않았습니다. 수은 증기에 스칸듐(scandium iodide)을 첨가한 전등에서는 태양빛 성질에 가까운 강열한 빛을 내기 때문에 야간 경기장의 조명등으로 쓰이고 있습니다. 방사성 동위원소의 하나인 Sc-46은 반감기가 83.8일이며, 정유공장에서 정제 과정을 추적할 때 이를 원유에 섞어 이용합니다.

스칸듐은 가벼우면서 녹는 온도가 매우 높고, 부식에 대한 저항성이 크며 아주 단단합니다. 그래서 항공기와 우주선 제조 원료로 큰 관심을 끌었습니다. 1970년에는 스칸듐과 알루미늄의 단단한 합금이 만들어지기도 했으나, 티탄과 알루미늄의 합금이 더 단단하고 경제적입니다. 휴대폰의 케이스 제조에도 이용되지만, 스칸듐의 용도는 현재까지 별로 알려지지 않고 있습니다.

## ♬ 금속원소(전이금속원소)의 특성

주기율표에서 스칸듐이 속하는 제3족 원소로부터 12족까지의 모든 원소를 '금속원소' 또는 '전이금속원소'(轉移金屬元素 transition metal elements)라 부릅니다. 여기에는 철, 니켈, 구리, 수은 등 중요 금속 원소를 비롯하여, 란타넘족(3족 6주기)과 악티늄족(3족 7주기)의 원소 모두가 포함됩니다. 금속 원소는 다음과 같은 공통 특징을 가졌습니다.

1. 단단한 고체이며, 합금이 잘 됩니다.
2. 순수한 금속 원소는 금과 구리 외에는 은백색이며 광택이 납니다.
3. 금속원소들은 실처럼 가늘게 뽑을 수 있는 연성(延性)과 종이처럼 얇게 펼 수 있는 전성(展性)이 좋습니다(예 금실, 금박, 알루미늄박).

4. 전기와 열을 전도하고, 철과 코발트, 니켈, 마그네슘은 자기(磁氣)를 갖습니다.

5. 금속원소들은 쉽게 합금(예; 구리, 니켈, 수은)을 만들 수 있습니다.

6. 금속원소의 화합물은 독특한 색을 가진 것이 많아 색소로 이용되기도 합니다.

7. 금속원소들은 내부의 전자 궤도를 차지하는 전자의 수가 불완전하며, 1개 내지 몇 개의 전자를 쉽게 잃어버리고 양이온 상태가 되어 화합물을 잘 만듭니다.

8. 산소와 쉽게 반응하여 산화물이 됩니다.

9. 금속은 원자가 규칙적으로 배열되어 있어, 각 원자의 '원자가전자'는 한 원자에 붙어있지 않고 다른 원자로 자유롭게 이동합니다. 금속의 이런 전자를 '자유전자'라 부르며, 금속이 전기와 열을 잘 전도하는 특성은 이런 자유전자의 성질 때문입니다.

10. 가열했을 때 고체에서 액체 상태로 변하는 '녹는 온도'와, 액체에서 기체 상태로 되는 '끓는 온도'가 매우 높습니다.

11. 무겁습니다. (밀도가 큽니다.)

12. 그들 중에는 인체에 맹독한 것들이 있으며, 특히 크롬, 니켈, 코발트, 아연, 티타늄은 발암성 물질로 알려져 있습니다.

---

# 22. 티타늄(타이타늄 Titanium, Ti)

- 원자번호 : 22
- 족 : 4족(4주기)
- 원자량 : 47.867
- 밀도 : 4.506 g·cm$^{-3}$
- 각 전자궤도의 전자 수 : 2, 8, 10, 2
- mp : 1,668℃ /  • bp : 3,287℃

티타늄에는 여러 가지 동위원소가 있습니다. 가장 흔한 티타늄-48(73.8% 차지)의 핵은 양성자 22개, 중성자 26개를 가졌으며, 핵 주변에는 2, 8, 10, 2개의 전자가 있습니다.

요즘 값이 비싸더라도 단단하면서 가벼워야 할 물건이 있으면 모두 티타늄으로 만들고 있습니다. 전이금속에 속하는 티타늄은 영국의 광물학자 그레고르(William Gregor 1761~1817)가 1791년에 처음 발견했습니다. 티타늄(타이타늄)이라는 이름은 그리스 신화에 나오는 신의 이름 '타이탄'(Titans)에서 따온 것이랍니다. 티타늄은 지각의 0.6%를 차지할 정도로 널리 분포하며, 금홍석 (rutile)이나 일메나이트(ilmenite)라 불리는 광물에 산화티타늄($TiO_2$) 상태로 다량 포함되어 있습니다. 오스트레일리아, 남아프리카, 캐나다는 대표적인 산화티타늄 산지입니다.

티타늄은 은백색의 가공하기 쉬운 금속으로. 얇게 펴거나 가늘게 뽑을 수 있는 성질을 가졌습니다. 티타늄 광물로부터 순수한 티타늄을 추출해온 과거의 방법(Kroll process, Hunter process)은 비용이 많이 들었지요. 그러나 지난 2,000년 캠브리지 대학의 조지 첸(George Chen)의 연구팀이 전기분해 방법을 써서 매우 경제적으로 순수 분리하는 방법을 개발하였답니다.

티타늄은 철의 40% 정도로 가볍지만 매우 단단하고 화학적으로 부식에 강한 성질을 가졌습니다. 그러므로 철이나 알루미늄, 바나듐, 몰리브덴 등과의 티타늄 합금은 대단히 단단하고 가볍습니다. 그렇기 때문에 티타늄 합금은 미사일, 우주선, 잠수함, 로켓이나 제트 엔진의 구조물 등을 만드는 이상적인 재료가 되었습니다. 예를 들자면, 보잉747 제트기 1대를 제조하는데 약 4,500kg의 티타늄이 소비되고 있습니다.

근래에는 티타늄 합금으로 만든 스포츠용 자전거가 비싼 값에도 불구하고 큰 인기를 끌고 있습니다. 또한 화학물질에 잘 변하지 않는 성질 때문에 병원에서는 의수족, 이빨 임플랜트, 인공심장 밸브, 보청기, 의안(義眼) 등의 제조에 이용합니다. 심지어 티타늄으로 만든 귀걸이라든가 시계는 피부 알레르기를 일으키지 않아 인기를 얻고 있지요. 특히 정유공장이라든가, 해수 담수화 공장, 제지공장 등에서 잘 이용하고 있으며, 자동차 실린더, 드릴의 날, 휴대전화 부속, 골프 채 등의 제조에도 다량 사용된답니다.

티타늄 화합물인 산화티타늄은 반짝이는 흰색입니다. 그래서 산화티타늄 가루는 흰색 페인트라든가 종이, 플라스틱 제조에 쓰입니다. 티타늄의 다른 중요 화합물인 사염화티타늄(TiCl4)은 무색의 액체입니다. 이것을 공기 중에 뿌리면 산화티타늄이 생겨나 짙은 회색의 구름처럼 됩니다. 제2차 세계대전 때는 적의 시야를 가리는 연막탄으로 사염화티타늄을 이용했습니다. 티타늄의 용도는 점점 다양하게 개발되고 있습니다.

# 23. 바나듐(버네이디엄 Vanadium, V)

- 원자번호 : 23
- 족 : 5족(4주기)
- 원자량 : 50.94
- 밀도 : 6.0 g·cm$^{-3}$
- 각 전자궤도의 전자 수 : 2, 8, 11, 2
- mp : 1,910℃ /  · bp : 3,407℃

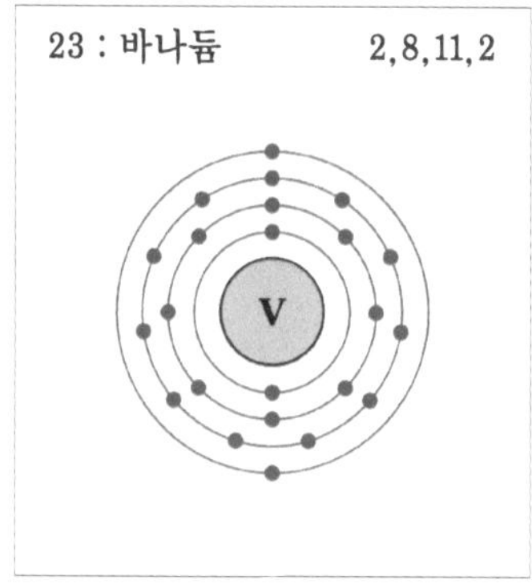


바나듐 원자의 핵은 양성자 23개, 중성자 28개를 가졌습니다. 핵 주변에는 2, 8, 11, 2개의 전자가 돕니다.

바나듐(버네이디엄)은 밝게 반짝이는 전이금속으로, 다소 무르지만 부식에는 극히 강한 원소입니다. 이 원소는 자연계에 금속 상태로 존재하지 않고, 약 65가지 광석에서 미량씩 발견되며, 전체 함량은 지각의 약 0.02%라고 추정합니다. 바나듐을 다량 함유한 대표적인 광석은 버내디나이트(vanadinite 갈연광)입니다. 갈연광($Pb_5(VO_4)_3Cl$)은 무게 비율로 73.15%의 납과 10.79%의 바나듐을 함유한 붉은색 결정체입니다.

바나듐은 스페인계의 멕시코 광물학자 리오(Andres Manuel del Rio 1764~1849)가 1801년에 발견했습니다. 바나듐이라는 이름은 스칸디나비아의 전설에 등장하는 '미의 여신'인 바나디스(*Vanadis*)

에서 따온 것입니다. 바나듐 화합물은 그 구성 성분에 따라 청, 녹, 보라, 적색 등 매우 다양한 아름다운 색을 나타내기 때문에 이런 이름을 얻었습니다.

바나듐의 최대 용도는 '페로바나듐'(ferrovanadium)이라는 철과의 합금입니다. 이 합금은 단단하고 부식에 강하기 때문에 엔진이라든가 고속 절삭공구(cutting tools), 자전거 프레임, 크랭크샤프트, 바퀴 축, 톱니바퀴 등의 제조에 사용합니다. 현재 세계에서 생산되는 바나듐의 85%는 페로바나듐으로 이용된답니다.

산소와 화합한 오산화바나듐($V_2O_5$)은 황적색 결정체인데, 이것은 황산을 제조할 때 촉매로 대량 이용됩니다. 황을 태우면 이산화황이 되고, 이것을 산소와 결합시키면 삼산화황($SO_3$)이 됩니다. 그런데 일반 조건에서는 이 반응이 매우 느리게 진행되지만, 산화바나듐 결정체와 이산화황을 접촉시키면 촉매작용을 하여 빠른 속도로 삼산화황을 생산할 수 있습니다.

$$V_2O_5 + 2SO_2 \rightarrow V_2O_3 + 2SO_3$$
$$V_2O_3 + O_2 \rightarrow V_2O_5$$

바나듐을 섞은 강철은 높은 열이나 강한 힘을 받아도 잘 갈라지거나 틀어지지 않기 때문에 원자로에서 중요하게 이용됩니다. 예를 들어 노심에 핵연료를 집어넣는 바나듐강으로 만든 연료봉은 고열을 받아도 쉽게 파열되지 않습니다. 또한 바나듐강은 원자로에서 우라늄 핵을 분열시키도록 방출된 중성자를 잘 흡수하지 않으므로 핵분열반응에 지장을 주지도 않습니다.

바나듐은 석유와 석탄 등의 화석 연료 속에도 포함되어 있습니다, 그러므로 이들 연료를 태우면 바나듐은 공기 중으로 흩어지지요. 그 방출 양이 매년 10만 톤 이상일 것이라고 합니다.

# 24. 크롬(크로뮴 Chromium, Cr)

- 원자번호 : 24
- 족 : 6족(4주기)
- 원자량 : 51.9961
- 밀도 : 7.19 $g \cdot cm^{-3}$
- 각 전자궤도의 전자 수 : 2, 8, 13, 1
- mp : 1,907℃ / • bp : 2,671℃

주기율표에서 6족의 첫 번째 원소인 크롬(크로뮴)은 은백색 광택이 나고, 단단하면서 연성(延性)이 좋은 금속입니다. chromium 이라는 말은 '*chroma*'(다채로운 색)라는 의미를 가진 그리스어에서 유래했는데, 크롬 화합물들이 바나듐 화합물처럼 여러 색을 가지고 있기 때문입니다. 크롬은 프랑스 화학자 보쾨랭(Louis Nicolas Vauquelin 1763~1829)이 1797년에 처음 발견했습니다.

크롬은 지각 중에 21번째로 많은 원소이며, 크로마이트(chromite 홍연광, $FeCr_2O_4$)라는 광석으로부터 주로 생산합니다. 중요 크로마이트 광산은 남아프리카, 카자흐스탄, 인도, 러시아, 터키 등입니다.

크롬은 공기 중에서 산소와 결합하여 그 표면에 매우 치밀한 무색의 보호막을 형성합니다. 이 보호막은 겨우 몇 층의 분자로 이루어져 매우 얇지만 내부로 다른 물질이 침투하는 것을 막습니다. 그러므로 크롬으로 표면을 입힌 구리나 청동, 철과 같은 금속은 강한 산성에도 잘 견딥니다. 번쩍이는 자동차 범퍼라든가 오토바이 동체는 철판에 크롬을 도금한 것이지요.

녹슬지 않는 스테인리스강은 철에 18%의 크롬을 합금한 것입니다. 크롬은 색소가 되는 중요한 원소의 하나이기도 합니다. 예를 들어 산화크롬은 녹색 색소로서 페인트라든가 그림물감을 제조하는데 쓰입니다. 또 납과 크롬의 화합물인 '크롬옐로'($PbCrO_4$)는 노란색 물감이지요. 어린이들이 타는 스쿨버스의 노란색 페인트는 바로 이 크롬옐로랍니다.

이름난 보석 속에도 크롬이 들어 있습니다. 루비의 붉은색은 코런덤(corundum)이라는 광물에 소량의 크롬이 섞인 것이고, 녹색 보석인 에메랄드는 베릴(beryl)이라는 광물에 크롬이 소량 포함된 것입니다. 특별이 귀하고 흥미로운 보석인 '알렉산드라이트'(alexandrite)는 크리소베릴(chrysoberyl)이라는 광석에 크롬이 든 것입니다. 이 보석은 광원(光源)에 따라 다른 색을 나타낸답니다. 예를 들어 장작불에 비치면 진한 붉은색으로 보이지만, 햇빛을 받으면 아름다운 푸른색이 됩니다.

크롬염의 독성을 이용하여 목재가 썩지 않도록 만든 CCA (chromated copper arsenate)라는 약물이 있습니다. 크롬, 구리, 비소의 화합물인 CCA를 처리한 목재는 곰팡이가 생겨나지 않고, 곤충이라든가 흰개미도 먹지 않으며, 바닷물 속에서는 해양동물이 구멍을 뚫지 않습니다. 크롬염은 발암물질의 하나로 알려져 있으며, 일부 사람은 피부 알레르기를 일으키기도 한답니다.

크롬은 레이저 시대가 열리도록 한 원소이기도 합니다. 최초의 레이저는 미국의 물리학자 마이만(Theodore H. Maiman 1927~2007)이 루비 결정(산화알루미늄에 소량의 크롬 포함)을 이용하여 1960년에 만들었습니다. 루비 레이저는 막대형으로 만든 루비 속의 크롬 원자를 크세논램프의 빛으로 자극하여 파장 694.3nm의 진한 붉은색 가시광선이 강력하게 방출되도록 한 것입니다.

# 25. 망간(맹거니즈 Manganese, Mn)

- 원자번호 : 25
- 족 : 7족(4주기)
- 원자량 : 54.94
- 밀도 : 7.21 g·cm$^{-3}$
- 각 전자궤도의 전자 수 : 2, 8, 13, 2
- mp : 1,246℃ / · bp : 2,061℃

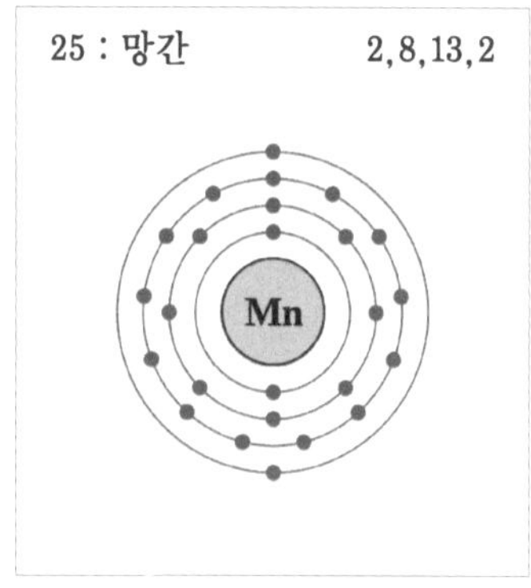


망간 원자의 핵은 25개의 양성자와 30개의 중성자로 구성되어 있으며, 핵 주변에는 2, 8, 13, 2개의 전자가 회전합니다.

회백색의 단단한 금속인 망간(맹거니즈)은 주기율표에서 다음 차례인 철(26번 원소)과 비슷한 모습이며, 화학적 성질도 닮아 습기가 있는 공기 중에서는 쇠처럼 부식(腐蝕)합니다. 망간은 자연계에 순수한 상태로 존재하지 않으며 일반적으로 산소와 결합한 이산화망간($MnO_2$) 상태로 산출됩니다. 망간 화합물 역시 성분에 따라 여러 가지 색을 가지고 있어 색소 원료가 됩니다.

망간 원소는 스웨덴의 화학자 쉴레(Carl Wilhelm Scheele 1742~1786)가 1774년에 발견했습니다. 그는 망간 외에 몰리브덴, 텅스텐, 바륨 등의 원소를 발견했지요. 맹거니즈(manganese)라는 말은 그리스어의 자석(*magnee*)에서 유래했으며, 이는 이산화망간이

자력을 가졌기 때문이었습니다. 우리말 '망간'은 독일어 Mangan 에서 따온 것입니다.

쉴레는 망간 원소를 발견하였지만, 망간을 순수하게 처음 분리 해낸 과학자는 스웨덴의 화학자 간(Johan Gottlieb Gahn 1745~1818) 이었습니다. 그는 같은 해에 이산화망간을 탄소와 함께 가열하여 순수한 망간을 얻는데 성공했습니다.

남아프리카, 인도, 브라질, 중국, 오스트레일리아 등지에서 대량 산출되는 질 좋은 망간 광석에는 망간이 40%나 함유되어 있습니다. 수심 4,000m 이하의 심해 바닥에는 흑갈색의 둥그런 '망간 덩어리'(망간 단괴團塊 manganese nodule)가 대량 깔려 있답니다. 바다 미생물이 해수 속에서 추출한 것이라고 추정되는 이 '망간 단괴'는 망간과 산화철로 이루어져 있습니다. 미래의 천연자원으로 주목되는 이 망간 단괴는 심해 로봇으로 채굴하게 될 것입니다. 해저에 깔린 망간 단괴의 양은 1978년에 약 5천억 톤으로 추정되었답니다.

망간은 튼튼한 강철을 만드는데 필수 금속입니다. 철에 망간을 섞으면 충격에 매우 강한 강철이 되지요. 이런 강철로는 총신이라든가 기차선로, 기차바퀴, 공사장의 철모, 중장비 등을 제조합니다. 망간은 알루미늄이라든가 마그네슘, 니켈, 청동과 혼합해도 강도가 더 좋으면서 부식에 강한 합금이 됩니다. 이런 합금으로 동전을 만드는 나라도 있답니다.

대표적인 망간 화합물 중에는 과망간산칼륨($KMnO_4$)이 있습니다. 이것은 물에 쉽게 녹는 보라색 고체로서, 실험실에서 산성 용액을 구별해낼 때 지시약(指示藥)으로 씁니다. 이를 물에 녹인 용액은 진한 보라색이지만, 산성 용액에 떨어뜨리면 곧 연한 분홍색으로 변하기 때문입니다.

19세기부터 유리세공사들은 유리에 과망간산칼륨을 혼합하여 아름다운 보랏빛 장식품을 만들었습니다. 오늘날에는 이것을 도

세계의 심해저에는 미생물의 작용으로 생겨났으리라고 추정되는 망간 덩어리가 대량 깔려 있습니다.

자기의 색소로 이용하기도 합니다. 프랑스 남서부의 한 동굴(Gargas)에는 26,000~30,000년 전의 석기시대 인들이 이산화망간으로 그린 녹색 벽화가 남아 있습니다.

손전등이나 탁상시계에 넣는 일반적인 1.5V나 9V 건전지(아연-탄소 건전지)의 구조를 보면, 중앙에 탄소 막대로 된 양극이 있고, 주변(음극)을 아연 판이 싸고 있습니다. 그리고 그 내부에는 망간과 다른 화학물질(전해질)이 혼합되어 있지요. 건전지 내부에서 화학반응으로 전자(전류)가 발생할 때, 망간은 전해질에서 발생하는 수소를 제거하는 역할을 합니다. 수소가 있으면 전자의 이동을 방해하여 건전지 기능이 정지되지요. 전 세계에서 건전지에 사용되는 이산화망간의 총량은 매년 50만 톤(가격은 600억 달러 이상)을 넘어 해마다 증가하고 있답니다.

다양한 용도를 가진 중요한 원소인 망간은 모든 생명체에서 미량 원소로서 중요한 효소 성분이 되어 있습니다. 포유동물의 경우 너무 많이 섭취하면 뇌에 이상을 일으키는 것으로 알려져 있네요.

# 26. 철(鐵 Iron, Fe)

- 원자번호 : 26
- 족 : 8족(4주기)
- 원자량 : 55.845
- 밀도 : 7.74 g·cm$^{-3}$
- 각 전자궤도의 전자 수 : 2, 8, 14, 2
- mp : 1538℃ / ・bp : 2862℃

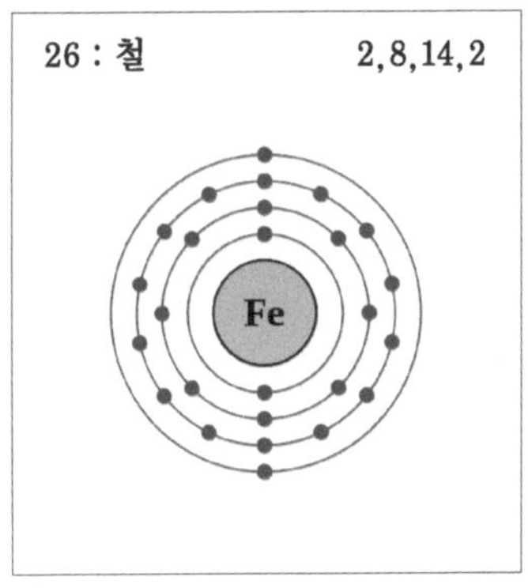


원자번호 26인 철의 핵은 26개의 양성자와 30개의 중성자로 구성되어 있으며, 핵 주위에는 2, 8, 14, 2개의 전자가 돌고 있습니다.

이 세상에 매우 흔하면서 가장 유용(有用)한 금속인 철은 지각(地殼) 성분 중에 산소, 규소, 알루미늄 다음으로 4번째 풍부한 원소입니다. 철은 지구의 외부와 내부 어디에나 풍부하며, 특히 지구의 중심부(core)는 녹은 철이 대부분이라고 합니다. 외계에서 날아와 지구에 떨어지는 운석은 철과 니켈이 주성분인데, 그 중에서도 철이 대부분을 차지합니다. 자석으로 흙이나 모래 속을 휘저으면 쇳조각들과 함께 많은 쇳가루가 붙습니다. 이들은 침식작용으로 가루가 되어 토양 어디에나 산재하는 철이지요.

순수한 철은 광택이 나는 은백색이며, 알루미늄보다 더 무른 성질을 가졌습니다. 순수한 철은 연하지만 탄소가 섞이면 점점 단단해지는데, 10만분의 1 정도이면 강도가 2배로 증가하고, 0.2 ~0.6% 포함되면 최대한 단단해집니다. 자연계에 존재하는 철은 순수한 상태로 발견되지 않고 언제나 산소와 결합한 여러 가지 산화철 광물로 존재합니다.

순수한 철은 공기 중에서 물(수증기)과 반응하여 쉽게 녹(부식)이 습니다. 녹이란 산화철과 물이 결합한 $Fe_2O_3xH_2O$입니다. 이 분자식의 $H_2O$ 앞에 x가 붙은 것은 결합하는 물 분자의 수가 달라질 수 있기 때문입니다. 철의 녹은 붉은색이고 푸석하여 쉽게 부스러지지요. 그러므로 철의 표면은 어떤 방법으로든 보호하지 않으면 쉽게 부식합니다.

인류는 철을 수천 년 전에 발견했습니다. 붉은 철광석으로부터 철을 처음 재련하게 된 시기는 기원전 약 1,100년경이었습니다. 철을 사용하게 되면서부터 만들게 된 철기(鐵器)는 청동기(青銅器) 시대(기원전 3,000년 전)의 도구보다 훨씬 오래 쓸 수 있었습니다. 철기시대의 시작과 함께 인류는 철 도구와 무기를 만들게 되었습니다. 오늘날에는 용광로에서 재련하는 금속의 90% 이상이 철이 차지하게 되었답니다.

철(iron)의 라틴어는 *ferrum*입니다. 그래서 철의 화합물 영어 이름에는 ferric(제2철) 또는 ferrous(제1철)가 붙습니다. 예를 들어 자력을 갖는 철광(자철광)은 ferrimagnetic mineral이라 부릅니다. 철의 우리말에는 '쇠', '쇠붙이'가 있으나 전문용어로 잘 쓰이지 않습니다. 영어사전에서 iron(아이언)을 찾으면 철 외에 전기다리미와 머리 부분을 쇠로 만든 골프채를 말하기도 합니다.

철을 포함한 대표적인 광석은 적철광(赤鐵鑛 $Fe_2O_3$)과 자철광 (磁鐵鑛 $Fe_3O_4$)입니다. 철은 여러 가지 산화철 상태로 자연계에 존재하는데, 대부분은 산화제1철(FeO)과 산화제2철($Fe_2O_3$) 상태입니다. 이 중에 자철광은 네오디뮴 자석(원자번호 60 Nd 참조) 다음으로 강한 자성을 가졌습니다. 자철광의 화학식을 $FeQ \cdot Fe_2O_3$

로 나타내기도 하는데, 이것은 자철광이 산화제1철과 산화제2철이 결합해 있기 때문입니다. 세계 어디서나 산출되는 자철광은 자체가 강력한 자력(자력)을 가졌으며 그대로 천연자석입니다. 중국인은 기원전 247년에 천연자석으로 만든 나침반을 사용하기 시작했으며, 유럽에서 나침반을 항해에 이용하기 시작한 때는 11세기였습니다.

자철광이 자력을 갖는 이유는 명확하지 않습니다. 과학자들은 철의 핵 주위를 도는 전자가 미약한 자력을 가지며, 자철광은 철 원자가 질서 있게 배열된 때문에 자력이 생긴다고 설명합니다. 자장이 움직이면 전류가 생기고, 그 반대로 전류가 흐르면 자장(자력)이 생겨납니다. 전류가 흐르는 것은 전자가 이동한 결과입니다. 만일 자철광이 없다면 인류는 나침반만 아니라 발전기라든가 모터 등을 만들 수 없어 오늘의 놀라운 전기전자시대를 열지 못했을 것입니다.

자철광은 많은 신비를 가졌습니다. 지구가 거대한 자석이 된 것은 큰 의문입니다. 지구가 지자기(地磁氣)를 갖는 이유는 지구 중심부를 차지한 철 원자들의 배열 방향이 일정한 때문이라고 설명합니다. 지구의 자기(지자기)에 대해 연구하는 '지구자석학자'들은 세계 곳곳의 자장(磁場)이라든가 자철광의 분자 상태 등을 조사하여 지각의 변동 역사를 연구하기도 합니다.

곤충인 벌이라든가 흰개미, 물고기, 비둘기, 철새 그리고 인간의 뇌에는 매우 작은 자철(磁鐵)이 있으며, 이들의 작용으로 지구의 자장을 감지하여 방향을 안다고 합니다. 이런 분야의 연구는 '자기생물학'에 속하네요.

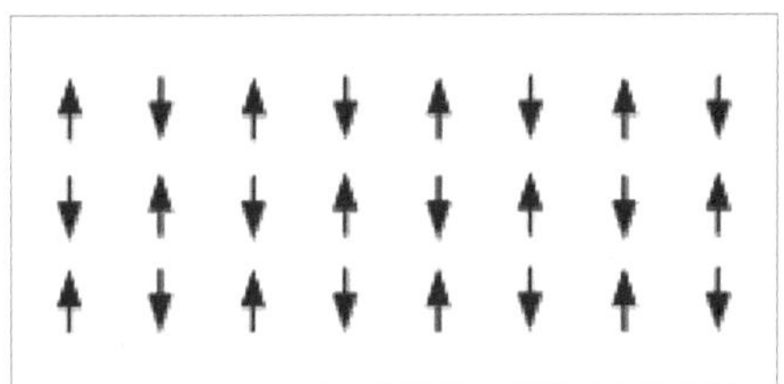

적철광은 자성이 없습니다. 그 이유는 그림과 같이 철 원자의 배열이 흩어져 있기 때문이라고 설명합니다.

우리나라는 세계적 철강생산국입니다. 철을 정련(精鍊)할 때는 용광로 속에서 철광석을 코크스(탄소)와 함께 고열로 녹여 선철(銑鐵 pig iron)을 먼저 만듭니다. 선철은 탄소와 망간, 규소 등의 불순물을 다량 포함하고 있어, 이것으로 철제도구를 만들면 부서지기 쉽습니다. 그러나 재련(再鍊) 과정에 탄소 함량을 줄이면 훨씬 단단한 강철(탄소 함량 0.2~2.1%)이 됩니다. 강철은 선철보다 1,000배 이상 단단하답니다.

강철은 종류가 많습니다. 니켈을 소량 혼합한 강철 합금은 잡아당기거나 압축하는 힘에 매우 강한 성질을 갖게 되므로, 이런 강철로는 교량이라든가, 철탑, 자전거 체인 등을 만듭니다.

텅스텐과 바나듐을 포함한 강철은 더 단단하여 공작기계의 날을 만들지요. 이런 강철은 고온에도 잘 견딥니다.

망간을 혼합한 강철은 충격에 강한 성질을 가지고 있어 총신, 대포, 불도저의 삽 등을 만드는데 쓰입니다. 또 녹슬지 않는 스테인리스 강철은 철, 니켈, 크롬의 합금입니다.

철은 산업에서만 중요한 것이 아니라 인체 내에서도 필수적입니다. 적혈구의 헤모글로빈 분자 중심에는 철 원자가 있습니다. 헤모글로빈의 철 원자는 폐에서 산소와 결합하여, 그 산소를 온몸의 조직과 세포로 운반하는 역할을 합니다. 헤모글로빈의 철 원자는 산소와 매우 잘 결합하고 또 분리됩니다. 그런데 일산화탄소는 산소보다 200배나 더 잘 헤모글로빈의 철과 결합하는 성질이 있습니다.

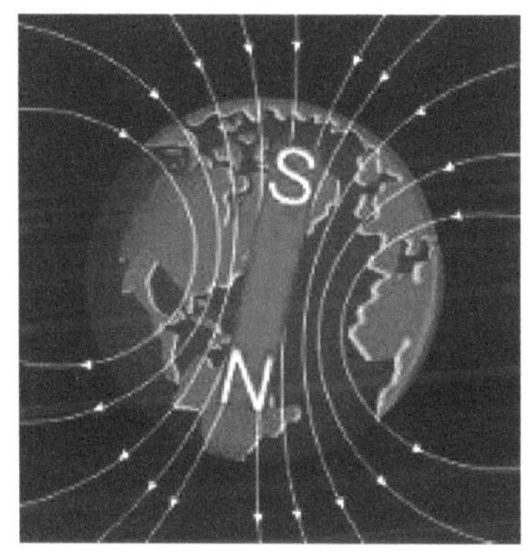



지구의 중심부는 대부분 녹아 있는 철이라고 믿고 있습니다. 그 때문에 지구는 거대한 하나의 자석이 되었습니다. '지구자석'은 북극 쪽이 S극입니다. 흥미롭게도 지구가 거대한 자석이 아니라면 우리는 방향을 정확하게 찾기 어려울 것이고, 철새들은 갈 길을 알지 못할 것입니다.

## 27. 코발트(Cobalt, Co)

- 원자번호 : 27
- 족 : 9족(4주기)
- 원자량 : 58.933
- 밀도 : 8.90 g·cm$^{-3}$
- 각 전자궤도의 전자 수 : 2, 8, 15, 2
- mp : 1495℃ / ・ bp : 2927℃

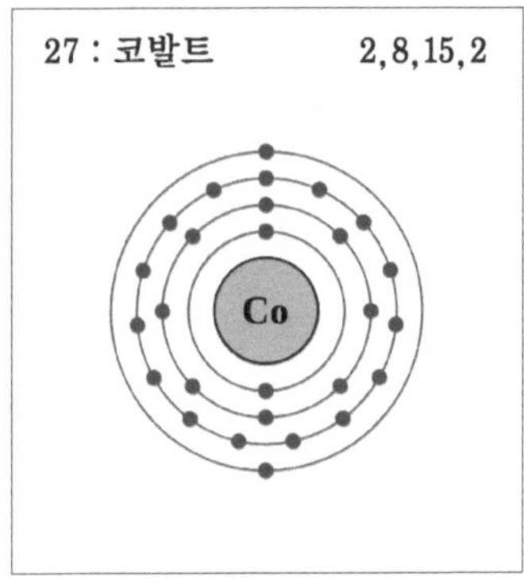



코발트의 원자는 27개의 양성자와 32개의
중성자로 구성되어 있으며, 핵 둘레에는 2, 8,
15, 2 모두 27개의 전자가 돕니다.

코발트는 지각 성분의 0.003% 정도를 차지하는 소량 원소입니다. 이 원소는 자연계에 순수한 상태로는 존재하지 않으며, 대표적인 코발트 광석인 휘코발트석(cobaltite)은 비소와 황이 함께 섞여 있습니다. 그러나 오늘날 사용되는 코발트의 대부분은 콩고나 잠비아 등지의 구리와 니켈 광산에서 부산물로 얻습니다.

순수한 코발트는 1739년에 스웨덴의 화학자 브란트(Georg Brandt 1694~1768)가 처음 분리했습니다. 코발트라는 말은 독일어 *kobold*(악의 도깨비)에서 유래했습니다. 순수한 코발트는 하늘빛 푸른색을 가지고 있어, 수천 년 전부터 색소로 사용되어 왔으며, 보석이라든가 유리, 페인트 등에 넣어 '코발트색'을 내도록 한답

니다. 코발트규소염과 코발트알루미늄염($CoAl_2O_4$)은 '코발트블루'
라 불리는 짙은 청색을 내므로 유리, 도자기, 잉크, 페인트 제조
에 쓰입니다. 코발트화합물 색소들 중에는 핑크, 녹색, 청색, 군
청색 등 서로 다른 색을 나타내는 것들이 있습니다.

철에 코발트를 섞으면 부식에 강한 철이 됩니다. '스텔라이
트'(stellite)는 코발트와 텅스텐 및 구리의 합금입니다. 이것은 대
단히 단단한 동시에 고온에 잘 견디므로, 고속도 드릴이나 절단
기 날 제조에 쓰입니다.

코발트는 철처럼 자성(磁性)을 가지고 있으며, 철과 달리 훨씬
고온에서도 자력을 유지합니다. 생산되는 코발트의 약 4분의 1은
알니코(alnico)라 부르는 자석 제조용 합금에 쓰입니다. 알루미늄,
니켈, 철, 코발트의 합금인 알니코는 산업용 강력한 자석 원료입
니다. 알니코는 알루미늄과 니켈의 머리글자로 만든 명사(名詞)
입니다.

자연의 코발트에 대량의 중성자를 쪼이면 방사성물질로 이름
난 '코발트-60'이라는 동위원소가 생겨납니다. 코발트-60은 X선
과 같은 강력한 방사선(감마선)을 방출하므로, 이는 암 치료라든
가 음식물 살균 등에 이용됩니다. Co-60의 반감기는 5.2년입니
다. 또 Co-60은 작은 용기에 담아 쉽게 운반하면서 선박 등의 철
제 구조물에 균열이 있는지(마치 X선 사진처럼) 조사하는데 편
리하게 이용되고 있습니다.

코발트는 인체에 필요한 미량원소의 하나로서, 비타민 B-12의
중요 성분입니다. 이것이 부족하면 악성 빈혈이 일어난답니다.

현재 자연계에는 Co-60이 존재하지 않으나, 지구가 처음 생겨
났을 때는 지각에 수백 톤 존재했을 것이라 합니다. 왜냐하면
Fe-60이 붕괴하여 Co-60이 생기고, 이것이 붕괴하여 Ni-60이 되
는데, 현재 지각 속에 Ni-60이 풍부한 것을 볼 때 과거에는
Fe-60과 Co-60이 자연 상태로 존재했을 것으로 보기 때문입니다.

# 28. 니켈(Nickel, Ni)

- 원자번호 : 28
- 족 : 10족(4주기)
- 원자량 : 58.69
- 밀도 : 8.90 g·cm$^{-3}$
- 각 전자궤도의 전자 수 : 2, 8, 16, 2 (또는 2, 8, 17, 1)
- mp : 1455℃ / ·bp : 2913℃

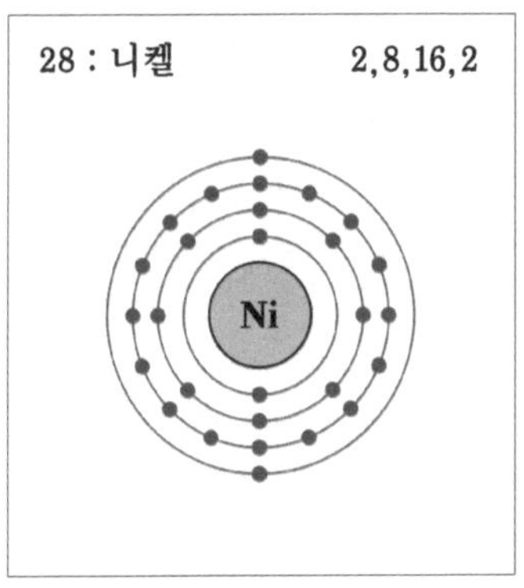


니켈의 원자는 28개의 양성자와 31개의 중성자를 가졌습니다.

니켈은 금빛이 조금 감도는 은백색의 광택 나는 금속으로 단단하면서 연성과 전성이 좋습니다. 순수한 니켈은 화학반응성이 활발하여 공기 중에서 산소와 화합하여 치밀한 피막을 형성하므로 부식에 강하게 됩니다.

니켈을 함유한 대표적인 니켈광은 황(S) 화합물인 밀러라이트(millerite)입니다. 니켈은 지구상의 지표면에서는 귀한 금속(지각 성분의 약 10,000분의 1)에 속하지만, 지구 내부 깊은 곳에는 상당량 존재한다고 합니다. 지구상에 떨어지는 운석 속에 니켈이 다량 포함된 것을 보고서 그렇게 판단하는 것이지요(과학자들은 지구가 탄생하던 시기에 운석도 생겨났다고 생각합니다).

니켈은 수천 년 전부터 알려진 금속입니다. 옛 사람들은 니켈 화합물을 유리에 넣어 녹색 유리를 제조했습니다. 니켈을 처음 순수하게 분리한 과학자는 1751년 스웨덴의 화학자 크론스테트 (Axel Fredrik Cronstedt 1722~1765)였습니다. *nickel*이라는 말은 '악마의 구리'(Satan's copper)를 의미하는 독일어(*Kupfernickel*)에서 유래했습니다.

니켈은 부식에 아주 강하여 합금을 만들면 산화되지 않는 금속이 됩니다. 스테인리스 스틸은 철에 18%의 크롬과 8%의 니켈을 혼합한 합금입니다. '모넬'(monel)이라는 니켈과 구리의 합금은 단단하면서 부식에 강해 선박용 프로펠러의 축을 만드는데 씁니다. 또 '니크롬' (nichrome)이라 부르는 니켈과 크롬의 합금은 녹는 온도(mp)가 높아 열에 강하므로 전기오븐이라든가 빵 굽는 토스터 제조에 이용합니다. 미국에서는 5센트 동전을 흔히 '니클'이라 부릅니다. 이것은 약 25%의 니켈을 구리에 섞은 합금입니다.

알루미늄, 니켈, 코발트 및 철의 합금(때로 티타늄도 혼합)인 알니코(alnico)로 만든 자석은 자력이 강하면서 자력 감소 현상이 적기 때문에 1970년대까지 산업용 자석으로 쓰였습니다. 오늘날에는 이 알니코에 네오디뮴(Nd 원자번호 60)이나 사마륨-코발트, 또는 이트륨-코발트를 혼합하여 만든 더 강

네덜란드에서 순수한 니켈로 만든 코인(coin)입니다. 값비싼 니켈만으로 코인을 만들면 비경제적이므로 일반적으로 구리를 혼합하여 동전(銅錢)으로 만듭니다. 제2차 세계대전 때는 니켈이 귀하여 코인 속의 니켈을 뽑아내어 무기 제조에 이용하기도 했지요. 미국과 캐나다에서는 5센트 코인을 니클(nickel)이라 부릅니다.

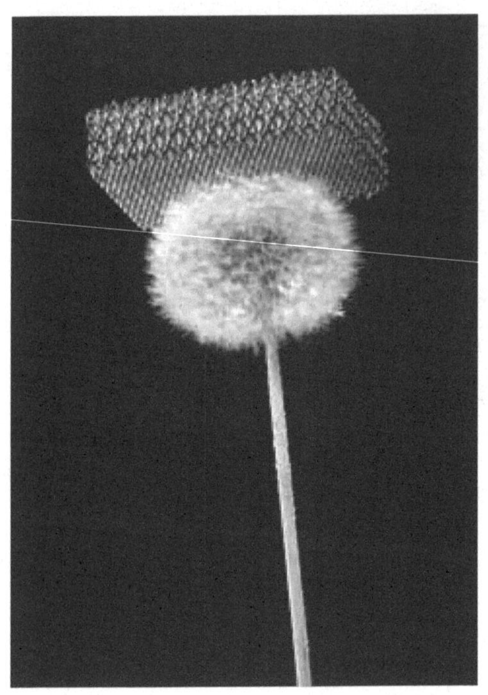

력한 영구자석을 만들고 있습니다. 1970~1980년대에 개발된 이런 영구자석은 때로 '희유원소자석'(rare earth magnet)이라 부릅니다. 오늘날 니켈의 특히 중요한 용도는 니켈-카드뮴 전지의 원료입니다. 전지의 한 극을 산화니켈로 만든 이 전지는 재충전용으로 컴퓨터, 휴대전화기 등에 쓰이지요.

2011년 11월, 국제 학술지 사이언스에는 니켈 (93%)과 인(7%)의 합금으로 만든 스티로폼보다 100배나 가벼운 금속 소재에 대한 논문이 소개되었습니다. 캘리포니아 대학의 밸디비트(Lorenzo Baldevit) 박사를 중심으로 개발된 이 격자 구조의 금속은 부피가 50% 정도로 압축되어도 원상으로 돌아가는 탄성을 가졌으며, 진동과 충격에 강하다고 했습니다. 이 신소재 금속은 극히 가벼운 탓으로 공중에서 깃털보다 가볍게 날리면서 천천히 낙하한다고 합니다. 이런 가벼운 신소재는 육중한 금속제품의 무게를 줄이는데 중요할 것입니다.

# 29. 구리(Copper, Cu)

- 원자번호 : 29
- 족 : 11족(4주기)
- 원자량 : 63.546
- 밀도 : 8.94 $g \cdot cm^{-3}$
- 각 전자궤도의 전자 수 : 2, 8, 18, 1
- mp : 1084.62℃ /  • bp : 2562℃

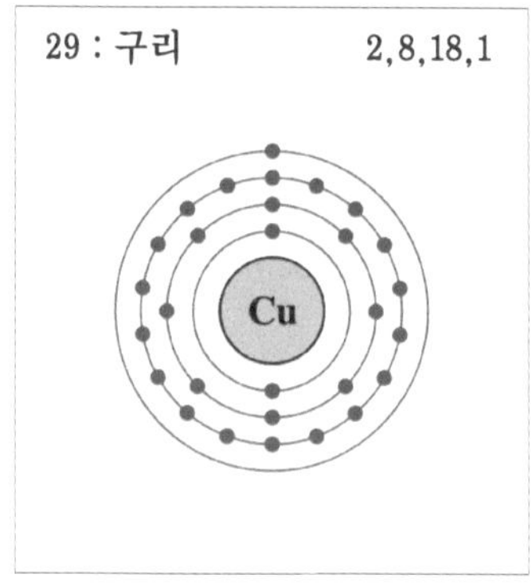


구리의 원자 핵은 29개의 양성자와 34개 또는 36개의 중성자를 가졌습니다. 중성자가 34개인 Cu-34는 약 70%를 차지하고, Cu-36은 약 30% 존재합니다.

　독특한 색을 가진 구리는 일상생활과 매우 밀접함 금속이지요. 전선 속에는 모두 구리선이 들었고, 수도관이라든가 보일러관은 구리로 만든 관이 많습니다. 구리 전선은 지구라는 동그란 실타래를 칭칭 감고 있다고 할 수 있을 것입니다. 이것은 구리가 전기와 열을 가장 잘 전도하는 금속의 하나이기 때문입니다. 구리가 속하는 11족의 금속인 은(Ag)과 금(Au)은 모두 전기 전도성이 가장 뛰어난 원소들이지요.

　구리(copper)라는 영어는 *cuprum*(사이프러스로부터)이라는 라틴어에서 유래했습니다. 이것은 로마시대에 사이프러스에서 구리를 가져왔기 때문이라고 합니다. 구리는 원광으로부터 재련하기 쉬

워 고대로부터 이용해왔으며, 가장 오래된 것으로 서기전 9,000
년경의 구리가 이라크에서 발견되었답니다.

구리는 무르면서 연성이 우수하여 가느다란 구리선으로 뽑을
수 있고, 전성이 좋아 얇은 판으로 만들 수 있으며, 다른 금속과
온갖 합금이 만들어지는 원소입니다. 예부터 사람들은 구리를 주
성분으로 동전을 만들었습니다. 그 이유는 철과 달리 구리는 공
기 중이나 물속에서 화학반응(부식)을 일으키지 않아 원형을 잘
보전했기 때문입니다.

구리가 산소에 노출되면 서서히 반응하여 흑갈색의 산화구리
피막을 형성합니다. 또 이산화탄소나 아황산가스와 접촉하면 녹
청색(綠靑色)의 탄산구리($CuCO_3$)나 황산구리($CuSO_4$)의 피막을 만
듭니다. 이런 피막은 부식이 내부로 더 이상 진행되지 않도록 하
지요. 구리 조각상이나 구리판으로 덮은 건물의 지붕은 녹청색의
고색창연(古色蒼然)한 모습으로 잘 보존됩니다.

인류는 구리를 대단히 많이 사용하고 있지만 지구에 존재하는
양은 지각의 0.007%에 불과합니다. 구리는 순수한 상태로 소량
산출되기도 하지만, 대부분의 구리는 황과 철이 결합한 황동광
(黃銅鑛 $CuFeS_2$)에서 얻고 있습니다. 인류는 거의 10,000년 전부
터 구리를 이용하기 시작했으나, 그간 구리 총생산량의 95%는
지난 1900년대 이후 생산한 것이며, 그 소비량은 해마다 증가합
니다. 현재 상황에서 구리는 약 반세기 후면 고갈될 것이므로,
잘 재활용해야 할 자원입니다.

인류는 쇠를 녹이는 방법을 알기 전 청동기시대(서기전 2,50
0~600)에는 청동으로 도구와 무기를 만들었습니다. 구리 자체는
무르기 때문에 칼이라든가 무기를 만들지 않지만, 구리의 합금,
예를 들어 아연과의 합금인 놋쇠(brass), 주석과의 합금인 청동
(bronze) 등은 본래의 금속보다 더 단단합니다. 특히 구리와 니켈
의 합금인 모넬(monel)은 대단히 단단하고 부식에도 강합니다.

전기전도성이 뛰어난 구리는 잘 휠 수 있기 때문에 전선과 코일로 이용하기 가장 편리한 금속입니다.

구리는 고등식물과 동물에게는 생존에 필요한 미량원소이기도 합니다. 그러나 과량의 구리는 생물에게 강한 독이 된답니다. 곰팡이라든가 세균을 죽이는 약제에는 구리를 넣은 것이 여러 가지 있습니다. 또 선체(船體)에서 물에 잠기는 부분에 바르는 페인트에 구리를 혼합하면, 해양생물들이 지나치게 부착하여 자라는 것을 방지해줍니다.

# 30. 아연(Zinc, Zn)

- 원자번호 : 30
- 족 : 12족(4주기)
- 원자량 : 65.38
- 밀도 : 7.14 g·cm$^{-3}$
- 각 전자궤도의 전자 수 : 2, 8, 18, 2
- mp : 419.53℃ / • bp : 907℃

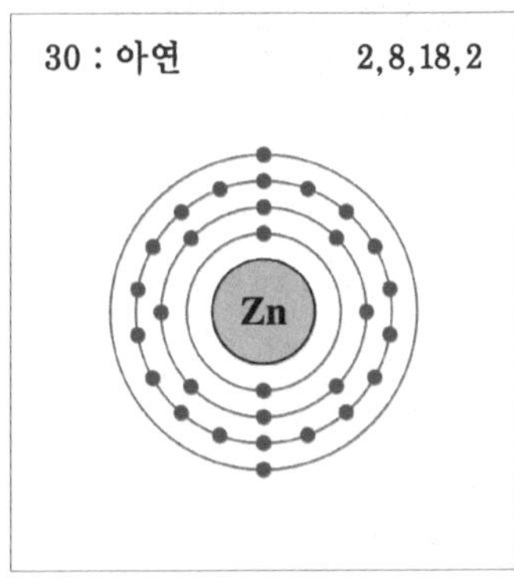


아연은 여러 종류의 동위원소가 있습니다. 자연계에서 가장 많이(48.6%) 산출되는 Zn-64는 30개의 양자와 34개의 중성자를 가졌으며, 그 다음인 Zn-66(27.9%)은 36개의 중성자를, 그리고 Zn-70은 40개의 중성자를 가졌습니다. 그러므로 아연의 평균 원자량은 65.38이랍니다.

주기율표에서 12족의 첫 번째 원소인 아연은 화학적 성질이 같은 족 6주기의 마그네슘과 비슷합니다. 순수한 아연은 화학반응성이 좋으며, 단단하지만 부스러지기 쉬운 은빛 금속입니다. 이 원소는 공기 중에서 산소를 만나면 피막을 형성하여 부식에 강한 상태가 됩니다. 아연은 지각 중에 흔하지 못한 매장량이 24번째(지각 성분의 0.007%)인 원소입니다. 대표적인 아연광인 섬아연광(閃亞鉛鑛)은 황화아연이 다량 포함된 광석입니다.

인류는 아연과 구리의 합금인 청동을 서기전 1,000년경부터 이용되기 시작했습니다. 독일의 화학자 마르그라프(Andreas Sigismund Marggraf 1709~1782)는 1746년에 처음으로 아연을 순수하게 추출했습니다. 그는 산화아연($ZnO$)과 소량의 산화철($Fe_2O_3$)을 함유한 캘러마인(calamine)이라는 광물과 탄소를 반응시켜 순수 아연을 얻을 수 있었습니다.

철의 표면에 아연을 도금하는 것을 '아연도금' 또는 갤버니제이션(galvanization)이라 합니다. 갤버니제이션은 이탈리아의 의사이며 물리학자였던 갈바니(Luigi Galvani 1737~1798)의 이름에서 따온 것입니다. 갈바니는 죽은 개구리의 근육에 전기 자극을 주면 신축하는 것을 발견하고, 생물의 몸에서 전기가 이용된다는 사실을 처음 발견했습니다.

갈바니는 생물의 전기를 연구한 최초의 과학자입니다. 심전도라든지 뇌파검사는 심장이나 뇌에서 발생하는 생물전기를 조사하는 것이며, 화면을 손으로 만져 동작시키는 컴퓨터와 스마트폰의 터치스크린은 바로 손끝의 생물전기를 이용한 것입니다(49번 원소 인듐 참조).

은빛 나는 함석(양철통, 양철지붕)이라든가 철조망, 못, 볼트, 너트 등은 아연을 도금한 것입니다. 갤버니제이션은 고열로 녹인 아연에 철을 직접 담그거나, 전기도금하거나, 분사하는 방식으로 하는데, 아연 도금한 철은 수분과의 접촉이 방지되어 오래도록 녹슬지 않게 됩니다. 만일 아연 도금한 표면이 긁히거나 하면, 아연은 철보다 먼저 산소와 결합하여 보호막 작용을 계속합니다.

생산되는 대부분의 아연은 갤버니제이션에 소비되지만, 건전지에서도 중요하게 이용합니다. 손전등 등에 쓰는 건전지는 프랑스의 화학자 르클랑세(Georges Leclanche 1839~1882)가 1866년에 발명한 것입니다. 아래 그림에서와 같이 아연은 건전지 외벽을 이루어 내부 화학물질을 담는 용기(容器)인 동시에 한 전극(-)을 이룹니다. 건전지의 탄소 막대는 양극(+)이며, 이런 종류의 건전지 1개에서 나오는 전압은 1.5V입니다.

1981년 이후 미국에서는 1센트 동전을 아연으로 만드는데, 표면에 구리를 얇게 입혀 옛날 동전처럼 보이도록 했습니다. 구리와 아연은 쉽게 합금(황동 brass)이 되지요. 흰색 페인트는 산화아연($ZnO$)의 가루로 만듭니다. 또 태양빛을 차단하여 피부가 타지 않도록 바르는 선스크린(sunscreen)에는 산화아연 가루가 들어 있습니다. 복사기에서 토너의 검은 가루를 글씨나 그림 모습대로 복사지에 옮겨주는 역할은 산화아연 판이 합니다. 이것은 산화아연에 빛이 닿으면 전자가 떨어져 나와 음전기를 갖게 되는 성질을 이용한 것입니다.

아연과 구리, 알루미늄, 마그네슘과의 합금으로 온갖 금속 제품을 만듭니다. 아연 85~88%, 구리 4~10%, 알루미늄 2~8%를 혼합한 합금은 매우 단단하여 금속 베어링 제조에 적합합니다. 아연 78%와 알루미늄 22% 합금은 강철처럼 단단하면서 가공하기 좋은 주물(鑄物)이 됩니다. 아연의 용도는 참 많습니다. 심지어 아연 70%에 황 30%를 섞은 것은 모형 로켓의 추진 연료로 사용하지요.

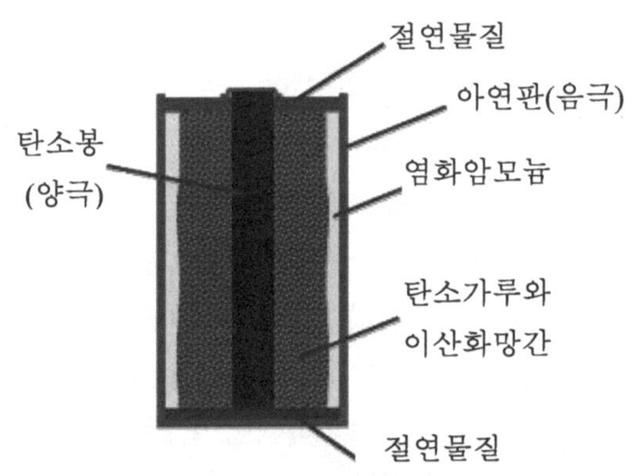



건전지 내부의 화학물질은 아연판이 둘러싸고 있습니다. 흑연 막대는 양극이고, 아연판은 음극입니다.

# 31. 갈륨(갤리엄 Gallium, Ga)

- 원자번호 : 31
- 족 : 13족(4주기)
- 원자량 : 69.723
- 밀도 : 5.91 $g \cdot cm^{-3}$
- 각 전자궤도의 전자 수 : 2, 8, 18, 3
- mp : 29.765℃ / • bp : 2,204℃

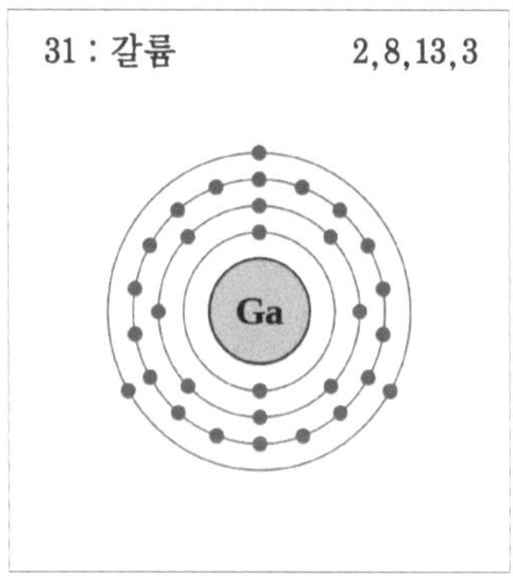



갈륨의 주요 동위원소는 Ga-69(60.11%)
와 Ga-71(39.89%) 2종입니다. Ga-69의
핵은 32개의 양성자와 38개의 중성자를 가졌
고, Ga-71의 핵은 40개의 중성자를 가졌습
니다.

알루미늄과 함께 13족에 속하는 갈륨은 화학적 성질도 닮았습
니다. 갈륨은 칼로 자를 수 있을 정도로 무른 금속이며, 온도가
29.8℃만 되어도 액체 상태로 변합니다. 그러므로 갈륨을 손에
쥐고 있으면 녹아 흘러내리죠. 반면에 갈륨의 끓는 온도는 2,204
℃에 이릅니다. 그러므로 갈륨은 29.8℃에서 2,204℃ 사이에서는
액체 상태로 존재하는 거죠. 이처럼 상온에서 액체 상태인 금속
에는 갈륨 외에 수은, 세슘, 루비듐, 프랑슘이 있습니다.

이런 성질 때문에 갈륨은 극단적으로 높은 온도를 재는 온도
계의 충전제로 이용됩니다. 흥미롭게도 갈륨은 액체 상태에서 고
체로 되면 부피가 팽창하는(물을 닮음) 특이한 성질을 가졌습니

다. 그러므로 유리 용기에 액상(液狀)의 갈륨을 담아 낮은 온도
에 둔다면 고체가 되면서 용기를 깨뜨릴 위험이 있습니다.

자연계에는 순수한 상태로 존재하는 갈륨이 없으며, 다른 금속
을 재련할 때 부산물로 얻습니다. 갈륨은 알루미늄광인 보크사이
트라든가 아연광 등에 미량 포함되어 있지요. 멘델레예프는 1871
년에 갈륨이 존재할 것을 예측하고 화학적 성질까지 예상하면서
주기율표에서 자리를 비워두었습니다. 몇 해 후, 프랑스의 화학
자 부아보드랑(Paul Emile Lecoq de Boisbaudran 1838~1912)이
1875년에 갈륨 원소를 발견했습니다. 갈륨이라는 말은 옛날 프랑
스 지역을 라틴어로 '갈리아'(*gallia*)라 불렀던 데서 따왔다고 합
니다. 그는 뒤이어 사마륨(62번 Sm)과 디스프로슘(66번 Dy) 원소
도 처음 발견했습니다.

이때 발견된 갈륨은 오래도록 특별한 용도를 찾지 못하고 있
었습니다. 그러나 갈륨과 비소의 화합물($GaAs$)이 발견되면서 사
정은 급변했습니다. 이 화합물은 전류를 레이저 빛으로 직접 바
꾸는 성질이 있어 '레이저 다이오드'로 이용하게 된 것입니다.
콤팩트디스크를 비추는 레이저는 바로 비소화갈륨 레이저입니다.

또 비소화갈륨으로 만든 LED(light emitting diode)는 눈부신 전
광판(電光板), 전자기기의 문자판 등과 조명등에서 빛을 내는데
쓰입니다. LED는 전력 소모가 적으면서 밝은 빛을 내지요. LED
란 '빛을 내는 반도체'를 말하며, LED 중에는 가시광선, 자외선,
적외선, 고광도 빛을 내는 다양한 종류가 있습니다. 비소화갈륨
은 하나의 반도체로서, 실리콘 반도체보다 열을 적게 발생하므
로, 전력 소모가 많은 슈퍼컴퓨터의 반도체로 이용합니다.

갈륨-67은 의학용으로 이용되는 인공방사선 동위원소의 하나
입니다. 이것의 반감기는 78시간이므로 방사능이 빨리 없어지기
때문에 인체에 피해가 적습니다. 또 갈륨-67은 '흑색종'이라 불리
는 암 조직에 집중되는 성질이 있어, 주변 조직에 피해를 적게

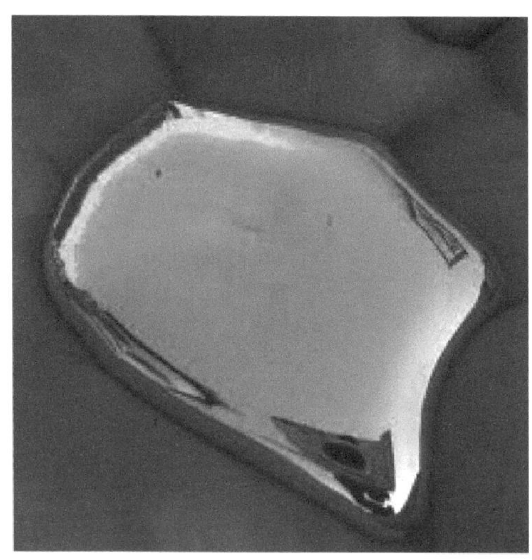

손바닥에 놓인 갈륨이 체온에 녹아 수은처럼 보입니다. 화학이 발달함에 따라 온갖 갈륨 화합물이 만들어지고 있으며, 그 성질이 밝혀지면서 용도를 넓혀가고 있습니다.

주면서 흑색종 암세포를 파괴할 수 있습니다.

갈륨은 태양으로부터 오는 중성미자(中性微子 neutrino)를 탐지하는데 이용되기도 합니다. 중성미자는 원자를 구성하는 입자들 중의 하나로서 확인하기가 매우 어렵습니다. 중성미자는 수십km 되는 암반이라도 아무런 방해 없이 투과한답니다. 그러나 갈륨의 핵과 충돌한 중성미자는 갈륨을 방사성동위원소인 갈륨-71로 바꾸므로, 이때 중성미자의 존재를 확인할 수 있습니다.

갈륨(68.5%), 인듐(21.5%), 주석(10%) 그리고 미량의 구리를 혼합한 '갤린스탄'(galinstan)이라는 합금은 영하 19도가 되어야 고체로 됩니다. 이것은 수은(Hg)보다 독성이 약하므로 위험한 수은을 대신하여 온도계에 충전하고 있습니다. galinstan은 gallium + indium + stannum(tin)을 합쳐 만든 말입니다.

# 32. 게르마늄(저마늄, 저메이니엄 Germanium, Ge)

- 원자번호 : 32
- 족 : 14족(4주기)
- 원자량 : 72.63
- 밀도 : 5.323 g·cm$^{-3}$
- 각 전자궤도의 수 : 2, 8, 18, 4
- mp : 938.25℃ / ・bp : 2833℃

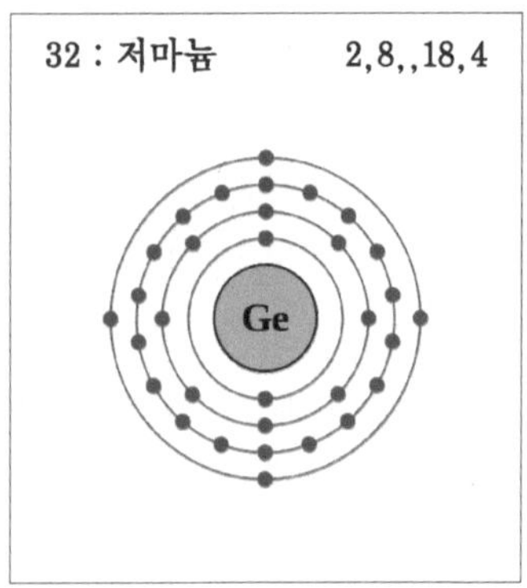


게르마늄은 동위원소가 여러 종류 알려져 있습니다. 전체 게르마늄 중에 Ge-74(N 42개)는 35.94%, Ge-72(N 40개)는 27.66%, Ge-70(N 38개)은 21.23%를 차지합니다.

게르마늄은 멘델레예프가 1871년에 존재를 예측했던 원소 중의 하나입니다. 그는 제14족(탄소족)의 규소(Si)와 주석(Sn) 사이에 원자 무게 72 정도의 원소가 있을 것이라고 믿고 공란을 비워두었습니다. 독일의 화학자 빙클러(Clemens Winkler 1838~1904)는 아르지로다이트(argyrodite)라는 당시 처음 발견된 은빛 광물을 분석하여, 1886년에 그 속에서 새 원소 게르마늄을 발견했습니다. 그는 그의 조국인 독일의 라틴어 이름(*Germania*)을 따서 그 원소를 '게르마늄'이라 불렀습니다(국제어인 영어 발음은 저메이니엄).

저마늄(게르마늄)은 짙은 회색의 광택을 가진 금속으로 비교적

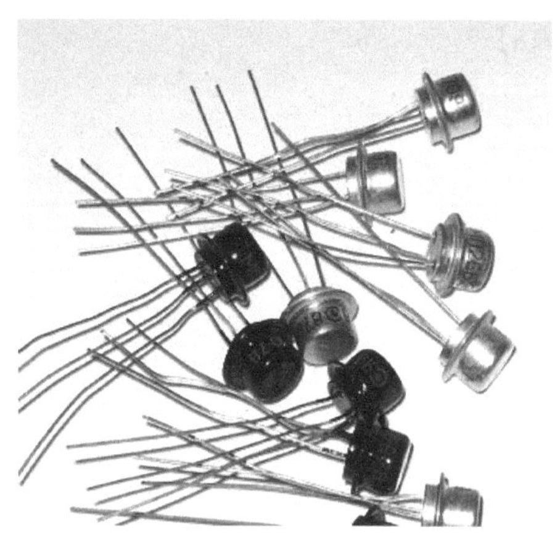

커다란 유리 진공관 대신 게르마늄 반도체로 만든 소형 트랜지스터를 사용하게 되면서 전자 장치들은 소형화되고 전력 사용이 급격히 줄게 되었습니다.

회귀한 원소이며, 자연계에는 순수한 상태로 존재하지 않고 대부분 산소와 결합해 있습니다. 이 원소는 금속과 비금속 중간에 있어 '준금속'(metalloids)이라 불리기도 하지만 금속의 성질을 가졌습니다.

저마늄은 전기 전도도(傳導度)가 낮아 반도체(半導體 semiconductor)라 부릅니다. 순수한 저마늄에 극미량($10^{10}$분의 1)의 비소(As)나 갈륨(Ga) 또는 안티몬(Sb)을 혼합하면 전도성이 크게 증가합니다. 이처럼 전도성이 좋아지도록 처리하는 것을 '도핑'(doping)이라 하는데, 도핑한 저마늄은 전자공업의 핵심 소자(素子)인 트랜지스터와 저마늄 칩 제조에 쓰입니다. 1948년경에 저마늄으로 반도체를 처음 만들게 되면서 오늘날처럼 전자장치들을 소형화하는 혁명적인 길을 열게 되었지요.

저마늄은 순수하게 정제하기가 매우 어렵고, 희귀하여 값이 비싸므로 반도체를 만들 때는 대신 규소(Si)를 많이 이용합니다. 또한 2000년대가 오면서 저마늄을 광케이블(광섬유)이라든가 야간 적외선경 제조에 이용하게 되었고, 석유화학공업에서는 중요한 촉매제가 되었습니다. 이처럼 용도가 넓어지면서 생산량이 부족한(2006년의 세계 생산량 약 100톤) 저마늄은 국제가격이 규소의 약 100배일 정도로 전략적 자원으로 변했습니다. 뿐만 아니라 최근에는 초강력 자기장(磁氣場)을 얻는 초전도체 제조(우라늄, 로듐과의 합금)에도 이용한답니다.

# 33. 비소(砒素 Arsenic, As)

- 원자번호 : 33
- 족 : 15족(VA)
- 원자량 : 74.92
- 밀도 : 5.727 g·cm$^{-3}$
- 각 전자궤도의 전자 수 : 2, 8, 18, 5
- mp : 817℃ / · 승화점 : 615℃

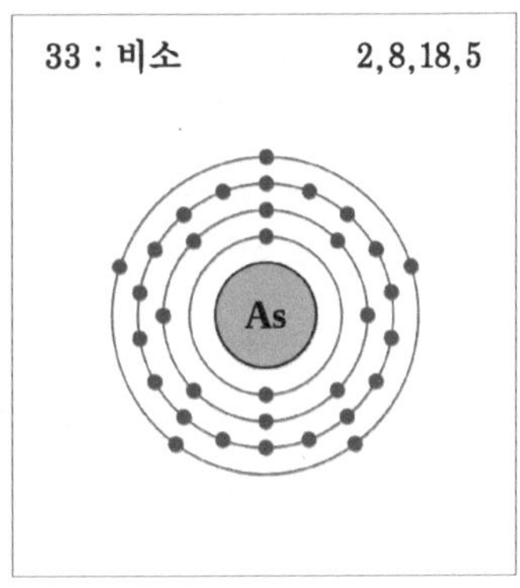


원자번호 33번인 비소의 핵은 33개의 양성자와 42개의 중성자를 가졌습니다.

비소는 실온(室溫 20~25℃)에서 부스러지기 쉬운 결정형 고체이며, 금속과 비금속 중간에 있는 준금속입니다. 예를 들면 비소는 다른 금속과 달리 전기를 잘 통하지 않지만, 색은 회색을 띤 금속 빛을 가졌습니다. 비소는 자연 상태에서 주로 황(S)을 비롯한 여러 금속을 포함한 화합물로 산출되지만 드물게 미량은 순수한 원소로 발견됩니다. 순수한 비소를 공기 중에 두면 금방 산소와 결합하여 노란색으로 되었다가 차츰 검은색으로 변합니다.

비소의 역사는 고대 그리스와 로마시대로 올라갑니다. 비소를 함유한 '웅황'(雄黃 As$_2$S$_3$)이라는 광물은 황금색이어서 고대로부터 색소로 사용했습니다. 흰색 결정 가루인 산화비소(삼산화비소

비소에는 몇 가지 동소체가 있습니다. 특수한 박테리아 종류는 비소를 생존에 이용하기도 하지만, 다세포생물에게는 대개 치명적입니다.

As2O$_3$)는 사람이 0.1g만 먹어도 적혈구 생산이 되지 않아 죽을 정도로 대단히 독성이 강합니다. 맹독성 때문에 비소는 탐정소설에 자주 등장하기도 하지요.

비소염은 제초제를 비롯하여 살균제나 살충제 제조에 이용되며, 피부병 치료제를 만들기도 합니다. 매독 치료 특효약으로 유명한 '606'에는 비소가 포함되어 있습니다. '606'은 독일의 과학자 에르리히(Paul Ehrlich 1854~1915)가 1910년에 개발한 항생제로서, 그가 606번째 실험에서 찾아낸 치료제였기 때문에 그 숫자가 유명한 약의 이름이 되었습니다.

오늘날 비소는 반도체 제조에 중요하게 이용되는데, 저마늄(Ge)이나 실리콘(Si)으로 반도체를 만들 때 비소를 소량 첨가(도핑)합니다. 또한 비소화갈륨(GaAs)은 전류를 흘려주면 빛을 내기 때문에 발광다이오드(LED)로 이용됩니다. 구리와 납과 비소의 합금은 매우 단단한 성질을 갖는답니다.

# 34. 셀레늄(셀렌, 실리니엄 Selenium, Se)

- 원자번호 : 34
- 족 : 16족(4주기)
- 원자량 : 78.96
- 밀도 : (동소체 종류에 따라) 적색은 4.39, 회색은 4.81 $g \cdot cm^{-3}$
- 각 전자궤도의 전자 수 : 2, 8, 18, 6
- mp : 221℃ /  - bp : 685℃

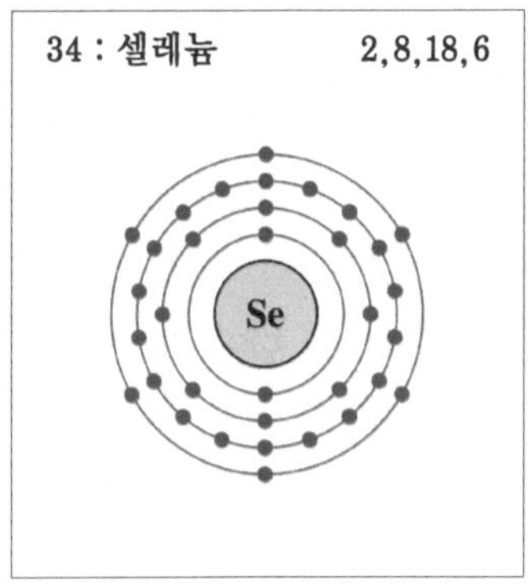


셀레늄은 여러 종류의 동위원소가 있습니다. 가장 흔한 Se-80(49.61%)의 핵은 34개의 양성자와 46개의 중성자를, Se-78(23,78%)은 44개의 중성자를 가졌습니다. 셀레늄 인공 동위원소 중에는 Se-72도 있습니다.

셀레늄은 적색과 회색 두 가지 동소체(同素體)가 있으며, 적색은 유리 형태의 비결정 고체이고, 회색은 무르면서 청회색을 가진 고체입니다. 셀레늄은 스웨덴의 화학자 베르셀리우스(Jons Jakob Berzelius 1779~1848)가 1817년에 처음 발견했습니다. 베르셀리우스는 돌턴(John Dalton), 라부아지에(Antoine Lavoisier), 보일(Robert Boyle)과 함께 '현대 화학의 아버지'로 불리지요.

셀레늄은 주기율표에서 산소가 속하는 16족에 포함되므로 황(S), 텔루륨(Te), 폴로늄(Po)과 함께 '산소족'(chalcogen)이라 불리기도 합니다. 셀레늄은 황화광(pyrite)과 같은 광물에 소량 포함된 미량 원소이며, 황이나 구리 등을 생산할 때 부산물로 대부분 얻습니다.

셀레늄은 광전도체(光傳導體 photoconductor) 성질이 있습니다. 광전도체란 평소에는 전기를 잘 통하지 않으나, 빛이 있으면 뛰어난 전도체가 되는 반도체를 말합니다. 셀레늄의 경우, 빛 아래에서는 전도성이 약 1,000배 증가하므로, 이런 성질은 빛 탐지에 편리하므로 광전지(photocell)로 만들어 로봇이라든가 자동 점멸등, 광도계(光度計), 광복사기, 태양전지 등에 이용되고 있습니다.

복사기의 경우, 복사할 원고의 밝은 부분에서는 광도에 따라 일정 양의 광전자가 생기고 어두운 부분은 그대로 있습니다. 이때 토너의 탄소 가루는 광전자에 의한 정전기에 끌려 농담에 비례한 양만큼 부착하게 됩니다. 복사지에 묻은 탄소가루는 열처리로 백지에 접착토록 합니다.

셀레늄이 처음 발견되었을 때는 인체에 독성(다량의 경우)이 있는 것으로만 알았으나, 오늘날에는 생물의 세포에서 항산화작용을 하고, 비타민 E와 어떤 효소의 작용에 관여하는 미량 영양소의 하나로 알려졌습니다. 또 머리 비듬 방지에 효과가 있다고 하여 샴푸에 첨가하기도 합니다.

셀레늄은 회색과 적색 두 가지 동소체가 있습니다.

# 35. 브로민(브롬 Bromine, Br)

- 원자번호 : 35
- 족 : 17족(4주기)
- 원자량 : 79.904
- 밀도 : 3.1028 g·cm$^{-3}$
- 각 전자궤도의 전자 수 : 2, 8, 18, 7
- mp : -7.2℃ / ・bp : 58.8℃

원자번호 35번 브롬은 Br-79(50.69%, 중성자 44개)와 Br-81(49.31%, 중성자 46개) 2가지 외에 23종의 동위원소가 알려져 있습니다.

'브롬'이라는 명칭은 염소와 비슷한 냄새를 가졌으므로, 악취를 뜻하는 그리스어 *bromos*에서 유래했습니다. 이 원소는 상온(20~25℃)에서 액체 상태로 존재하는 두 원소(수은과 브롬) 중의 하나입니다. 약간 투명한 적갈색을 띤 브롬은 다른 원소와 잘 화합하고 부식성이 강합니다. 자연계에서 브롬은 바닷물에 브롬 화합물 상태로 대부분 녹아 있답니다.

자연계에는 순수한 상태로 존재하지 않으며, 순수한 브롬은 원자가 아닌 2개의 원자가 결합한 2원자 분자($Br_2$)로 존재합니다. 브롬은 주기율표에서 염소와 요드 중간에 위치하고 있습니다. 브롬의 비중은 3.1이므로 물의 약 3배이지요. 실험실에서 스포이트로 브롬을 빨아들여 다른 비커로 옮기려 하면 비중이 커서(무거워서) 저절로 흘러내려버린답니다. 비커에 브롬을 넣고 가열하면, 낮은 온도(58.8℃)에서 끓어 기체로 변하는데, 무거운 기체이므로 비커 바닥에 깔리게 됩니다. 그러므로 브롬의 이런 성질은 진화가 어려운 화재를 진압할 때 이용되기도 합니다.

브롬은 프랑스의 발라데(Antoine Jerome Balad 1802~1876)와 독일의 뢰비크(Carl Jacob Löwig 1803~1876)가 1826년에 동시에 발견했습니다. 젊은 학생이던 발라데는 바닷가에서 발견한 해조를 태운 검은 잿물에 염소를 처리하자, 갈색으로 변하는 것을 보고 연구를 계속하여 브롬을 찾아냈다고 합니다. 브롬은 바닷물에 65ppm(100만분의 65) 정도 포함되어 있으며, 이스라엘의 사해 속의 농도는 약 50,000ppm이라 합니다. 흙속에도 5~40ppm 포함된 브롬은 지각에 62번째로 풍부한 원소랍니다.

브롬은 염도가 진한 해수나 소금광산의 염수정(鹽水井)에서 주로 생산합니다. 추출 방법은 발라데의 방법을 개량한 것입니다. 소금물에 염소(Cl) 가스를 처리하면 브롬염의 이온이 브롬으로 변합니다.

$$2Br^-(브롬염의\ 이온) + Cl_2 \rightarrow 2Cl^- + Br_2$$

1970년대까지 휘발유에 메틸브로마이드를 혼합하여 휘발유 속의 납 성분이 엔진에서 노킹현상을 일으키지 않도록 했습니다. 또한 브롬은 토양 속에 사는 매우 작은 선충(線蟲)을 퇴치하는 살충제(methyl bromide) 제조에 사용되었습니다. 그러나 브롬이 오존층을 파괴한다는 사실이 알려진 후 사용양이 크게 줄어들었습니다.

브롬은 피부에 묻으면 심한 화상을 일으킵니다. 또한 그 증기는 코와 목의 점막을 상하게 하며, 중추신경계에도 독성이 있답니다. 19세기 말에서 20세기 초까지는 브롬화나트륨을 정신 긴장을 감소시키는 진정제로 많이 이용했다고 하네요.

# 36. 크립톤(Krypton, Kr)

- 원자번호 : 36
- 족 : 18족(4주기)
- 원자량 : 83.796
- 밀도 : 3.749 g/L
- 각 전자궤도의 전자 수 : 2, 8, 18, 8
- 녹는 온도 : -157.36℃ / • 끓는 온도 : -153.22℃

희유가스의 하나인 크립톤의 핵은 36개의 양성자를 가졌습니다. 동위원소 중에 가장 흔한 Kr-85(57%)는 48개의 중성자를 가졌고, Kr-86(17.3%)은 50개의 중성자를, Kr-78 (0.35%)은 42개의 중성자를 가졌습니다. 크립톤의 핵 주변을 도는 전자는 최외각에 8개의 전자를 가져 화학적으로 매우 안정합니다.

크립톤은 헬륨, 네온, 아르곤 등이 속한 18족의 원소입니다. 이 그룹의 원소들을 영어로 'noble gases'라고 부르는 것은 화학반응성이 없어 화합물을 만들지 않기 때문입니다. 이들은 우리말로 '희유(稀有)가스'라 부르는데, 흔하지 않다는 의미를 담고 있지요. 말 그대로 희유가스 원소의 화합물은 오래도록 발견되거나 합성되지 못하고 있었습니다. 그러나 1933년, 미국의 화학자 폴링(Linus Pauling 1901~1994)이 양자역학적인 이론으로 희유가스 화합물의 존재 가능성을 예언했습니다.

멘델레예프가 주기율표를 만든 1869년에는 희유가스가 한 가지도 알려지지 않았기 때문에 공간조차 없었지요. 그러나 1894년에 네온이 발견되면서 주기율표에 18족이 만들어지게 되었답니다. 이윽고 캐나다 밴쿠버에 있는 브리티시컬럼비아 대학의 화학자 바틀레트(Neil Bartlett 1932~2008)가 1962년에 크세논과 크립톤의 화합물(KrXe)을, 1963년에는 플루오르와 크립톤의 화합물($KrF_2$, $KrF_4$ 등)을 합성하는데 성공했습니다. 훗날 그는 프린스턴 대학과 캘리포니아 대학에서 지냈습니다.

크립톤은 영국의 화학자 램지(William Ramsay 1852~1916)와 동료 과학자 트래버스(Morris Travers 1872~1961)가 1898년에 발견했습니다. '크립톤'은 그리스어 *kryptos*(숨겨진 존재)에서 따온 명칭입니다. 램지는 크립톤 외에 크세논과 네온 원소도 처음 발견한 화학자랍니다. 크립톤은 공기 중에 0.0001% 정도 존재하며, 램지는 액화공기를 증류하여 이를 분리하는데 성공했습니다.

크립톤은 무색, 무취, 무미하며 인체에 아무런 영향을 주지 않는 기체입니다. 크립톤을 형광등 같은 유리관에 넣고 전류를 흘리면 보라색 빛이 납니다. 이 크립톤 조명등은 비행기 활주로의 표시등으로 이용되기도 합니다. KrXe을 넣은 유리관에서는 더 강한 빛이 나오기 때문에 노출시간이 짧은 사진 촬영 때 플래시로 사용되기도 합니다. 또한 크립톤은 고출력 가스 레이저 제조에도 이용됩니다.

국제도량형국에서는 한때(1960~1983) 크립톤 동위원소 중의 하나인 Kr-86이 방출하는 빛의 파장을 기준으로 1m의 길이를 정했습니다. 그러나 지금은 태양빛이 진공 속으로 299.792.058분의 1초 동안에 가는 거리를 기준으로 합니다.

# 제4장

# 5주기 원소들의 특징

# 37. 루비듐(Rubidium, Rb)

- 원자번호 : 37
- 족 : 1족(5주기) 알칼리 금속
- 원자량 : 85.4678
- 밀도 : 1.532 g·cm$^{-3}$
- 각 전자궤도의 전자 수 : 2, 8, 18, 8, 1
- mp : 39.31℃ /  · bp : 688℃

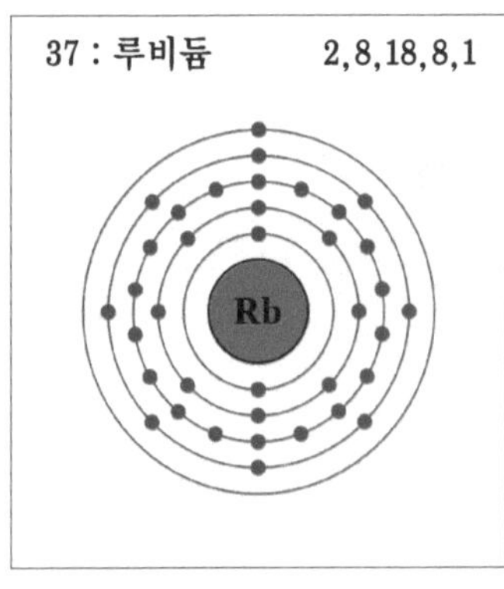



루비듐 동위원소 중에 가장 많은 Rb-85 (72.168%)는 48개의 중성자를, 그 다음인 Rb-87(27.853%)은 50개의 중성자를 가졌습니다. 루비듐은 최외각에 1개의 전자를 가졌으므로 전자 1개를 잃고 +1 이온 상태로 화학반응을 활발히 합니다.

주기율표에서 제1족 알칼리금속에 속하는 루비듐은 단단하지 못한 은백색 금속 원소입니다. 루비듐 역시 다른 알칼리금속과 마찬가지로 공기 중에 두면 산소와 빠르게 화합하여 불타버리지요. 또한 물을 만나면 순식간에 화학반응을 일으켜, 이때 발생하는 열 때문에 폭발하듯이 불꽃이 일고 대량의 수소 가스가 발생합니다. 그러므로 이 원소를 보관할 때는 공기나 물과 접촉하지 못하도록 석유(kerosene) 속에 넣어둔답니다.

독일 화학자 분젠(Robert Bunsen 1811~1899)과 키르히호프 (Gustav Kirchhoff 1824~1887)는 당시 새로 알려진 '불꽃 분광법'(flame spectroscopy)을 이용하여 1861년에 루비듐을 동시에 발

견했습니다.

'불꽃 분광법'이란 특정 원소를 불꽃이나 방전(放電) 등으로 고온(高溫)에 이르도록 했을 때, 열에너지 때문에 원자가 들떠 방출하는 빛의 파장을 분광기(分光器)를 사용하여 스펙트럼(파장에 따라 나타나는 빛깔의 무늬)을 조사하는 분석법입니다. 각 원소는 제마다 독특한 스펙트럼선을 나타냅니다. 루비듐은 진한 붉은색 스펙트럼선을 나타내지요. 루비듐은 '짙은 붉은색'을 의미하는 라틴어 *rubidus*에서 따온 말입니다.

루비듐은 지각에 23번째 풍부한(아연이나 구리와 비슷) 원소이지만, 상업적 용도가 별로 알려지지 않았습니다. 텔레비전 브라운관이나 음극선관을 만들 때, 강한 화학반응성을 이용하여 내부에 미량 남은 이물질을 청소하는 물질('getter'라 부름)로 사용한답니다.

루비듐은 리튬이라든가 세슘 따위의 광물을 재련할 때 부산물로 얻습니다. 루비듐 동위원소의 하나인 Rb-87은 반감기가 약 490억년입니다. 이는 우주가 탄생한 역사의 3배나 될 정도로 반감기가 길기 때문에 고대의 암석 나이 측정에 이용됩니다. 루비듐이 생물에게 필요한 원소인지는 아직 규명되지 않았지만, 많은 동식물 세포들이 이 원소를 활발히 흡수하는 것으로 알려져 있습니다.

# 38. 스트론튬(Strontium)

- 원자번호 : 38
- 화학기호 : Sr
- 족 : 2족(5주기)
- 원자량 : 87.62
- 밀도 : 2.64 g·cm$^{-3}$
- 각 전자궤도의 전자 수 : 2, 8, 18, 8, 2
- mp : 777℃ / ・ bp : 1382℃

스트론튬 동위원소들 중에 가장 많이 산출되는 Sr-88의 핵은 양성자 38개, 중성자 50개로 구성되었습니다.

　스트론튬은 화학반응성이 대단히 강한 은회색의 금속으로 칼슘보다 무릅니다. 공기 중에 노출되면 급히 산소와 반응하여 산화스트론튬으로 되면서 변색합니다. 스트론튬과 물이 만나면 수산화스트론튬[Sr(OH)$_2$]이 생겨나고 이때 수소가 발생합니다. 화학반응성이 강한 스트론튬은 자연계에 순수한 상태로 존재하지 않으며, 청천석(SrSO$_4$)과 스트론티안석(SrCO$_3$)이라는 광석으로부터 추출합니다.

　스트론튬은 1789년에 영국의 화학자 크로포드(Adair Crawford 1748~1795)가 스코틀랜드의 '스트론티안'이라는 마을에서 찾아낸

2011년 3월 13일, 일본 후쿠시마 원자력발전소의 원자로가 파괴되는 사고가 났을 때, 인근 80km 밖의 육상과 해저에서도 위험 수준의 스트론튬-89가 검출되었습니다.

스트론티안석(strontianite)에 염산을 처리하여 처음 분리하였으므로 스트론튬이라는 이름을 붙였습니다.

1986년에 체르노빌에서 원자력발전소 폭발사건이 일어나면서 세상에 잘 알려진 스트론튬-90(Sr-90)은 반감기가 약 28.8년인 방사선물질입니다. 베타선을 방출하는 이것은 핵폭탄이 폭발하거나 원자로 사고가 났을 때 주변 광대한 지역을 오염시킬 수 있습니다. Sr-90은 인체에 대해 칼슘과 비슷한 작용을 합니다. 그러므로 Sr-90으로 오염된 풀을 먹은 가축의 살이나 젖을 섭취한다면, 이는 칼슘을 대신하여 뼈에 들어가 적혈구를 생산하는 골수(骨髓)를 손상시킬 수 있습니다. Sr-90은 우라늄이 핵분열을 할 때 생겨납니다.

스트론튬의 실용적인 용도는 거의 알려지지 않았습니다. 그러나 Sr-90에서 나오는 방사선 에너지를 이용하는 원자력보조발전기는 우주선이나 무인 기상관측소 등에서 이용합니다. 스트론튬의 다른 동위원소인 St-97과 Sr-89는 반감기가 각각 2.8시간과 50.5일로 짧기 때문에 뼈 암을 치료하는 방법으로 이용할 수 있습니다.

스트론튬과 마그네슘의 합금은 BMW 자동차 엔진 제조에 사용되고 있고, 탄산스트론튬($SrCO_3$)은 고온에서 붉은색을 내기 때문에 불꽃놀이에 이용되기도 합니다.

# 39. 이트륨(Yttrium, Y)

- 원자번호 : 39
- 족 : 3족(5주기)
- 원자량 : 88.9
- 상대밀도(비중) : 4.472 $g \cdot cm^{-3}$
- 각 전자궤도의 전자 수 : 2, 8, 18, 9, 2
- mp : 1,526℃ / ・bp : 3,336℃

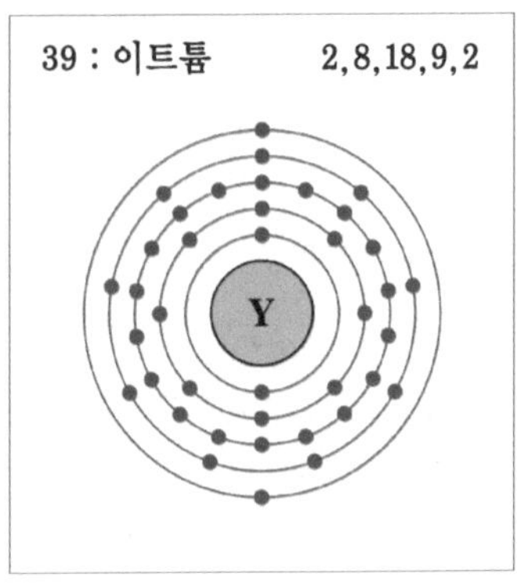


이트륨(Y-89)의 핵은 39개의 양성자와 50개의 중성자를 가졌습니다. 이트륨 원자는 최외각의 전자 2개를 잃고 +2 이온 상태로 화합물을 형성합니다.

이트륨은 지각 중에 매우 소량 존재하는 원소입니다. '아폴로 달 탐험계획' 때, 우주비행사들이 달에서 가져온 암석 중에 예상 외로 이트륨을 다량 함유한 것이 있었습니다. 이트륨은 은빛 전이금속으로 화학반응성이 큽니다. 잘게 부순 이트륨이라면 400℃ 이상만 되면 공기 중에서 저절로 점화되어 타버릴 정도입니다. 이트륨은 주기율표에서 제3족의 4주기 원소인 스칸듐(Sc)과 화학적 성질이 닮았습니다. 또한 같은 족의 6주기에 속하는 란타넘족(원자번호 57-71까지의 원소) 원소들과도 비슷한 점이 많습니다.

이트륨 원소는 독일의 화학자 뵐러(Friedrich Wöhler 1800~1882)가 1828년에 처음 분리했습니다. 그는 유기물인 요소를 처음 합성한 화학자로 더 유명합니다. 뵐러가 이트륨을 순수한 상태로 분리하기 이전에, 이트륨이 섞인 암석이 스웨덴 과학자들에 의해 1787~9년에 발견되어 있었습니다. 이트륨이라는 원소명은 바로 그 광물이 출토된 스톡홀름 근처 이테르비(Ytterby)라는 마을 이름에서 온 것입니다.

이트륨 원소의 실용적인 용도는 별로 알려지지 않았습니다. 흰색 가루로 된 이트륨의 산화물은 텔레비전 브라운관이나 LED 내부에 발라 붉은빛을 내도록 합니다. 또 근래에는 이트륨, 알루미늄, 산소의 화합물인 석류석(garnet, YAG라고도 부름)을 이용하여 강력한 레이저를 얻기도 합니다. YAG 레이저는 금속을 절단하거나 구멍을 뚫는데 쓰지요.

구리는 전기를 잘 통하는 원소이지만, 상온에서 약간의 전기저항성은 가졌습니다. 도선의 전기저항은 전기에너지를 열로 변화시켜버리지요. 그런데 어떤 금속이라도 온도가 절대 0도(-273℃)에 이르면 전기저항이 없어져버립니다. 전기저항이 완전히 없어지는 현상을 초전도현상(super conductivity)라 합니다.

그런데 절대 0도 상태를 인공적으로 만들어 계속 유지하기는 매우 힘듭니다. 그래서 과학자들은 이보다 높은 온도에서 초전도 상태가 될 수 있는 물질을 찾으려고 노력하기 시작했습니다. 드디어 1986년 스위스 취리히에 있는 IBM연구소의 뮐러(Karl Alexander Müller 1927~  )와 베드노르츠(Johannes Georg Bednortz 1950~  ) 두 과학자가 절대 0도보다 30도 높은 온도(절대온도 30K)에서 초전도 상태가 되는 물질('고온초전도체'라 부름)을 개발하는데 성공했습니다. 이때의 고온초전도물질은 니오븀과 저마늄(게르마늄)의 화합물이었습니다. 두 과학자는 그 공로로 1987년에 노벨물리학상을 수상했답니다.

고온초전도체의 등장에 자극을 받은 과학자들은 경쟁적으로 초전도체 연구에 박차를 가했습니다. 그 결과 1987년에는 이트륨

초전도자석을 이용하여 궤도 위에 떠서 달리도록 만든 자기부상열차가 시험운행 중에 있습니다.

과 구리와 산화바륨으로 만든 새로운 고온초전도체가 발명되었습니다. 이것은 절대온도 93K에서 초전도체가 되었습니다. 이 고온초전도체를 '1-2-3 화합물'이라 부르는데, 그것은 이트륨, 바륨, 구리의 화합 비율이 1 : 2 : 3인 때문입니다.

전기저항이 없는 초전도체는 전기에너지의 손실이 없기 때문에 전력소모가 적은 초전도자석을 만들 수 있게 합니다. 초전도자석을 사용하여 공중에 떠서 달리는 자기부상(磁氣浮上) 열차는 오늘날 실용이 시작되었습니다.

이리듐은 화학반응의 촉매로도 이용되고, 녹는 온도가 유난히 높기 때문에 열팽창에 의한 피해가 적도록 카메라렌즈용 유리에 혼합하기도 합니다.

이트륨은 지구상에 28번째 많은 원소(31ppm, 은보다 400배 많음)이며, 해수 속에는 9ppm 포함되어 있습니다. 이트륨이 생물체에 미치는 영향은 알려지지 않았지만, 인체의 간, 신장, 폐, 뼈 등에 이트륨이 모이고 있으며, 성인이라면 전체적으로 약 0.5mg을 가지고 있습니다.

# 40. 지르코늄(Zirconium, Zr)

- ◆ 원자번호 : 40
- ◆ 족 : 4족(5주기) 전이금속원소
- ◆ 원자량 : 91.224
- ◆ 밀도 : 6.52  g·cm$^{-3}$
- ◆ 각 전자궤도의 전자 수 : 2, 8, 18, 10, 2
- ◆ mp : 1855℃  /  ◆ bp : 4409℃

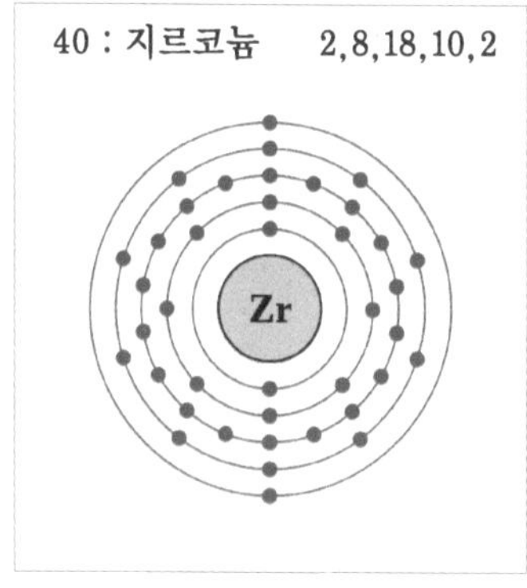


지르코늄은 Zr-90, Zr-91, Zr-92, Zr-94 등의 동위원소가 있습니다. Zr-90의 핵은 40개의 양성자와 50개의 중성자를 가졌습니다.

지르코늄은 부식(腐蝕)과 고온에 잘 견디는 강한 전이금속원소입니다. 이 원소는 공기 중에서 산소와 빠르게 결합하여 그 표면을 산화지르코늄으로 덮어 보호하기 때문에 더 이상 부식이 진행되지 않습니다.

지르코늄이라는 명칭은 그것이 포함된 광석(鑛石) 이름인 지르콘(*zircon*)에서 나온 것입니다. 지르콘(ZrSiO$_4$)은 성서 기록에 나올 정도로 고대에 알려진 광물이며, 지르콘의 아랍어 '자르군'은 '황금색'이란 의미입니다.

지르콘으로부터 지르코늄을 순수 분리하기는 매우 까다롭습니다. 그 이유는 주기율표에서 지르코늄 바로 밑에 있는 하프늄과 전하(電荷)라든가 크기와 성질이 매우 비슷하기 때문입니다. 지르코늄은 1787년에 독일의 화학자 클라프로스(Martin Heinrich Klaproth)가 처음 발견했습니다. 그러나 같은 지르콘 광석 속에 들어있는 하프늄은 1923년까지 발견하지 못하고 있었습니다.

지르코늄은 고열(高熱)에 잘 견디기 때문에 우주선 선체를 건조하는데 중요하게 사용됩니다. 우주선이 지구 대기권을 지날 때 공기와의 마찰로 선체 표면이 고온이 되므로 내열성이 강한 소재로 건조해야 하니까요. 또한 지르코늄은 원자로에 대량 사용됩니다. 지르칼로이(zircaloy)라 부르는 지르코늄의 합금은 물속에서도 부식에 강합니다. 그러므로 지르칼로이로 만든 관(이를 '연료봉'이라 부름)에 핵연료를 담아 원자로 속의 물에 넣으면, 우라늄이 물과 접촉하지 않고 핵분열 반응을 일으킬 수 있습니다. 원자로에는 수백 개의 연료봉이 들어있습니다. 지르칼로이는 중성자를 흡수하지 않기 때문에 원자로에서 일어나는 연쇄반응에 영향을 주지 않습니다. 만일 핵분열 반응 때 나오는 중성자를 흡수하는 성질이 있다면 연쇄반응을 방해할 것입니다.

지르콘은 매우 단단한 결정체이면서 다양한 색을 가지고 있으므로, 표면을 잘 연마하면 보석의 일종이 됩니다. 또한 지르콘은 빛을 큰 각도로 굴절하므로, 무색투명한 지르콘을 가공하면 다이아몬드처럼 보입니다.

원자로 속의 우라늄 연료는 지르코늄의 합금인 지르칼로이로 만든 관(연료봉) 속에 넣어 경수(硬水)나 중수(重水) 속으로 넣습니다.

# 41. 니오븀(나이오븀 Niobium, Nb)

- 원자번호 : 41
- 족 : 5족(5주기) 전이(금속)원소
- 원자량 : 92.906
- 밀도 : 8.57 g·cm$^{-3}$
- 각 전자궤도의 전자 수 : 2, 8, 18, 12, 1
- 녹는 온도 : 2,477℃ / • 끓는 온도 : 4,744℃

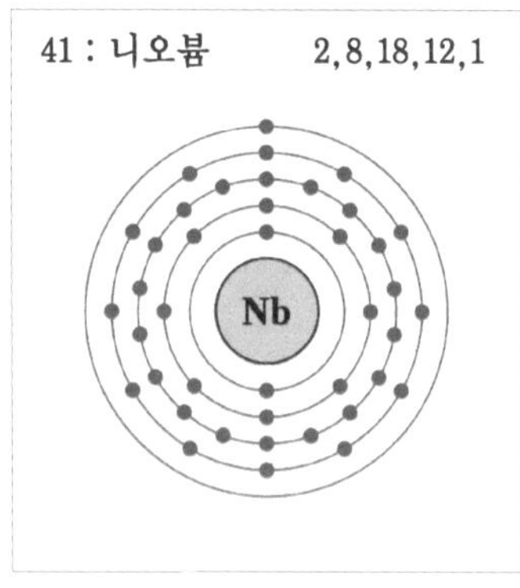


니오븀의 핵은 41개의 양성자와 52개의 중성자로 구성되어 있으며, 핵 주변에는 각 궤도에 2, 8, 18, 12, 1개의 전자가 돌고 있습니다.

니오븀은 회색 강철처럼 보이지만 무른 금속으로 전이원소에 속합니다. 이 원소는 철과 망간을 함유한 콜럼바이트(columbite)라는 암석 속에서 주로 발견됩니다. 니오븀은 공기 중에서 산소와 빠르게 결합하여 부식을 방지해주는 보호피막을 형성합니다. 니오븀은 화학적 성질이 탄탈럼(Ta)과 비슷한데다, 두 원소는 항상 함께 존재하고 있어 서로 순수한 상태로 분리하기가 어렵습니다.

니오븀은 영국의 화학자 해치트(Charles Hatchett 1765~1847)가 1801년에 콜럼바이트에서 발견했습니다. 발견 후 한동안 탄탈럼과 구별하지 못하고 '콜럼븀'이라 부르는 등 혼란이 있었지요.

니오븀이란 명칭은 그리스 신화에 나오는 탄탈루스 신의 딸 이름인 니오베(*Niobe*)에서 따온 것입니다.

니오븀은 고온초전도체(39번 이트륨 참조) 개발 역사에서 중요한 원소의 하나입니다. 뮐러와 베드노르츠는 니오븀과 게르마늄의 화합물이 절대온도 23.2도(23.2K) 이하에서 초전도체가 된다는 것을 처음 알게 되었답니다. 오늘날 신체 진단에 사용하는 핵자기공명단층촬영장치(NMRI, MRI)는 니오븀과 티타늄 및 주석(Sn)을 합금한 고온초전도체를 이용합니다. MRI에서 발생하는 강력한 자력은 뇌, 근육, 심장, 암조직 등 인체를 구성하는 물질의 자장을 변화시키게 되고, 이를 정밀한 계측기로 검사함으로써 조직의 모습을 컴퓨터로 분석합니다. 만일 MRI에 초전도체를 사용하지 않는다면, 강력한 자장을 얻는데 전력 소모가 극심할 뿐만 아니라, 장치가 과열(過熱)되어 타버리고 만답니다. NMRI는 Nuclear Magnetic Resonance Imaging의 약자입니다.

니오븀은 녹는 온도가 매우 높기 때문에 고온에 대한 내성(耐性)이 필요한 특별한 합금 제조에 쓰입니다. 예를 들어 '인코넬(inconel) 718'이라는 합금은 약 50%의 니켈에 크로뮴 18.6%, 철 18.5%, 니오븀 5%, 몰리브데넘 3.1%, 티타늄 0.9%, 알루미늄 0.4%를 혼합한 것입니다. 이 합금은 원자로, 우주선, 로켓 엔진, 초음속비행기의 동체 제조에 쓰입니다.

니오븀 합금으로 만든 관(파이프)은 강도와 내열성이 우수하여 원자로 건설에 이용됩니다.

# 42. 몰리브덴(몰리브데넘 Molybdenum, Mo)

- 원자번호 : 42
- 족 : 6족(5주기) 전이원소
- 원자량 : 95.94
- 밀도 : 10.28 g·cm$^{-3}$
- 각 전자궤도의 전자 수 : 2, 8, 18, 13, 1
- mp : 2,623℃ /  • bp : 4,639℃

몰리브덴의 핵은 42개의 양성자를 가졌으나 중성자의 수는 동위원소 종류에 따라 다릅니다. 핵 주위에는 모두 42개의 전자가 돌고 있습니다.

매우 단단한 은색 금속인 몰리브덴은 녹는 온도가 모든 원소 중에서 6번째로 높습니다. 이 원소는 자연계에 순수한 상태로 존재하지 않고 여러 가지 산화물로 존재합니다. 몰리브덴은 몰리브데나이트(molybdenite $MoS_2$)라는 광물로부터 주로 생산합니다.

몰리브덴은 스웨덴의 화학자 쉴레(Carl Wihelm Scheele 1742~1786)가 1778년에 처음 발견했습니다. 몰리브덴이라는 이름은 그리스어 *molybdos*(납)에서 따온 것입니다.

몰리브덴은 열팽창률이 매우 적은 원소이며, 그 와이어(wire)는 인장력(引張力)이 특히 강합니다. 몰리브덴의 가장 중요한 용도는 철과 합금하여 특수한 강철을 제조하는 것입니다. '몰리스틸'(moly steel)이라 부르는 합금강철은 고온과 고압에 잘 견디기 때문에 자동차와 비행기의 엔진, 총포(銃砲) 제작에 쓰입니다.

흥미롭게도 하등한 박테리아 종류 중에는 몰리브덴을 촉매(효소)로 사용하여 공기 중의 질소($N_2$)를 암모니아($NH_3$)로 변화(고정)시키는 것이 있습니다. 질소가 고정(固定)되는 화학방정식은 아래와 같이 간단히 나타낼 수 있습니다. 몰리브덴 효소로 질소를 고정하는 미생물과 동물이 현재 50종 이상 알려져 있습니다.

$$N_2 + 8H \rightarrow 2NH_3 + H_2$$

몰리브덴에는 Mo-83부터 Mo-117까지 35종의 동위원소가 알려져 있습니다. 이들 동위원소 중에 방사성을 가진 Mo-99는 붕괴되어 테크네튬-99m(Tc-99m) 동위원소가 됩니다. 'Tc-99'에 m(metastable)을 붙인 것은, Tc-99의 반감기가 약 6시간에 불과하고, 바로 루테늄-99(반감기 211,000년)로 변하여 안정되는 성질이 있기 때문입니다. Tc-99m은 방사선의학에서 암 진단과 치료 등에 이용합니다.

# 43. 테크네튬(Technetium, Tc)

* 원자번호 : 43
* 족 : 7족(5주기) 전이원소
* 원자량 : 98
* 밀도 : 11 g·cm$^{-3}$
* 각 전자궤도의 전자 수 : 2, 8, 18, 13, 2
* mp : 2,157℃ / * bp : 4,265℃

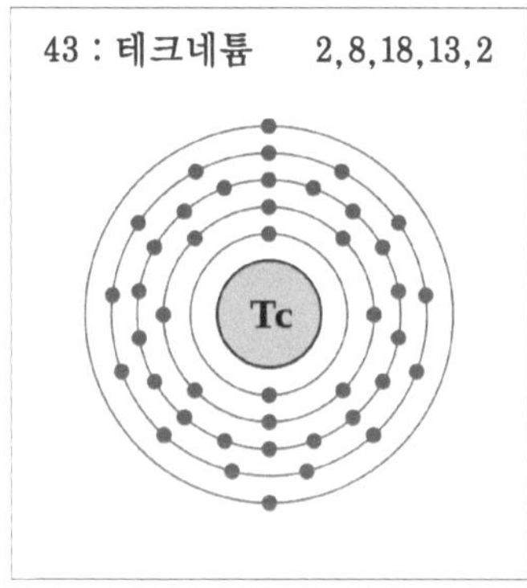


테크네튬의 전자궤도에는 안으로부터 2, 8, 18, 13, 2개의 전자가 돌고 있습니다.

은회색의 금속(전이원소)인 테크네튬은 실험실에서 다른 원소로부터 인공적으로 만들어낸 최초의 원소입니다. 테크네튬이라는 원소명은 인공적으로 만들어진 최초의 원소이기 때문에, '인공적'(artificial)이라는 의미를 가진 그리스어 *teknetos*에서 유래했습니다. 테크네튬의 동위원소들은 모두 방사성을 가지고 있으며, 붕괴되어 다른 원소로 변합니다. 이 원소는 자연계에서는 거의 발견되지 않지요. 그러나 1952년 미국의 천문학자 메릴(Paul M. Merill 1887~1961)은 적색거성(수명이 끝나가는 붉은색의 큰 별)의 스펙트럼을 분석하여, 그 파장 속에서 이 원소가 소량 존재함을 밝혀냈습니다.

테크네튬은 멘델레예프가 존재를 예측만 하고 발견하지 못했던 원소의 하나입니다. 이 원소는 이탈리아의 과학자 세그레(Emilio Segre 1905~1989)와 그의 동료 페리에(Carlo Perrier 1886~1948)가 1937년에 발견했습니다. 그들은 미국 로렌스 버클리 국립연구소의 가속기(사이클로트론)를 이용하여 몰리브덴에 중양성자(deuteron)를 충격한 샘플에서 방사능을 가진 새로운 원소 테크네튬을 발견한 것입니다. 중양성자(中陽性子)는 1개의 양성자 외에 1개의 중성자를 더 가진 중수소(수소 동위원소)의 핵입니다.

오늘날 테크네튬은 원자로에서 몰리브덴에 막대한 양의 중성자를 쏘아 만드는데, 여러 동위원소 중에 방사선의학에서 많이 이용하는 Tc-99m을 주로 대량 생산합니다. Tc-99m을 환자에게 주사한 후, 그로부터 나오는 방사선(감마선)을 추적하면 신체의 상태를 살필 수 있습니다. Tc-99m(반감기 6.02시간)은 침투력이 강한 감마선을 방출하고 Tc-99(반감기 211,000년)로 변합니다. 테크네튬에는 19가지 동위원소가 알려져 있으며, 그 중에 Tc-97과 98은 방사능이 아주 약하고 반감기는 수백만 년입니다. 오늘날 Tc-99m으로 심장, 뇌, 갑상선, 폐, 간, 췌장, 신장, 뼈, 혈액, 암 등을 진단합니다.

# 44. 루테늄(Ruthenium, Ru)

- 원자번호 : 44
- 족 : 8족(5주기) 전이원소
- 원자량 : 101.07
- 밀도 : 12.45 g·cm$^{-3}$
- 각 전자궤도의 전자 수 : 2, 8, 18, 15, 1
- mp : 2,334℃ /  · bp : 4,150℃

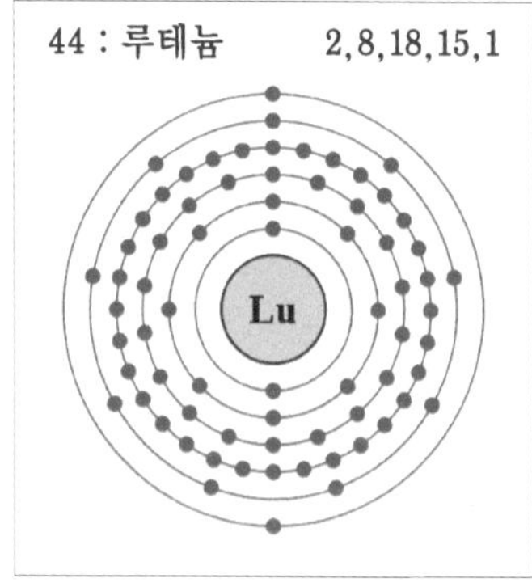


루테늄 원자는 2, 8, 18, 15, 1 모두 44 개의 전자를 가졌습니다.

전이원소의 하나인 루테늄은 백금이 포함된 광물에서 함께 발견되는 단단하지만 깨지기 쉬운 흰색 금속으로서, 상업적 용도는 거의 알려지지 않았습니다. 루테늄을 비롯하여 주기율표에서 8-9족, 5-6주기에 속하는 로듐, 팔라듐, 오스뮴, 이듐, 백금 6가지 금속을 '백금족 금속'이라 부릅니다. 이들은 물리화학적 성질이 서로 닮았고, 또 백금 광석 속에 대부분 함께 포함되어 있기 때문입니다.

주기율표에서 루테늄이 속한 8족 원소의 최외각에는 모두 2개의 전자가 있으나 루테늄만 1개의 전자가 돌고 있습니다. 각 전자궤도의 전자 수를 봅시다.

철 : 2, 8, 14, 2
루테늄 : 2, 8, 15, 1
오스뮴 : 2, 8, 18, 32, 14, 2
하슘 : 2, 8, 18, 32, 32, 14, 2

　　루테늄은 백금족(platinum family)에 속하는 6가지 금속 중에서 첫 번째 원소입니다(원자번호 76 오스뮴 참조). 루테늄은 러시아의 과학자 클라우스(Karl Ernst Claus 1796~1864)가 1844년에 발견했습니다. 그는 당시 동유럽 사람들이 러시아를 라틴어로 루테니아(*Ruthenia*)라 불렀으므로, 그 이름을 따서 새 금속을 루테늄이라 했습니다.

　　루테늄은 특수한 화학반응에서 촉매로 쓰는 연구가 이루어지고 있습니다. 촉매란 자신은 화학반응에 참여하지 않으면서 화학반응이 빨리 진행되도록 하는 물질입니다. 물을 분해하려면 전기에너지가 필요한데, 루테늄 화합물을 촉매로 사용하면, 물에서 직접 수소 분자를 분리해낼 수 있습니다. 백금 보석을 만들 때 루테늄을 혼합하면 더 단단해지고, 티타늄에 혼합하면 부식이 방지됩니다. 유명한 '파커-51' 만년필은 그 촉을 루테늄 96.2%와 이리듐 3.8%의 합금으로 만든답니다. 루테늄은 태양 에너지 흡수율이 좋은 태양전지 개발에도 이용됩니다.

　　루테늄은 핵연료인 우라늄-235가 핵분열할 때 생겨납니다. 그러므로 지금 다 쓰고 남은 핵연료 폐기물은 뒷날 루테늄 생산 자원이 될 가능성이 있습니다. 루테늄은 1년에 약 12톤 생산되고 있으며, 현재로는 용도가 많지 않으나 미래에는 새로운 용도가 계속 발견될 가능성이 있습니다.

# 45. 로듐(Rhodium, Rd)

- 원자번호 : 45
- 족 : 9족(5주기) 전이원소
- 원자량 : 102.9055
- 밀도 : 12. 41 $g \cdot cm^{-3}$
- 각 전자궤도의 전자 수 : 2, 8, 18, 16, 1
- mp : 1,964℃ /  · bp : 3,695℃

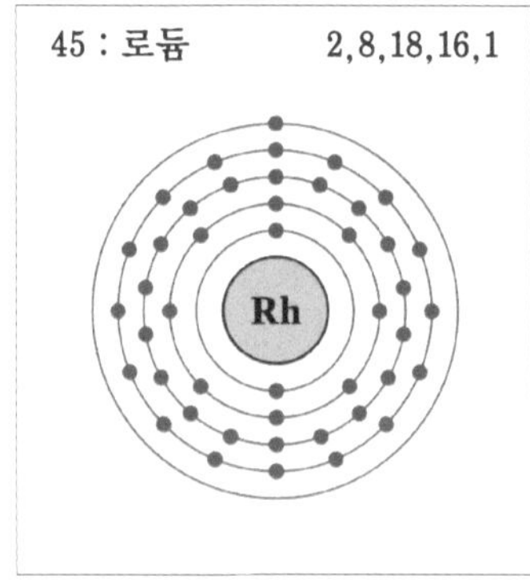


로듐의 핵은 45개의 양성자와 58개의 중성
자를 가졌으며, 그 둘레에는 2, 8, 18, 16, 1
개의 전자가 돌고 있습니다.

지극히 단단하고 고온과 부식에 강한 은회색 금속인 로듐은
매우 희귀한 금속이며, 백금이 포함된 광물에 함께 존재합니다.
백금족에 속하는 이 원소는 화학적으로 불활성입니다. 영국의 화
학자 올라스턴(William Hyde Wollaston 1766~1828)이 1803년에
처음 발견한 이 원소는 장미를 뜻하는 그리스어 'rhodon'에서 그
이름을 땄습니다. 그 이유는 로듐의 염(鹽)들이 장미색을 가졌기
때문입니다.

로듐의 용도는 극히 적으나, 백금을 더 단단하게 하는 합금과
특수 화학반응의 촉매로 이용됩니다. 백금, 팔라듐 및 로듐을 함
유한 입자 형태의 촉매제는 자동차 엔진에서 연료가 연소할 때

발생하는 공해 가스(산화질소와 일산화탄소)를 완전 연소시켜 무해하게 변화시키는 작용을 합니다. 즉 이산화질소는 질소와 산소로, 일산화탄소는 이산화탄소로, 그리고 탄수화물은 완전 연소시켜 물과 이산화탄소가 되도록 합니다. 자동차 산업에서는 이를 'three way catalytic converter'라 합니다.

$$NO \rightarrow N_2 + O_2$$
$$CO \rightarrow CO_2$$
$$CH(이산화탄소) \rightarrow CO_2 + H_2O$$

로듐 역시 루테늄처럼 우라늄-235가 핵분열할 때 생성됩니다. 따라서 방사성물질 저장고에 보관된 우라늄 폐연료는 장차 로듐 생산의 자원이 될 것입니다. 그러나 현재로서는 폐연료에서 로듐을 순수 분리하는 작업이 어렵고, 비용도 많이 들어 대량생산에는 실용되지 않습니다. 로듐은 2007년의 경우 약 25톤 생산되었으며, 그 값은 금보다 8배, 은보다는 4500배나 비쌌습니다. 이 값은 때에 따라 크게 변동하고 있습니다.

로듐은 메탄을 초산으로 만들 때 효소로 사용하기도 하고, 백금과의 합금으로 귀금속을 만들기도 하나 비용 때문에 실용적이지 않습니다. 자동차 전조등 뒷면 반사경 표면을 로듐으로 코팅하면 공해가스인 황화수소($H_2S$)에 부식되지 않아 수명이 길어집니다. 로듐과 백금, 팔라듐의 합금은 고온 용광로, 특수한 전극, 비행기의 스파크 플러그 등에 이용됩니다.

# 46. 팔라듐(Palladium, Pd)

- 원자번호 : 46
- 족 : 10족(5주기) 전이원소
- 원자량 : 106.42
- 밀도 : 12.023 g·cm$^{-3}$
- 각 전자궤도의 전자 수 : 2, 8, 18, 18
- mp : 1,554.9℃ / • bp : 2,963℃

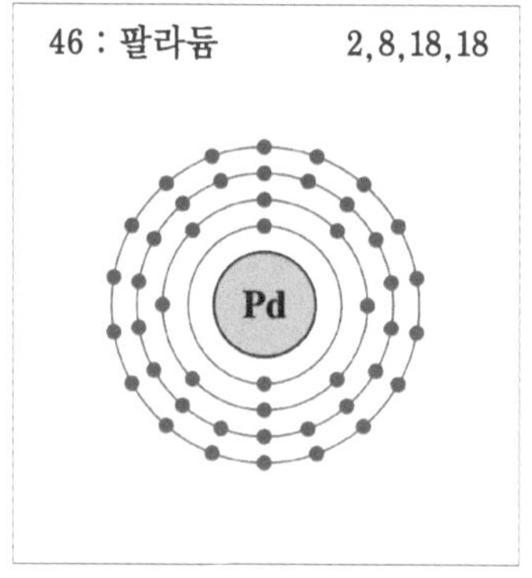


팔라듐의 핵은 46개의 양성자를 가졌으며, 중성자는 동위원소 종류에 따라 54~64개를 가졌습니다. 그의 각 전자궤도에는 2, 8, 18, 18개의 전자가 돕니다.

팔라듐은 은백색의 무른 금속으로 백금을 닮은 백금족의 원소입니다. 전성(展性)과 연성(延性)이 좋아 얇게 펼 수 있고 가는 선으로 길게 뽑을 수 있습니다. 백금족 원소 중에 녹는 온도가 최하이고, 밀도 또한 최하입니다. 로듐이나 루테늄과 마찬가지로 희귀하며, 백금과 함께 산출됩니다. 팔라듐은 로듐을 발견한 영국의 올라스턴(William Hyde Wollaston 1766~1828)이 1803년에 발견했습니다, 그는 당시(1802년) 천문학자에 의해 두 번째로 발견된 큰 소행성(직경 530~505km) 'Pallas'의 이름을 따서 새 원소를 팔라듐이라 명명했답니다.

팔라듐은 다른 전이금속처럼 자동차 배기가스를 정화시키는

등의 특수한 화학반응에 촉매로 이용되며, 합금을 하면 단단하고
부식에 강한 금속으로 만들기 때문에 치과 재료와 귀금속 제조
에 쓰입니다. 팔라듐은 수소 가스와 접촉하면, 수소의 원자가 팔
라듐 결정 속으로 들어가 틈새를 차지하게 됩니다. 이때 팔라듐
은 자기 체적의 900배에 달하는 수소 가스를 흡수할 수 있지요.
이런 성질은 수소 가스를 정제할 때 이용됩니다.

팔라듐 동위원소의 하나인 팔라듐-103은 암을 치료하는 데 이
용됩니다. 쌀알 크기의 팔라듐-103(반감기 17일)을 암 조직에 넣
어두면, 부작용이 별로 없이 암세포를 파괴하고 약 1달 뒤에는
없어진답니다.

팔라듐은 연료전지에서 촉매로 이용됩니다. 연료전지란 수소와
산소를 결합시켜 물 및 열과 함께 전류를 생산하도록 만든 것입
니다. 그 외에 팔라듐은 비행기의 스파크 플러그라든가 전기기구
의 전극 제조에 이용되고 있으며, 앞으로 연구가 필요한 흥미로
운 원소입니다.

# 47. 은(銀 Silver, Ag)

- 원자번호 : 47
- 족 : 11족(5주기) 전이원소(주조鑄造 금속)
- 원자량 : 107.8182
- 밀도 : 10.49 $g \cdot cm^{-3}$
- 각 전자궤도의 전자 수 : 2, 8, 18, 18, 1
- mp : 961.78℃ /  ・ bp : 2,162℃

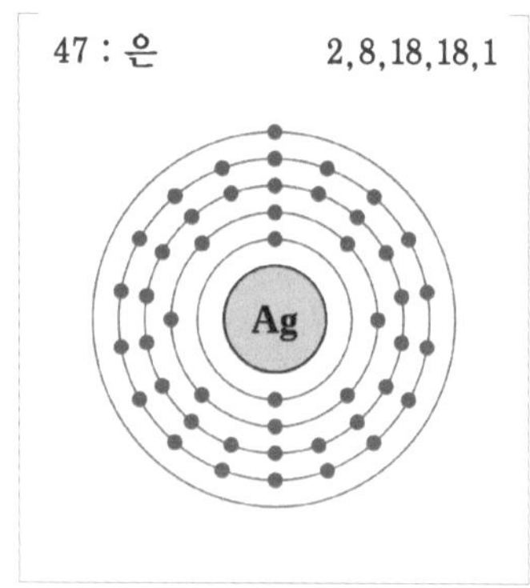


은의 핵은 47개의 양성자를 가졌으며, 동위원소 중에 Ag-107(51.839%)은 60개의 중성자를, Ag-109(48.161%)는 62개의 중성자를 가졌습니다.

흰색의 무른 금속(금보다 조금 더 단단함)으로 광택이 나는 은(銀)은 장신구와 보석, 은화, 은잔, 은쟁반, 은수저 등을 제조하는 귀금속으로 이용되어 왔습니다. 은은 자연계에 순수한 상태로도 존재하는 소수의 금속 원소 가운데 하나입니다. 은은 휘은석(주성분 $Ag_2S$), 각은광(AgCl), 구리・니켈광 등에 포함되어 있으며, 금이라든가 구리, 납, 아연을 재련할 때 부산물로 생산하기도 합니다.

은의 화학기호인 Ag는 은을 의미하는 라틴어 *argentum*에서 따온 것입니다. 은화는 고대(성서시대)에 이미 사용되고 있었습니다. 은과 금은 화폐를 만드는 금속이라 하여 '주조금속'(鑄造金

屬)이라 불리기도 합니다.

　은은 모든 금속 중에서 전기와 열을 가장 잘 전도합니다. 값이 비싸기 때문에 많이 사용하지는 않으나 고급 음향기기(音響器機)와 같은 전자제품에서는 도선과 전극에 은을 사용한답니다.

　은은 뛰어난 전성과 연성을 가졌습니다. 구리와 합금한 은은 순수한 구리 또는 은보다 단단해지며, 녹는 온도가 893℃로 낮아집니다. 그래서 은화, 스푼과 포크 등은 92.5%의 은에 구리 7.5%를 혼합한 합금으로 만들고, 귀걸이나 반지, 은메달 등은 20%의 구리가 혼합된 합금으로 제조합니다. 은의 순도(純度)를 나타낼 때는 함량을 10배하여 표현합니다. 예를 들어 은화(92.5%)는 ‘925’라 말합니다.

　은의 표면을 연마하면 빛을 매우 잘 반사합니다. 그래서 많은 거울이나 광학기구에서는 유리에 은을 코팅하여 반사체로 이용합니다. 은제 식기(銀製食器)들은 금속으로 만든 표면에 은을 도금하여 보기 좋고 내구성 있도록 제조한 것입니다. 은은 매우 얇게 도금이 되므로 소량으로 넓은 표면을 도금할 수 있지요.

　은은 순수한 공기나 물에서는 변하지 않으나 오존이나 황화수소를 만나면 검은색 산화은이나 황화은으로 변합니다. 부엌의 은수저가 갑자기 검게 변했다면, 석탄이나 연탄, 석유를 태울 때 발생한 연기 속의 황화수소 때문일 가능성이 많습니다. 은수저는 계란 단백질의 황 성분과 접촉해도 변색합니다.

　은은 참으로 용도가 다양한 금속입니다. 제2차 세계대전 때는 구리가 너무 귀해졌으므로 당시 미국은 핵무기 제조에 사용할 전자석의 코일을 은으로 만들기도 했다 합니다. 특히 은은 사진산업에서 필름 제조에 다량 소비됩니다. 은과 할로겐원소(17족원소)의 화합물(‘할로겐화은’)인 $AgCl$, $AgI$, $AgBr$ 등은 빛에 매우 민감하게 반응(광화학반응)하기 때문에 사진 필름, X선 사진 건판, 인화지, 인쇄용 필름 등에 대량 사용되지요. 1998년의 경우,

사진용으로 사용된 은의 양은 전체 생산량의 약 31%였습니다. 그러나 2007년부터는 그 양이 절반 이하로 감소했습니다. 그 이유는 디지털 사진이 발달했기 때문입니다.

밝은 곳에 나오면 자연히 짙은 색으로 변하는 안경이 있습니다. 그 안경의 알 속에는 염화은과 구리 입자가 소량 들어 있습니다. 빛을 받으면 염화은과 구리 사이에 광화학반응이 일어나 은 입자가 안경 알 표면으로 이동하여 빛을 차단하게 되므로 짙은 색으로 변하는 것입니다. 빛이 사라지면 은 입자는 다시 돌아갑니다.

은은 치과에서도 이빨의 틈새를 메우는 물질로 다량 사용합니다. 은가루와 몇 가지 금속(주석, 구리 등)을 수은에 녹인 것을 '아말감'(amalgam)이라 하는데, 아말감을 이빨 틈새에 채우면 마치 시멘트처럼 변질되지 않도록 단단하게 굳어집니다. 아말감은 1850년대부터 이용되어 왔으나, 근래에 와서는 수은의 독성에 대한 공포가 생겨 사용을 꺼립니다.

실버 설파다이아진(Silver Sulfadiazine SSD)이라는 유명한 화상(火傷) 연고는 1990년대까지 가장 널리 쓰인 항생제였습니다. 이 연고 속의 은 이온($Ag^+$)은 상처에 침입한 세균의 몸을 구성하는 황, 질소, 산소 등과 결합하여 세균이 죽도록 합니다. 그러므로 이 연고로 화상 범위를 감싸두면 화농 방지에 큰 도움을 얻지요.

인공 비를 내리도록 하려면 비행기에서 요드화은(AgI) 입자를 산포합니다. 요드화은은 입자가 매우 작으며, 그것이 물방울을 형성하는 중심(핵)이 되어, 핵 주변에 수증기가 붙어 물방울을 형성토록 합니다. 요드화은은 공중에 뿌려도 인체에 해가 없는 것으로 알려져 있습니다.

# 48. 카드뮴(Cadmium, Cd)

- 원자번호 : 47
- 족 : 12족(5주기) 전이원소)
- 원자량 : 112.411
- 밀도 : 8.65 g·cm$^{-3}$
- 각 전자궤도의 전자 수 : 2, 8, 18, 18, 2
- mp : 321.07℃ / • bp : 767℃

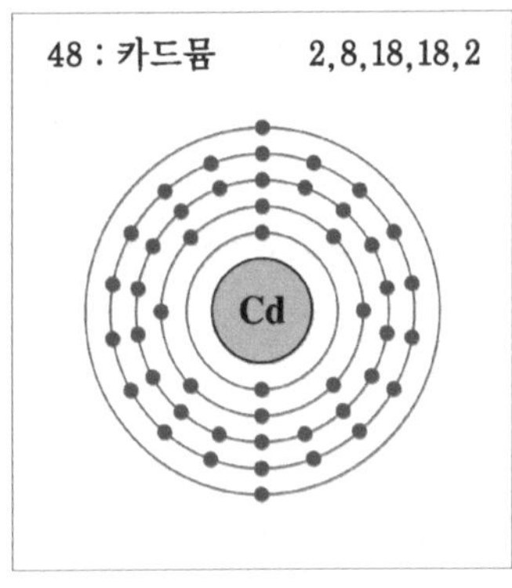


카드뮴에는 많은 종류의 자연 동위원소와 인공동위원소가 있습니다. Cd-114의 핵은 48개의 양성자와 64개의 중성자를 가졌습니다.

카드뮴은 칼로 자르면 잘라질 정도로 무른 은빛 금속입니다. 카드뮴의 화학적 성질은 같은 족에 속하는 아연(Zn)을 많이 닮았습니다. 지각(地殼)에 존재하는 카드뮴의 양은 매우 적어, 아연의 약 1,000분의 1 정도입니다. 카드뮴은 아연광에 많이 포함되어 있기 때문에, 아연을 재련할 때 부산물로 생산합니다.

카드뮴은 독일의 화학자 스트로메이어(Friedrich Strohmeyer 1776~1835)와 헤르만(Karl Samuel Leberecht Hermann 1765~1846)이 1817년에 탄산아연(ZnCO$_3$)의 불순물에서 발견했습니다. 과학의 역사에서 보면 같은 시기에 동일한 연구를 독립적으로 한 경우가 매우 많았습니다. 카드뮴이라는 명칭은 카드뮴을 함유한

'칼라민'(calamine)이라는 광물의 라틴어 *cadmia*에서 유래했습니다.

카드뮴은 부식에 강하므로 철의 녹을 방지하는 전기도금에 중요하게 이용됩니다. 철의 전기도금에는 카드뮴보다 아연을 많이 사용하는데, 이는 생산양이 부족하여 가격이 비싸고, 인체 건강에 심각한 피해를 줄 위험이 있기 때문입니다. 철을 도금한 카드뮴의 두께는 0.05mm에 불과하지만, 아연보다 부식에 대한 내성(耐性)이 강합니다.

도금공장으로부터 배출되는 카드뮴 폐기물은 강과 호수를 심각하게 오염시킵니다. 카드뮴은 담배 잎에도 포함되어 있으므로 흡연자는 물론 주변 사람에게도 피해를 입힐 수 있습니다. 1912년에 일본에서 문제가 된 유명한 '이타이-이타이'(아파-아파)병은 카드뮴이 오염된 광산에서 나오는 물로 재배한 쌀을 먹은 사람들의 몸에 카드뮴이 축적되어 발병한 공해병이었습니다. 이 병은 뼈를 녹이고, 신장에 이상을 일으켜 단백뇨라든가 당뇨병을 유발합니다.

카드뮴은 니켈-카드뮴 전지(니카드전지 nicad battery)에 이용됩니다. 니카드전지는 무한정 재충전할 수 있으므로 편리하지요. 또한 니카드전지는 일반 건전지 모습으로 만들 수 있고, 전압은 1.4볼트입니다(일반 건전지는 1.5볼트).

카드뮴은 중성자를 흡수하는 성질이 있으므로 원자로에서 제어봉으로 이용합니다. 원자로에서 핵반응이 일어나고 있을 때는 제어봉을 격납장치 안에 넣어두지만, 연쇄반응 속도를 조절할 때는 카드뮴 제어봉을 노심 속으로 내려 중성자를 흡수함으로써 중성자 충돌을 줄입니다.

'우즈금속'(Wood's metal) 또는 '시로벤드'(cerrobend)라 부르는 합금(비스무스 50%, 납 26.7%, 주석 13.3%, 카드뮴 10%)은 70℃에서 녹기 때문에 화재가 났을 때 열에 녹아 자동으로 물을 뿌리는 스프링클러(sprinkler)에 이용됩니다.

# 49. 인듐(Indium, In)

- 원자번호 : 49
- 족 : 13족(5주기) 후전이원소(post transition metal)
- 원자량 : 107.8182
- 밀도 : 7.31 g·cm$^{-3}$
- 각 전자궤도 전자 수 : 2, 8, 18, 18, 3
- mp : 156.6℃ /  · bp : 2,072℃

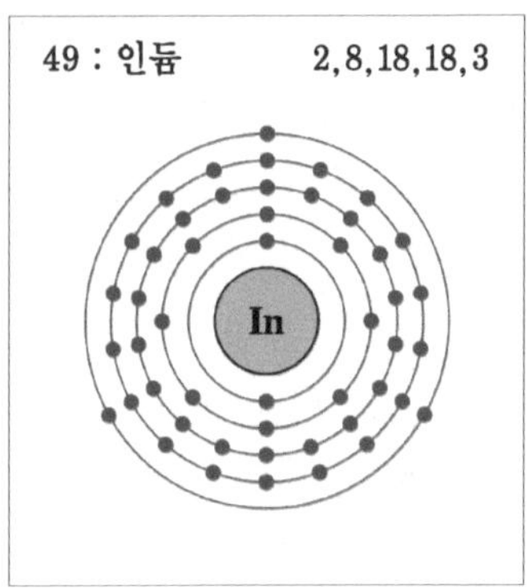


자연에 존재하는 인듐(95.7%)의 핵은 49
개의 양성자와 66개의 중성자를 가졌습니다.

인듐은 청백색의 금속이며, 다른 금속과 심하게 부비면 상처가 생길 정도로 매우 무르고, 부식에 대한 내성이 특히 강합니다. 이 원소는 희귀한 금속이며, 아연(Zn) 광물에 미량(微量) 포함되어 있으므로 아연을 제련할 때 부산물로 대부분 생산합니다. 인듐은 갈륨이나 탈륨과 화학성질이 비슷하며, 자연계에는 대부분 화합물로 존재하지만, 알맹이 상태의 순수한 금속으로 발견되기도 합니다.

인듐은 1863년에 독일의 화학자 라이히(Ferdinand Reich 1799~1882)가 아연광을 조사하던 중에 발견했습니다. 인듐을 분광분석하면 밝은 보라색을 방출합니다. '인듐'이라는 원소명은 이때 비치는 보라색(violet, indigo)을 의미하는 라틴어 *indicum*에서 따왔습니다.

순수한 인듐 원소는 상업적으로 이용되는 데가 별로 없으며, 주로 녹는 온도가 낮은 합금제조에 이용됩니다. 인듐과 은, 인듐과 납의 합금은 은 또는 인듐 자체보다 열의 전도성이 좋아집니다. 인듐의 화합물은 트랜지스터나 광전지 제조에 활용되며, 얇게 만든 인듐 판은 원자로의 연쇄반응 조절에 이용되기도 합니다.

오늘날 컴퓨터나 휴대전화기의 터치스크린 표면에는 투명한 전도체 피막이 덮여 있습니다. 이 피막은 산화주석인듐(indium tin oxide, ITO)입니다. ITO를 손가락 끝으로 만지면 인체의 정전기가 터치스크린을 동작시킨답니다. 터치스크린은 1965년에 영국의 레이더 과학자 존슨(E. A. Johnson)이 처음 개발했습니다. ITO는 산화인듐($In_2O_3$)과 산화주석($SnO_2$)을 혼합하여 만듭니다.

방사성 동위원소인 In-111은 방사되는 감마선을 이용하여 내분비 종양(endocrine tumor)이나 백혈구 세포의 상태와 이동을 추적하는데 이용됩니다.

# 50. 주석(Tin, Sn)

- 원자번호 : 50
- 족 : 14족(5주기) 후전이원소(post transition metal)
- 원자량 : 118.71
- 상대밀도(비중) : 백(白)주석(7.365 $g \cdot cm^{-3}$),
  회(灰)주석(5.769 $g \cdot cm^{-3}$)
- 각 전자궤도 전자 수 : 2, 8, 18, 18, 4
- mp : 231.93℃ / • bp : 2,602℃

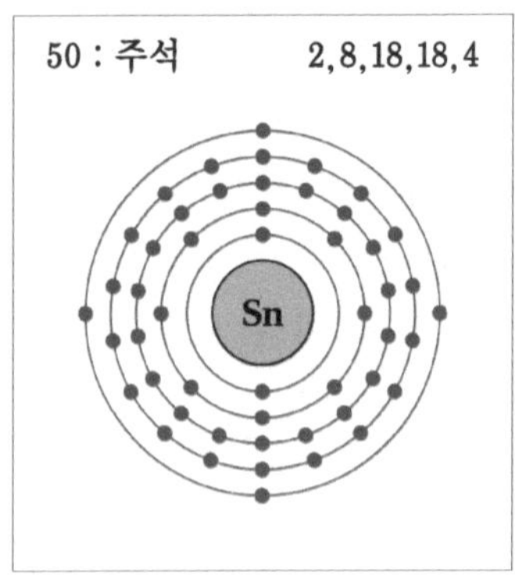


주석은 자연에 여러 종류의 동위원소가 있습니다. 대표적인 Sn-120의 핵은 50개의 양성자와 70개의 중성자를 가졌습니다.

주석(朱錫)의 영어는 tin이고 화학기호는 Sn이기에 기억하기 불편하지요. 원소기호가 된 Sn은 라틴어 *stannum*(원소)에서 유래했고, 영어 tin은 '*Tinnia*'(신의 이름)에서 왔습니다.

주석은 지구상에 양적으로 49번째 존재하는(약 0.004%) 비교적 희귀한 원소입니다. 그러나 인류는 기원전 3,300년경부터 이 금속 원소를 이용하기 시작하여 청동기시대(靑銅器時代)를 열었습니다. 당시 이집트에서는 구리 80%에 주석 20%를 혼합한 청동(bronze)으로 접시와 그릇 등을 만들었습니다.

주석은 주석석(朱錫石)이라 부르는 광물에 산화주석($SnO_2$) 상태로 대부분 존재합니다. 주석은 동소체(同素體)가 3종이 있는 흥미로운 원소이기도 합니다. 첫 번째 동소체는 전성(展性)이 좋은 백주석(white tin, 베타 주석)이고, 두 번째는 잘게 부스러진 회주석(gray tin, 알파 주석)입니다. 회주석 입자는 다이아몬드 결정상을 하고 있습니다. 상온에서 금속 상태이던 백주석은 온도가 13.2℃ 이하로 내려가면 서서히 회주석으로 변합니다. 이때 온도가 낮을수록 변화 속도가 빠릅니다. 세 번째 동소체 주석(brittle tin, 감마주석)은 온도가 161℃ 이상일 때의 주석입니다. 1850년 러시아의 겨울은 유난히 추웠답니다. 이때 러시아 군인들은 백주석으로 만든 군복 단추들이 회주석으로 변하여 모두 부스러지는 신기한 일을 경험했습니다. 이때 주석병(tin disease)라는 말이 생겨나기도 했습니다.

주석을 얇게 편 주석박(朱錫薄 tin foil)은 수백 년 동안 음식 포장 등에 이용되었으나 지금은 알루미늄박이 대신합니다. 주석은 잘 부식되지 않으므로 철판에 주석을 전기도금하여 주석쟁반을 만들기도 합니다. 한때는 철판에 주석을 입힌 주석 캔을 만들었으나 지금은 플라스틱이나 알루미늄 캔으로 대체되었군요.

낮은 온도에서 잘 녹는 땜납(solder)은 주석 33%와 납 67%의 합금입니다. 파이프 오르간의 파이프는 주석과 납을 절반씩 섞은 합금입니다. 트로피나 기념패를 만드는 백납(白鑞 pewter)은 주석 85%에 구리, 비스무트, 안티몬을 넣은 합금이고요. 건물 실내의 자동 방화수 살수장치에 사용하는 '주석과 카드뮴 합금은 '카드뮴' 항에서 설명했습니다. 그 외에 살균·살충제 제조에도 이용합니다.

# 51. 안티모니(안티몬, 앤티모니 Antimony, Sb)

- 원자번호 : 51
- 족 : 15족(5주기), 준금속(metalioid)
- 원자량 : 121.760
- 밀도 : 6.697 $g \cdot cm^{-3}$
- 각 전자궤도의 전자 수 : 2, 8, 18, 18, 5
- mp : 630.63℃ / ・ bp : 1,587℃

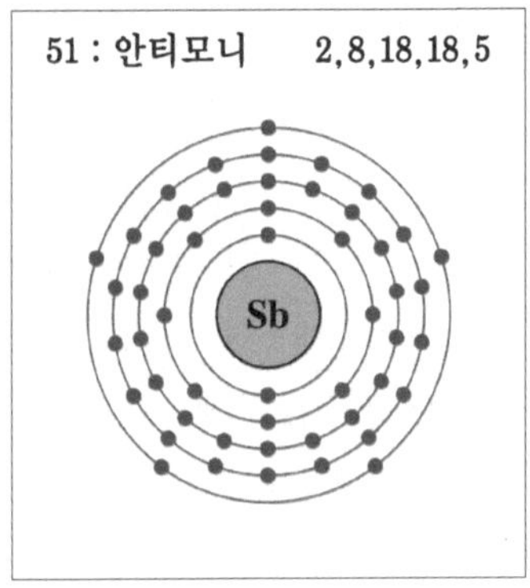


원자번호 51번 안티모니의 핵은 51개의 양성자를 가졌으며, 중성자의 수는 동위원소에 따라 다릅니다. Sb-121(57.36%)은 70개의 중성자를, Sb-123(42.64%)은 72개의 중성자를 가졌습니다.

단단하면서 부스러지기 쉬운 은회색 광택을 가진 금속인 안티모니(영어 발음은 앤티모니)는 자연계에 순수한 모습으로도 존재하지만 대부분은 황화안티모니($Sb_2S_3$)로 발견됩니다. 황화안티모니 원석(原石)은 휘안광(輝安鑛 stibnite)이라 불리며, 이라크와 이집트에서는 수천 년 전부터 알려진 광물입니다. 당시 검은색의 휘안광은 여인들의 눈썹을 진하게 그리는데 이용되었습니다.

안티모니의 원소기호가 된 Sb는 stibnite(휘안광)의 원래 명칭인 'stibium'에서 따온 것입니다. 영어가 된 *antimony*는 그리스어에서 온 것으로 알려져 있으나 불확실합니다. 이 원소를 우리말로 '안티몬'이라 부르기도 하나, 지금은 영어 표기에 가까운 '안티모니'

안전성냥은 성냥 곽의 거친 면에 마찰해야 점화되므로 훨씬 안전합니다. 성냥 머리를 황인(黃燐)으로 만든 것은 아무데나 마찰하면 점화되므로 위험할 수 있습니다.

를 많이 쓰고 있습니다.

지구에 존재하는 안티모니의 양은 0.2∼0.5 ppm 정도로 희소합니다. 안티모니의 중요한 용도는 '안전성냥' 원료입니다. 안전성냥은 스웨덴의 패취(Gustaf Erik Pasch, 1788∼1862)가 1844년에 발명한 것을 같은 스웨덴의 화학자 룬드스트롬(Jerry Eugene Lundstrom, 1823∼1917)이 1855년에 개량하여 만들었습니다. 안전성냥의 머리는 황화안티모니와 산화제 역할을 하는 염화칼륨(KCl)을 접착제와 혼합하여 작은 나무 꼬챙이 끝에 붙여둔 것입니다. 안전성냥의 머리가 붉은 것은 적인(赤燐)이 묻어 있기 때문입니다. 안전성냥은 머리 부분을 성냥 곽의 거친 면에 대고 마찰해야 불꽃이 일어납니다. 안티모니는 공기 중에서 안정되어 있으나, 열을 가하여 산소와 결합시키면 삼산화안티모니($SnO_3$)가 됩니다.

이 원소는 금속이지만 전기 전도성이 나쁘며, 용도가 많지 않으나, 다른 금속과 합금하면 강도가 증가되고, PVC(polyvinyl chloride)를 생산할 때 이를 혼합하면 불이 잘 붙지 않는 내화성을 갖게 됩니다. 최근에는 반도체 등에서 신소재로 개발하고 있답니다.

안티모니와 일부 안티모니 화합물은 비소(As)처럼 인체에 맹독합니다. 안티모니 먼지를 다량 호흡하거나 하면 두통, 현기증, 구토가 발생하고, 간과 신장에 이상을 일으키며, 심하면 목숨을 잃습니다.

# 52. 텔루륨(텔루르, Tellurium, Te)

- 원자번호 : 52
- 족 : 16족(VIA), 준금속(metalioid)
- 원자량 : 127.60
- 밀도 : 6.24 $g\cdot cm^{-3}$
- 각 전자궤도의 전자 수 : 2, 8, 18, 18, 6
- mp : 449.51℃ /  • bp : 988℃

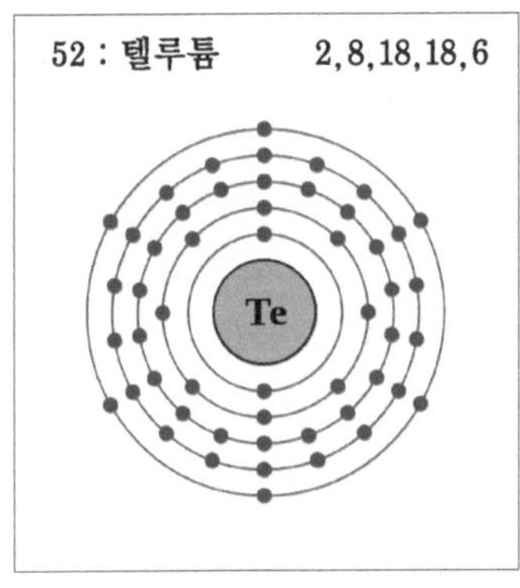


텔루륨의 핵은 52개의 양성자를 가졌습니다. 여러 종류의 동위원소 중에 Te-130 (34.08%)은 78개의 중성자를 가졌습니다.

주석과 비슷하게 생긴 은백색의 준금속인 텔루륨(텔루르)은 비금속 원소인 산소, 황과 같은 16족에 속합니다. 이 원소는 대단히 부스러지기 쉽고, 전기도 잘 통하지 않으며, 생물학적 기능은 알려진 것이 없으나 약간 독성이 있습니다. 텔루륨은 산소나 황처럼 다른 물질과 잘 결합하는 성질이 있어 황화물을 만들기도 하고, 금과 결합하는 몇 개 원소 중의 하나이기도 합니다.

텔루륨은 흔히 준금속(metalloid)으로 분류되는데, 준금속이란 금속과 비금속 중간 성질을 가진 원소를 일컬으며, 보론, 규소, 저마늄, 비소, 안티모니 및 텔루륨이 여기에 속합니다.

텔루륨은 지각 중에 극소량 존재하며, 금과 결합하여 중요한 금광석(金鑛石)으로 존재하기도 합니다. 따라서 이 원소는 금을 재련할 때 부산물로 생산됩니다. 또한 텔루륨은 구리광에도 미량 포함되어 있어 구리 재련 때도 부산물로 나옵니다.

텔루륨은 독일의 아마추어 광물학자인 라이헨스타인(Franz Joseph Muller Reichenstein, 1740~1825년경)이 1782년에 처음 발견했습니다. 그는 금광에서 가져온 광물에서 이 원소를 찾아냈으며, 이 원소의 영어 이름 tellurium은 '지구'를 뜻하는 라틴어 *tellus*에서 유래했습니다.

텔루륨의 중요 용도의 하나는 태양전지판 제조 때 반도체(CdTe)로 이용되는 것입니다. CdTe는 적외선에 민감하게 반응하는 반도체로 알려져 있습니다. 화학자들은 여러 가지 텔루륨 화합물을 만들어 그 성질과 용도를 연구하고 있답니다.

# 53. 요드(옥소, 아이어다인 Iodine, I)

- 원자번호 : 53
- 족 : 17족(5주기), 할로겐(halogen)
- 원자량 : 126.9
- 밀도 : 4.923 g·cm⁻³
- 각 전자궤도의 전자 수 : 2, 8, 18, 18, 7
- mp : 113.7℃ /  · bp : 184.3℃

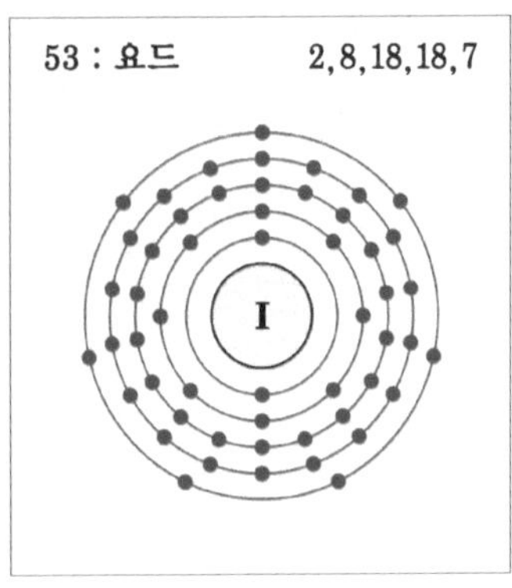


자연계에서 산출되는 I-127(100%)의 핵은 53개의 양성자와 74개의 중성자로 구성되었으며, 핵 주변에는 2, 8, 18, 18, 7개의 전자가 됩니다.

제17족에 속하는 F, Cl, Br, I, At(아스타틴) 그리고 인공원소인 117번 Ts(테네신) 이상 6가지 원소를 '할로겐 원소'(halogen)라 부릅니다. 이 용어는 스웨덴의 유명한 화학자 베르셀리우스(Jons Jacob Berzelius 1779~1848)가 1842년에 처음 제안했으며, 'halogen'은 '바다', '소금'이란 의미를 담고 있답니다. 요드의 영어 iodine(발음 아이어다인)은 요드 증기의 보라색을 의미하는 그리스어 *idoes*에서 온 말입니다.

검은 보라색을 가진 고체 상태의 요드를 가열하면 보라색 증기(蒸氣)가 됩니다. 요드는 모든 생명체에 중요한 역할을 하는 필수적인 미량원소이지요. (*과거에는 '옥소'沃素라고 불렀습니

다. 지금 많은 곳에서 '요오드'라고 표기하고 있으나, 장음표기를 피해 요드로 나타냈음)

요드는 할로겐 원소 중에서 가장 무거우면서 화학반응이 활발합니다. 이 원소는 프랑스의 화학자 쿠토(Bernard Courtois 1777~1838)가 1811년에 처음 발견했습니다. 요드는 물에 잘 녹으며, 바닷물과 해조류(海藻類)와 같은 해양생물의 몸에 많이 농축되어 있습니다. 산업용 요드의 상당량은 칠레에서 산출되는 '초석'(礁石 saltpeter)이라는 요드화나트륨(NaI) 광석으로부터 생산합니다. 최근에 와서는 바다 식물을 태운 재로부터 생산하기도 합니다.

요드 또는 요드화칼륨 용액은 실험시간에 전분(starch)의 존재를 검사할 때 이용합니다. 이는 요드가 전분을 만나면 흰색이던 전분을 검은 청색으로 변화시키는 성질이 있기 때문입니다. 요드는 세균을 살균하는 성질이 있습니다. 피부가 긁히거나 부상을 입었을 때 소독약으로 이용하는 검은 갈색의 '요드팅크'는 에틸알코올에 요드를 녹인 용액입니다. 요드팅크를 사용할 때는 약간의 독성이 있으므로 눈에 들어가지 않도록 해야 합니다.

바다와 수천km 떨어진 대륙이나 고산지대에 사는 사람들 중에는 요드 섭취 부족으로 갑상성비대증(goiter)이나 크레틴병(cretinism) 환자가 잘 나타납니다. 2007년의 WTO 통계에 의하면 전 세계 가난한 나라의 주민 약 20억 명이(특히 어린이) 요드가 부족한 상황에 있다고 발표했습니다.

요드는 갑상선에서 생성되는 성장호르몬인 타이록신(thyroxine)의 중요 성분입니다. 타이록신이 부족하면 인체 내의 물질대사가 원활하게 일어나지 못하므로 여러 가지 신체 이상이 나타납니다. 또한 요드 부족으로 발생하는 크레틴병은 정신지체 장애를 가져오고, 발육을 저해합니다. 인체의 경우 몸속의 요드는 갑상선에 약 30% 집중되어 있고, 나머지는 모든 부분에 흩어져 중요한 작용을 합니다. 요드가 동물과 식물 내에서 하는 작용(촉매작용

등)은 아직 잘 알려지지 않았습니다.

요드화은(AgI)은 사진 건판이나 인화지 제조에 이용됩니다. '은(Ag)' 항목에서 설명했듯이, 입자가 매우 작은 요드화은은 인공 비를 내릴 때 공중에 뿌려 비구름을 형성하는데 이용합니다. 이때 1그램의 요드화은의 입자는 약 10억×1,000,000개의 물방울을 형성할 수 있는 핵(물방울을 형성하는 중심)이 됩니다.

요드는 많은 인공 동위원소를 가진 원소입니다. 그들 중에 I-131은 반감기가 8.1일인 방사성동위원소인데, 이것은 갑상선 질환을 진단하거나 치료하는 방법으로 이용됩니다. I-131과 결합시킨 요드화나트륨을 넣은 물을 마시면, 요드는 갑상선에 모이는 경향이 있으므로, 의사는 갑상선에서 방출되는 방사선 양을 측정하여 갑상선의 건강상태를 진단할 수 있습니다. I-131은 반감기가 짧으므로, 몇 주일만 지나면 방사성 요드는 모두 없어집니다. 또한 갑상선 암 환자의 경우 I-131을 갑상선에 집중시켜 방사선을 대량 방사토록 하면, 다른 세포에는 영향을 최소한 주고 갑상선의 암세포를 선택적으로 파괴하게 됩니다.

2011년 3월, 일본 후쿠시마에서 원자력발전소 사건이 발생했을 때, 사람들은 방사성 낙진 속에 포함된 I-131을 두려워했습니다. 만일 이 동위원소가 갑상선에 지나치게 농축된다면 갑상선비대증이나 암을 일으킬 위험이 있기 때문이지요.

의학에서는 전립선암을 치료하는 방법으로 I-125를 사용하기도 합니다. 쌀알 크기의 I-125를 전립선암이 발생한 위치에 심어두면, 방사선을 내어 암세포를 죽입니다. I-125의 반감기는 60일이므로 몇 달이 지나면 요드의 방사성은 모두 사라집니다. 같은 치료 방법으로 팔라듐(반감기 17일)의 방사성 동위원소도 이용하고 있습니다.

# 54. 제논(크세논 Xenon, Xe)

- 원자번호 : 54
- 족 : 18족(5주기), 희유기체원소(noble gas, rare gas)
- 원자량 : 131.293
- 각 전자궤도의 전자 수 : 2, 8, 18, 18, 8
- 밀도 : 기체(5.894 g/L), 액체(3.057 g·cm$^{-3}$)
- mp : -111.7℃ /  • bp : -108.12℃

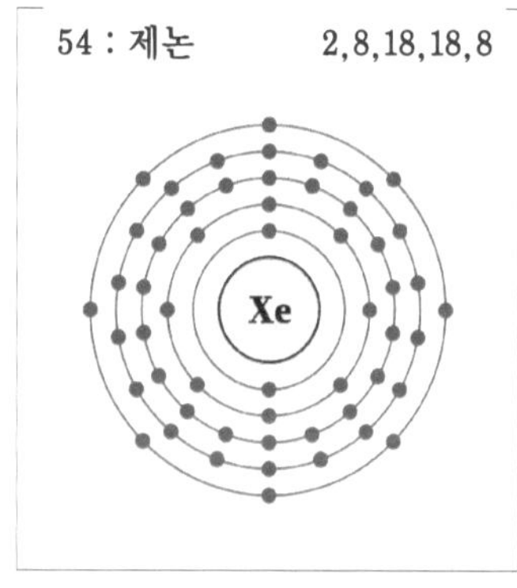


제논은 여러 종류의 동위원소가 있습니다. 그들 중에 Xe-132(26.9%)의 핵은 54개의 양성자와 78개의 중성자를 가졌습니다.

18족에 속하는 헬륨, 네온, 아르곤, 크립톤, 제논, 라돈 이 6가지 원소는 희유기체원소, 희유가스 또는 희유원소(noble gas)라 부릅니다. 공기 중에 원자 상태로 극미량 존재하는 제논은 공기보다 약 5배 무거우며, 무색 무미 무취의 원소입니다. xenon이라는 명칭은 '이상한 존재'를 뜻하는 그리스어 *xenos*에서 왔습니다.

(*Xe를 과거에는 '크세논'으로 불렀으나 지금은 영어발음에 가까운 '제논' 또는 '지논'을 많이 씁니다.)

제논은 영국의 화학자 램지(William Ramsay 1852~1916)와 트래버스(Morris Travers 1872~1961)가 1898년에 공동으로 발견했습니다. 두 과학자는 제논 외에 네온과 크립톤도 함께 발견했답니다. 제논은 발견 때도 그랬지만 지금도 액화시킨 공기를 분별(分別) 증류하여 생산합니다.

화학자들은 오래도록 희유가스는 다른 원소와 화합하지 않는다고 믿었습니다. 그러나 1962년, 영국의 화학자 바틀레트(Neil Bartlett 1932~2008)는 제논과 백금(Pt)과 플루오린(F)을 결합시켜 황적색 고체 화합물을 합성하는데 성공했습니다. 이 소식에 자극을 받은 여러 화학자들은 몇 달 후 더 간단한 방법으로 제논과 플루오린의 화합물을 몇 종류 더 합성해냈습니다. 현재까지 제논과 크립톤 외의 희유원소의 화합물은 만들지 못하고 있습니다.

제논을 넣어 만든 사진 촬영용 플래시램프(flash lamp)는 매우 밝은 백색광을 냅니다. 예를 들어 고무풍선이 터지는 순간처럼 초단시간에 촬영할 수 있도록 강한 빛을 방사해야 하는 플래시에는 크세논과 크립톤 가스를 넣은 램프를 사용합니다. 핵실험을 할 경우, 대기 중에서 방사성 제논이 검출되기 때문에 이를 통해 핵실험 유무를 파악할 수 있습니다.

제논은 레이저 생산에도 이용됩니다. 감마선을 방출하는 방사성 동위원소인 Xe-133과 Xe-129는 방사선의학에서 신체 내부를 촬영하는 PET(중성자방출 단층촬영장치), CT, MRI에 이용됩니다. 현재 크세논의 성질과 용도는 활발히 연구되고 있습니다.

# 제5장

# 6주기 원소들의 특징

# 55. 세슘(시지엄, Cesium, Caesium, Cs)

- 원자번호 : 55
- 족 : 1족(6주기), 알칼리금속
- 원자량 : 132.905
- 밀도 : 1.93 g.cm$^{-3}$
- 각 전자궤도의 전자 수 : 2, 8, 18, 18, 8, 1
- mp : 28.44℃ / • bp : 671℃

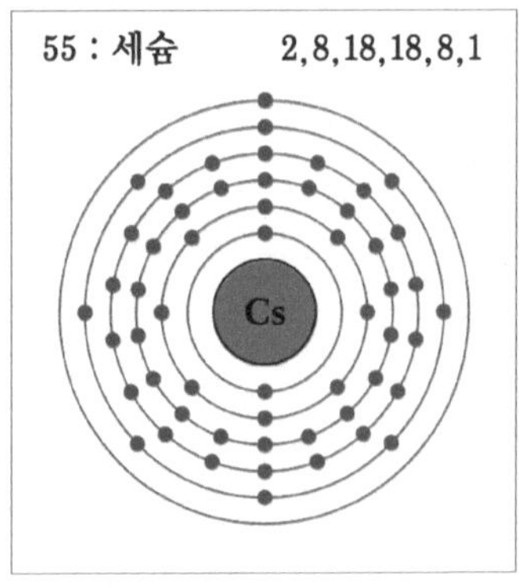


자연계의 세슘(Cs-133, 100%) 핵은 55개의 양성자와 78개의 중성자를 가졌으며, 핵 주위에는 55개의 전자가 돕니다.

세슘은 1족 6주기에 속하는 은빛의 알칼리 금속 원소입니다. 1족 원소 중에서 수소를 제외한 나머지 알칼리 금속 원소(Li, Na, K, Rb, Cs, Fr)는 무른 금속인데 그들 중에 세슘이 가장 연합니다. cesium(영어로는 caesium, 발음은 시지엄)이라는 원소명은 '푸른 하늘'을 의미하는 라틴어 *coesius*에서 따왔습니다. 이것은 고온(高溫)의 세슘으로부터 방출되는 빛을 분광기로 조사했을 때, 밝은 청색선이 나타나기 때문입니다. 세슘은 워낙 화학반응성이 강하여 순수한 상태로는 자연계에 존재하지 못합니다. 세슘은 폴루사이트(pollusite)라는 규산염(규소, 알루미늄, 세슘, 산소의 화합물)으로부터 생산합니다.

세슘은 다른 1주기 원소처럼 최외각에 1개의 전자를 가지고 있어 화학반응성이 대단히 강합니다. '알칼리금속'(alkali metal)이라는 명칭은 이 원소들이 물과 반응하여 강한 알칼리성의 수산화물이 되기 때문에 붙여진 것입니다. 알칼리금속들은 주기율표에서 아래로 내려갈수록 전기전도성은 낮아지고, 반대로 화학반응성은 증가합니다.

특히 세슘은 물과 접촉하면 맹렬하게 반응하여 수소를 발생합니다. 또한 이 원소는 산소를 만나면 이산화세슘($CsO_2$)이 되고, 이산화세슘이 물이나 이산화탄소와 만나면 즉시 산소를 방출합니다. 단시간에 산소를 대량 생산하는 세슘의 성질은 유독가스가 가득한 공간에 들어가야 하는 소방대원이라든가 응급 구조대원의 인공호흡장비에 유용하게 이용됩니다.

세슘은 체온보다 낮은 29℃이면, 즉 손에 쥐고 있으면 녹아 액체로 됩니다. 알칼리금속은 주기율표에서 아래로 갈수록 녹는 온도와 끓는 온도가 낮습니다. 상온(常溫 약 20~25℃) 가까운 온도에서 액체 상태로 존재하는 금속 원소는 수은과 세슘 둘 뿐입니다.

세슘은 독일의 분젠(Robert Bunsen 1811~1899)과 키르히호프(Gustav Kirchhoff 1824~1887) 두 동료 화학자가 1860년에 발견했습니다. 그들은 분광기(spectroscope)를 발명한 과학자인 동시에, 분광기를 이용하여 세슘을 찾아내기도 했습니다. 세슘은 분광기로 찾아낸 첫 번째 원소입니다.

세슘은 초진공(超眞空)을 만들 때 유용합니다. 브라운관이나 진공관 속에 소량의 세슘을 넣으면, 남아 있던 산소 등의 이질적(異質的) 기체와 화합함으로써 초진공 상태로 만든답니다.

길이, 무게, 시간, 전압, 온도 등의 단위는 국제적으로 통일되어 있습니다. 과학이 발달함에 따라 시간의 단위는 최고의 정밀도를 요구하게 되었습니다. 그에 따라 1967년, 국제단위체계

(International System of Units)는 1초(second)의 기준을 세슘-133 (자연계에 존재하는 세슘의 동위원소) 원자가 방출하는 전자기방사선(electromagnetic radiation, EMR)의 진동수를 기준으로 정했습니다. 즉 Cs-133 원자에서 나오는 EMR이 9,192,631,770회 진동하는 시간을 1초로 정한 것입니다. 그러므로 세슘 원자시계는 약 100억분의 1초까지 정밀하게 측정할 수 있습니다.

세슘은 인체에 특별한 해가 없는 것으로 알려져 있으며, 촉매라든가 강화유리와 광전지 제조 분야 등에서 연구가 이루어지고 있습니다.

핵물리학이라든가 전자과학에서는 정밀한 시간의 기준과 측정을 필요로 합니다. 2004년 스위스에 설치된 사진의 '세슘원자시계'는 3천만 년에 1초 오차가 발생할 정도로 정밀하답니다.

# 56. 바륨(배리엄 Barium, Ba)

- 원자번호 : 56
- 족 : 2족(2주기), 알칼리토금속
- 원자량 : 137.33
- 밀도 : 3.51 $g.cm^{-3}$
- 각 전자궤도의 전자 수 : 2, 8, 18, 18, 8, 2
- mp : 727℃ / ・ bp : 1,897℃

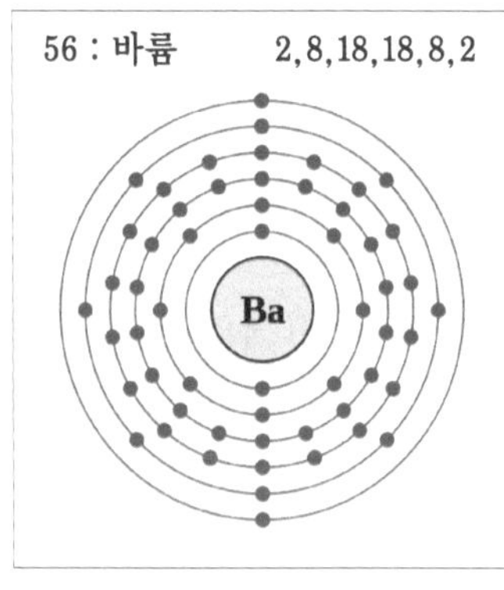


바륨 원자의 핵은 56개의 양성자를 가졌으며, 동위원소 중에 가장 많은 Ba-138 (71.7%)은 82개의 중성자를 가졌습니다.

바륨(영어발음은 배리엄)은 은백색의 무른 금속으로 '알칼리토금속'에 속합니다. 알칼리토금속(alkaline earth metal)이란 제2족에 속하는 Be, Mg, Ca, Sr, Ba, Ra을 말하며, 이들은 화학반응성이 상당히 강하고, 1족 알칼리금속보다는 단단합니다. 이 원소는 영국의 화학자 데이비(Humphry Davy 1778~1829)가 1808년에 발견했습니다. barium이라는 이름은 '무겁다'는 의미를 가진 그리스어 *barys*에서 유래했습니다. 바륨은 비중(3.51)이 큰 탓으로 원광(原鑛)의 무게가 매우 무겁지요.

바륨은 지구상에 6번째로 풍부하게 존재하는 원소이며, 대부분 중정석(重晶石 barite $BaSO_4$)이나 위더라이트(witherite $BaCO_3$)라는 광물 속에 포함되어 있습니다. 바륨은 활발한 화학반응성 때문에 자연계에 순수한 상태로 존재하지 못합니다. 공기 중에서는 쉽게 산소와 결합하여 산화바륨(BaO)으로 되고, 물을 만나면 수소를 발생시킵니다.

바륨 화합물인 염화바륨은 수용성이고 인체에 해롭습니다. 만일 그 용액을 들이킨다면 심장 박동이 불규칙한 증상(심방세동 心房細動)이 일어나 생명이 위험하답니다. 반면에 황산바륨은 물에 녹지 않으며 삼키더라도 별다른 해가 없습니다. 이런 성질을 이용하여 병원에서는 환자의 장(腸) 상태를 진단할 때, 황산바륨 가루(병원에서는 이것을 '바륨 관장제'라 부름)를 진하게 탄 용액을 들이키게 한 후, X선 촬영을 합니다. 장을 가득 채운 황산바륨 가루는 X선을 흡수하여 통과시키지 않으므로 필름 상에는 장의 모습이 하얀 상태로 선명하게 나타납니다.

황산바륨은 물에 잘 녹지 않으며 매우 밝은 흰색입니다. 그러므로 이 화합물은 흰색이어야 하는 사진 인화지, 인쇄용지, 플라스틱, 인공섬유 제조에 이용합니다. 황산바륨과 황화아연을 혼합한 것은 흰색 페인트가 되지요. 황산바륨은 원유나 천연가스를 시추할 때도 이용됩니다. 시추공에 무거운 황산바륨 용액을 붓고 시추하면 흰 구멍이 깨끗하게 만들어집니다. 흥미롭게도 바륨 화합물을 고온으로 가열하면 초록빛을 내므로 불꽃놀이에 이용되지요.

바륨은 공기나 물과 잘 화합하므로 진공관 속에 남은 공기를 제거할 때 이용합니다(55번 세슘 참고). 탄산바륨(BaCO$_3$)은 전자를 쉽게 방출하기 때문에 점화 플러그나 형광등 전극에 이용하기도 합니다. 바륨은 고온초전도체 연구에서도 이용된답니다.

# 57. 란타넘(란탄, Lanthanum, La)

- 원자번호 : 57
- 족 : 3족(6주기), 란타넘족의 첫 번째 희토류 금속원소
- 원자량 : 138.905473
- 밀도 : 6.162 g/cm$^{-3}$
- 각 전자궤도의 전자 수 : 2, 8, 18, 18, 9, 2
- mp : 920℃ / ・bp : 3,464℃

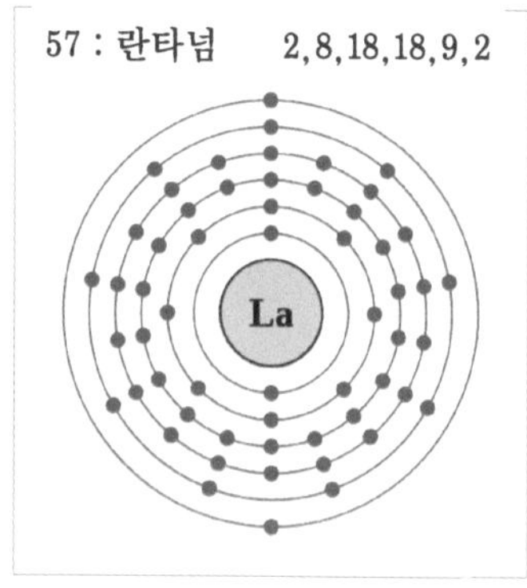


자연계에 가장 흔한 란타넘-139(99.91%)의 핵은 57개의 양성자와 82개의 중성자를 가졌습니다. 란타넘족에 속하는 원소들은 주기율표 하단 윗줄에 배열해 둡니다.

란타넘(영어 발음은 랜서넘)은 란타넘족에 속하는 첫 번째 원소입니다. '란타넘족(또는 란탄족 lantanide series) 원소'라 불리는 일련의 원소들은 원자번호 57 란타넘부터 58, 59, …… 71번 루테늄까지 15종을 말합니다. 이 계열의 원소들은 원자번호가 하나씩 늘어갈 때마다 최외각 전자궤도에 전자가 하나씩 증가하는 것이 아니라 그 아래에 있는 전자각으로 들어가 파묻혀버립니다. 그러므로 란타넘족의 원소들은 화학성질이 각기 다소 다르게 나타납니다.

은백색 금속인 란타넘은 스웨덴의 화학자 모잔더(Carl Gustaf Mosander 1797~1858)가 1839년에 발견했습니다. 그는 이 외에도 같은 족

에 속하는 터븀(terbium Tb)과 어븀(earbium Er)을 찾아내기도 했습니다. 이 원소의 이름이 된 lantanum은 그리스어 *lanthanein*(숨겨진)에서 비롯되었습니다.

란타넘은 화학반응성이 활발하고, 연성과 전성도 뛰어나며, 칼로 자를 수 있을 정도로 무릅니다. 산소를 만나면 빨리 산화물이 되고, 물을 만나면 수소를 발생시킵니다. 란타넘을 포함하고 있는 광물에는 모나자이트(monazite)와 배스타나사이트(bastanasite)가 있습니다. 이 두 종류의 광물은 란타넘 외에 다른 희토류 원소들도 함유하고 있습니다.

란타넘족 원소들의 가장 중요한 상업적 용도는 서치라이트라든가 무대 조명, 영사기 등에서 고강도 빛을 내는 '탄소 아크등'의 전극(電極) 제조에 사용하는 것입니다. 또 유리 제조 때 산화란타넘을 혼합하면 알칼리성 물질에 내성이 강한 특수유리가 됩니다.

란타넘과 그의 화합물은 약간 독성이 있습니다. 우라늄이 핵분열을 할 때는 란타넘 동위원소도 생겨납니다. 란타넘족의 15종 원소들은 일반인에게 친숙하지 않지만, 그 성질이 밝혀지면서 신소재, 의약, 강력 자석, 초전도체, 전지, 형광 색소, 원자로의 제어봉 등 여러 용도가 개발되어 대단히 귀중한 고가의 자원으로 등장했습니다. 오늘날 세계 각국은 희토류 토금속 원소 자원 확보 경쟁을 맹렬히 벌이고 있답니다.

이 계열의 원소들을 희토류 원소 또는 희토류 토금속(rare earth elements, metals)이라 부르는 것은, 지각(토양) 속에 매장된 양이 매우 적기 때문입니다. 희토류 원소에는 란타넘족의 15종 원소 외에 스칸듐(22번)과 이트륨(39번)이 포함되므로 모두 17종입니다. 그런데 예외로 이 중에 세륨은 지각 중에 상당히 많이 매장되어 있습니다.

# 58. 세륨(시리엄 Cerium, Ce)

- 원자번호 : 58
- 족 : 3족(3주기), 란타넘족 2번째 희토류 금속원소
- 원자량 : 140.116
- 밀도 : 6.770g/cm$^{-3}$
- 각 전자궤도의 전자 수 : 2, 8, 18, 19, 9, 2
- mp : 795℃ / ・ bp : 3,443℃

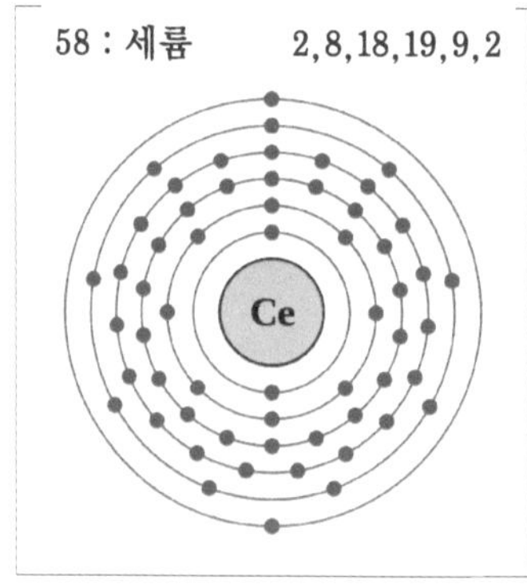


세륨-140(88.45%)의 핵은 58개의 양성자와 82개의 중성자를 가졌습니다.

세륨(영어발음은 시리엄)은 희토류 금속 중에서 지각에 가장 존재량이 많은(0.0046%) 원소입니다. 이 원소는 스웨덴의 화학자 베르셀리우스(Jons Jakob Berzelius 1779~1848)와 히싱거(Wilhelm Hisinger 1766~1852) 그리고 독일 화학자 클라프로스(Martin Klaproth 1743~1817)가 1803년에 동시 발견했습니다. '세륨'이라는 명칭은 1801년에 발견되어 세계를 흥분시킨 유명한 소행성(小行星) 'Ceres'의 이름을 딴 것입니다.

세륨을 함유한 대표적인 광물은 모나자이트(monazite)와 바스트나사이트(bastnasite)입니다. 모나자이트는 인산($PO_4$)과 Ce, La, Pr, Nd, Th, Y 등의 여러 원소가 포함된 광물이고, 바스트나사이

트는 플로르화탄산($CO_3F$)과 Ce, La, Y 등의 원소가 섞인 광석입
니다.

　세륨 원소는 일찍 발견되었지만 순수하게 세륨을 정제한 것은
1875년이었습니다. 세륨은 회색 금속으로 연성과 전성이 좋으며,
희유금속 중에서 화학반응성이 좋은 편이어서 공기 중에서 산소
와 결합하여 산화세륨($CeO$)이 되며, 뜨거운 물이라면 빨리 분해
(分解)되어 수소를 발생시킵니다. 이 금속은 마찰하면 저절로 점
화되어 연소할 정도이므로 라이터의 점화용 돌로 사용됩니다.

　세슘은 란타넘처럼 탐조등(探照燈)과 같은 고광도 아크램프의
전극으로 쓰이고, 세륨염(다른 금속 원소와의 화합물)들은 여러
색을 가지고 있어 색유리 제조 때 색소로 사용합니다. 특히 세륨
이 포함된 유리는 자외선을 잘 차단합니다. 이 외에 세륨은 화학
반응의 촉매제를 비롯하여 여러 용도가 연구 개발되고 있습니다.

# 59. 프라시오디뮴(Praseodymium, Pr)

- 원자번호 : 59
- 족 : 3족(6주기), 란타넘족 3번째 희토류 금속원소
- 원자량 : 140.90765
- 밀도 : 6.77g/cm$^{-3}$
- 전자껍질의 전자 수 : 2, 8, 18, 21, 8, 2
- mp : 935℃ /  • bp : 3520℃

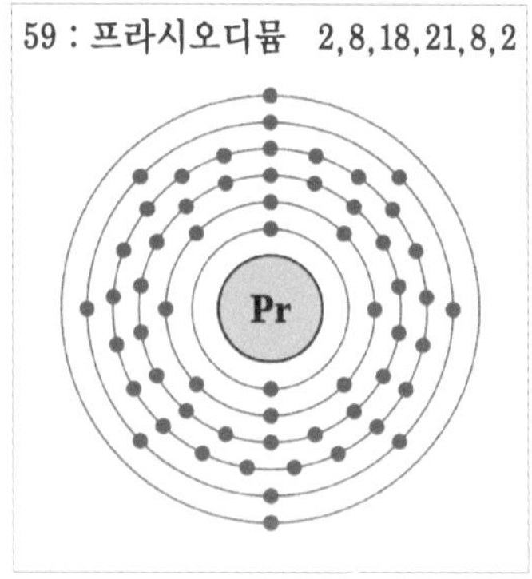


프라시오디뮴 원자의 4번째 전자궤도에는
21개의 전자가 들어가 있습니다.

프라시오디뮴(프래지오디미엄)은 은색의 무른 금속으로 연성과 전성이 좋습니다. 이 원소 역시 화학반응성이 활발하여 산소를 만나면 천천히 녹색의 산화프라시오디뮴($Pr_6O_{11}$)으로 산화됩니다.

프라시오디뮴은 1885년에 오스트리아의 광물학자인 벨스바흐 (Carl Auer von Welsbach 1858~1929)가 처음 분리했습니다. 그는 다이디뮴(didymium)이라는 광석에서 두 가지 원소를 분리했는데, 하나는 프라시오디뮴이고, 다른 것은 원자번호 60 니오디뮴 (neodymium)이었습니다. 이 원소의 이름이 된 *prasio*'는 녹색(green), *didymos*는 쌍(twin)을 뜻하는 그리스어입니다. 이름에 'green'을 붙이게 된 것은 산화프라시오디뮴이 녹색이기 때문입니다.

프라시오디뮴은 세륨을 함유한 광석인 모나자이트와 배스타나사이트에 함께 들어 있습니다. 모나자이트는 인도, 브라질, 플로리다의 강변 모래에서 다량 발견되는데, 이 모래에는 희토류 금속 원소가 50% 정도 포함되어 있답니다. 배스타나사이트는 남캘리포니아에서 많이 산출됩니다.

프리시오디뮴과 마그네슘의 합금은 강도가 좋기 때문에 비행기나 자동차 엔진 제조에 이용되고, 란타넘이나 세륨과 마찬가지로 탐조등과 같은 고광도 조명등의 전극으로 쓰입니다. 유리에 혼합하면 황색이 되므로 노란색을 차단하는 필터 유리로 이용됩니다. 프라시오디뮴은 F, Cl, I, S, O, N, Te 등과 화합물을 만들며, 화학반응의 촉매로도 이용됩니다. 화학의 발전에 따라 다른 원소들과 마찬가지로 새로운 성질과 획기적인 용도가 차츰 밝혀질 것입니다.

# 60. 네오디뮴(Neodymium, Nd)

- 원자번호 : 60
- 족 : 3족(6주기), 란타넘족 4번째 희토류 금속원소
- 원자량 : 144.242
- 밀도 : 7.01g/cm$^{-3}$
- 각 전자궤도의 전자 수 : 2, 8, 18, 22, 8, 2
- mp : 1,024℃ / • bp : 3,074℃

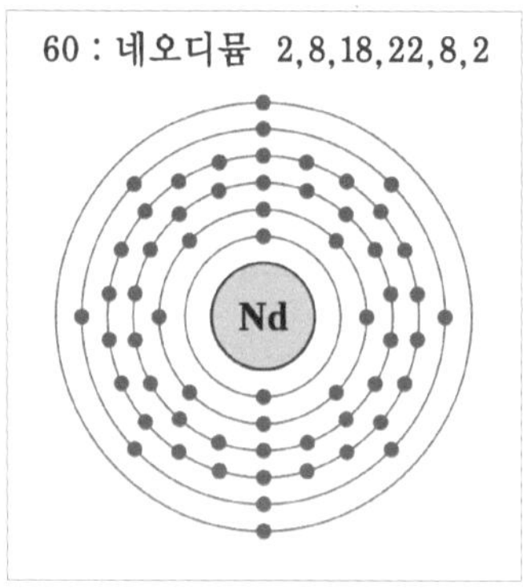


니오디뮴은 4번째 전자궤도에 22개의 전자가 있습니다.

네오디뮴(니오디미엄)은 오스트리아의 과학자 벨스바흐(Carl Auer von Welsbach 1858~1929)가 1885년에 발견한 희토류 금속원소입니다. 그는 '다이디뮴'(didymium)이라는 광석으로부터 새로운 원소 2종(니오디뮴과 프라시오디뮴)을 발견했습니다. 네오디뮴이라는 이름은 *neo*(new)와 *didymos*(twin)라는 그리스에서 온 것입니다.

이 원소를 많이 함유하고 있는 광물은 배스트나사이트와 모나자이트입니다. 모나자이트라는 광물은 총무게의 50% 정도가 희토류 금속입니다. 네오디뮴은 자연계에 순수한 상태로는 존재하지 않습니다. 은색의 이 원소는 1925년에 처음 순수하게 분리되었으며, 순수한 네오디뮴은 공기와 만나 금방 변색해버립니다.

네오디뮴 자석은 미국 제너럴 모터스사와 일본 스미모토 특수강회사가 1982년에 개발한 신소재금속입니다. 사진은 작은 네오디뮴 자석을 여럿 붙인 것입니다.

그러므로 이 원소를 순수한 상태로 보존하려면 광물성 기름(mineral oil) 속이나 플라스틱 속에 매몰해 둡니다.

'광물성 기름'이란 식물성 기름(vegetable oil)과 달리, 원유 정제 때 부산물로 생산한 무색무취의 기름을 말합니다. 광물성 기름이라는 말은 적절치 않으나 몇 백 년 전부터 통용되어 왔으며, white oil, liquid paraffin, liquid petroleum 등으로 불리기도 합니다. 이 기름의 성분은 $C_2H_4$, $C_3H_6$과 같은 알켄(alkene)이라 부르는 탄화수소입니다.

산화된 네오디뮴이 섞인 유리는 붉은 보라색을 나타내므로 용접용 보안경이라든가 인조 루비 제조에 쓰입니다. 인조 루비는 진짜 루비를 대신하여 적외선 레이저에 이용되기도 합니다.

네오디뮴은 일반인에게는 매우 생소한 이름의 원소이지만, 자연계에는 Co, Ni, Cu 정도로 매장량이 많습니다. 또한 이 원소는 NIB(네오 자석, 네오디뮴 자석)라 불리는 가장 강력한 영구자석을 만들 때 씁니다. NIB는 neodymium, iron, boron의 머리글자를 딴 것이며, 이 자석($Nd_2Fe_{14}B$)은 마이크, 대형 스피커, 이어폰, 하드디스크 드라이브, 발전기, 자석 부착물, MRI 등 강력한 자석이 필요한 곳에 널리 쓰입니다.

# 61. 프로메튬(Promethium, Pm)

- 원자번호 : 61
- 족 : 3족(6주기), 란타넘족 5번째 희토류 금속원소
- 원자량 : 145
- 밀도 : 7.26 g/cm$^{-3}$
- 각 전자궤도의 전자 수 : 2, 8, 18, 23, 8, 2
- mp : 1,042℃ /  · bp : 3,000℃

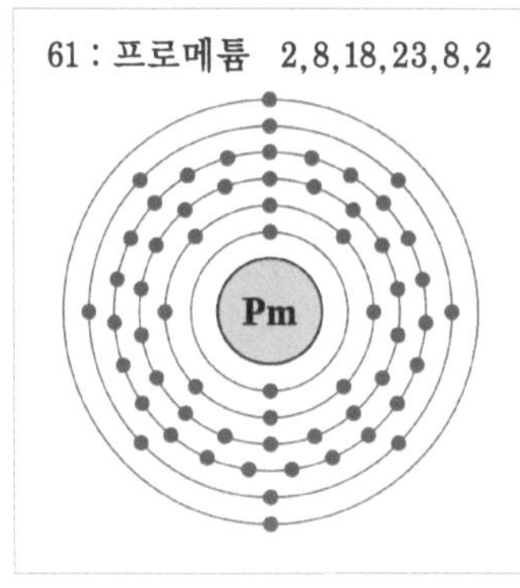


프로메튬은 최초로 만든 인공원소입니다. Pm-145의 핵은 61개의 양성자와 84개의 중성자를 가졌습니다.

프로메튬은 자연계에는 존재하지 않고, 우라늄 핵분열 때 생겨나는 것을 인공적으로 분리하여 농축한 방사성동위원소로만 존재하는 희토류 금속원소입니다. 이 원소의 이름은 그리스 신화에 나오는 하늘에서 불을 훔친 프로메테우스(*Prometheus*) 신으로부터 따왔습니다. 이 신의 이름을 사용하게 된 이유는 안드로메다 성운 속의 어떤 별에서 나오는 스펙트럼이 프로메튬과 일치하기 때문입니다.

20세기 초, 주기율표에서 니오디뮴과 사마륨 사이에 어떤 원소가 있을 것이라고 짐작하고, 이 원소를 찾으려고 많은 과학자들이 노력했습니다. 드디어 미국 테네시 주 오크리지 국립연구소

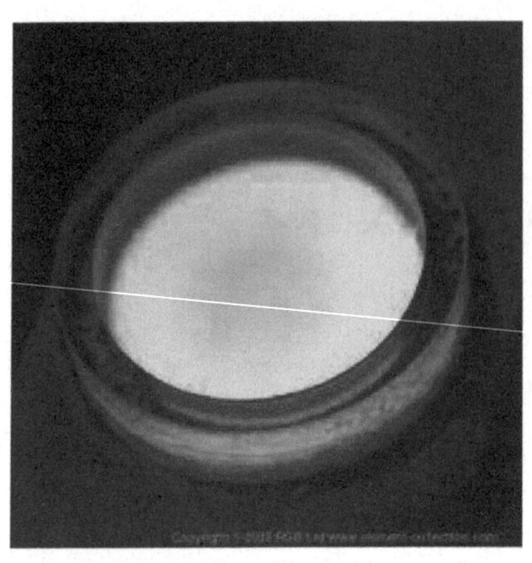

순수한 프로메튬의 화학적 성질은 란타넘족의 다른 원소들과 비슷합니다. 프로메튬염에서 방출되는 강력한 방사선은 어둠 속에서 주변의 공기가 희미한 녹청색을 내도록 합니다.

(ORNL)의 세 과학자 미린스키(Jacob A. Mirinsky 1918~2005), 글렌데닌(Lawrence E. Glendenin 1918~2008), 코옐(Charles D. Coryell 1912~1971)이 1947년에 원자로 안에서 우라늄이 핵분열 때 생겨나는 여러 원소들 중에서 이를 처음 발견했습니다. 이들은 모두 원자폭탄을 개발한 '맨해튼 계획'에 참여했던 과학자들입니다. 만일 원자폭탄 연구가 급하지 않았더라면 훨씬 일찍 프로메튬을 발견할 수 있었을 것이라고 합니다.

원자로에서 원자번호 60인 니오디뮴에 중성자를 충격하면 원자번호 61인 프로메튬이 생겨납니다. 지금까지 프로메튬의 방사성 동위원소가 28종 합성되었으며, 그들 중에 Pm-145의 반감기가 가장 길어 17.7년입니다. 과학 연구에서는 반감기가 2.6년인 Pm-147이 많이 이용합니다. 이 동위원소의 방사선은 원자력전지로부터 열을 얻어야 할 때, 휴대용 X선 장비, 종이나 금속의 두께를 측정할 때 등에 활용됩니다.

# 62. 사마륨(서메리엄 Samarium, Sm)

- 원자번호 : 62
- 족 : 3족(6주기), 란타넘족 6번째 희토류 금속원소
- 원자량 : 150.36
- 밀도 : 7.52 g/cm$^{-3}$
- 각 전자궤도의 전자 수 : 2, 8, 18, 24, 8, 2
- mp : 1,072℃ /  bp : 1,794℃

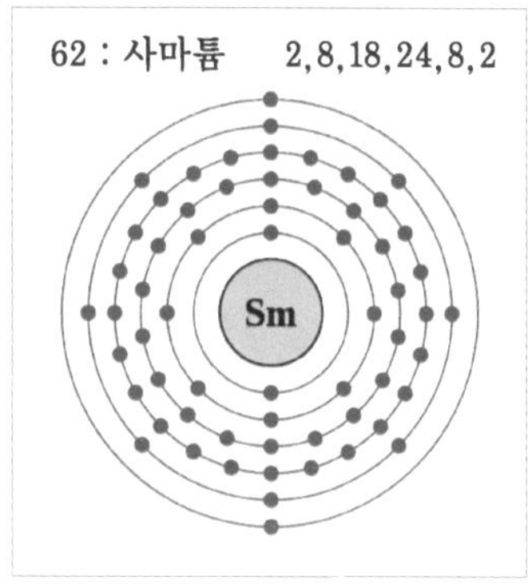


사마륨 원자의 4번째 전자궤도에는 24개의 전자가 돌고 있습니다. 사마륨은 강력한 영구 자석을 만드는 원료 금속이며, 이 자석은 고열에서도 자성이 잘 변하지 않는 성질이 있습니다.

란타넘족에 속하는 6번째 원소인 사마륨(영어 발음은 서메리엄)을 처음 발견한 과학자는 프랑스의 화학자 부아보드랑(Paul-Emile Lecoq de Boisbraudran 1838~1912)입니다. 그는 1879년에 새마스카이트(samarskite)라는 광석에서 특수한 스펙트럼을 내는 물질을 발견하고 그 이름을 사마륨이라 불렀습니다. 보아보드랑은 이 원소 외에 갈륨(31번 Ga)과 가돌리늄(64번 Gd), 디스프로슘(66번 Dy)도 처음 발견했습니다.

사마륨은 지각 속에 주석 다음 40번째로 매장량이 많은 원소이며, 이를 가장 많이 함유한 광물은 모나자이트(monazite)와 배스트나사이트(bastnasite)이고, 현재 중국이 최대 광석 생산국입니다.

사마륨을 함유하고 있는 광석 세마스카이트. 부아보드랑은 이 광석을 분광분석(分光分析)하여 사마륨을 발견했습니다.

순수한 사마륨은 은백색 광택을 가졌으며, 상온에서는 매우 느리게 산소와 화합하지만, 온도가 150℃ 이상 높으면 자연 점화(點火)되어 산화하는 성질이 있습니다. 사마륨과 코발트를 혼합하여 만든 자석은 '니오디뮴 자석' 다음으로 강력한 영구자석입니다. 이 자석은 700℃ 이상의 고온에서도 자력을 잃지 않는, 탈자성화(脫磁性化)가 가장 어려운 금속이기도 합니다. 산화사마륨은 적외선을 잘 흡수하므로, 이 성질을 이용하여 특수 유리라든가 민감한 적외선형광물질로 이용합니다.

방사성 Sm-153은 폐암, 전립선암, 유방암, 골육종(骨肉腫) 치료에 이용되고, 방사성 Sm-149는 중성자를 흡수하는 성질이 강하여 원자로에서 핵반응 속도를 조절하는 제어봉(制御棒 control rod)에 쓰입니다.

사마륨은 란타넘계 원소 중에서 이터븀(Yb)과 유로퓸(Eu) 다음으로 끓는 온도가 낮으므로(1,794℃) 원광(原鑛)을 가열하면 쉽게 분리되어 나옵니다. 사마륨은 여러 가지 화합물을 만들며 그들의 용도가 최근 연이어 알려집니다.

# 63. 유로퓸(Europium, Eu)

- 원자번호 : 63
- 족 : 3족(6주기), 란타넘족 7번째 희토류 금속원소
- 원자량 : 151.964
- 밀도 : 5.264 g/cm$^{-3}$
- 각 전자궤도의 전자 수 : 2, 8, 18, 25, 8, 2
- mp : 826℃ / • bp : 1,529

납처럼 무르고 연성이 좋은 은백색 금속인 유로퓸은 희토류 금속 원소 중에서 매장량이 극히 적은 편입니다. 이 원소는 1901년에 프랑스의 화학자 드마르세이(Eugene-Anatole Demarcay 1852~1904)가 발견했습니다. 그는 이 새 원소에 자신이 사는 유럽 대륙의 이름을 붙였습니다.

유로퓸은 다른 희토류 금속 원소들처럼 모나자이트와 배스트나사이트에 미량 포함되어 있습니다. 순수하게 분리할 때는 다른 희토류 금속원소들과 마찬가지로 '이온교환 크로마토그래피'라는 방식을 사용합니다.

유로퓸은 란타넘족 원소 중에서 녹는 온도가 두 번째로 낮고 밀도는 최하입니다. 순수한 유로퓸은 공기나 물과 만나면 쉽게 산화반응을 일으켜 수소를 발생합니다.

$$2Eu + 6H_2O \rightarrow 2Eu(OH)_3 + 3H_2$$

유로퓸은 공기 중에서 온도가 150~180℃에 이르면 저절로 점화되어 산화유로퓸으로 됩니다. 산화유로퓸은 컬러텔레비전이나 컴퓨터 모니터에서 붉은 형광을 내는 물질로 이용됩니다. 유로퓸과 할로겐 원소와의 화합물은 다양한 색의 형광을 냅니다. 이 원소를 황산에 녹이면 연한 홍색을 나타냅니다.

# 64. 가돌리늄(Gadolinium, Gd)

- 원자번호 : 64
- 족 : 3족(IIIB), 8번째 란타넘족 희토류 금속원소
- 원자량 : 157.25
- 밀도 : 7.90 g/cm$^{-3}$
- 각 전자궤도의 전자 수 : 2, 8, 18, 25, 9, 2
- mp : 1,312℃ / • bp : 3,273℃

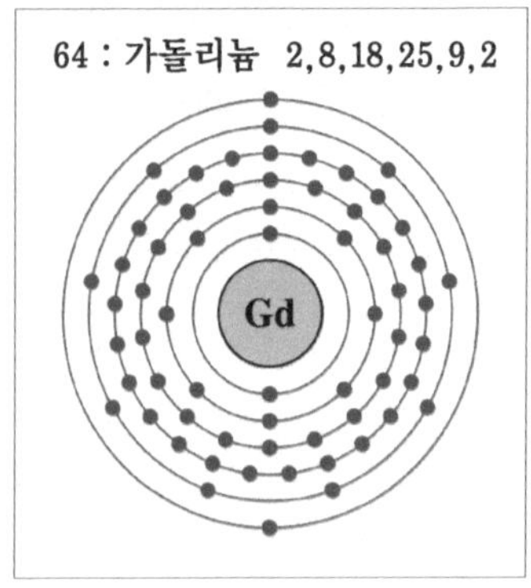


가돌리늄의 핵 둘레의 4번째 전자궤도에는 25개의 전자가 회전합니다.

가돌리늄(개덜리니엄)은 란타넘족에 속하는 15종의 원소 가운데 6번째로 다량 존재하는 은백색의 금속이며, 연성과 전성이 좋습니다. 이 원소는 스위스의 화학자 마리그나크(de Marignac 1817~1894)가 '가돌리나이트'(gadolinite)라는 광석을 분광분석하여 발견했습니다. 그는 1878년에는 이터븀(Yb)을, 1880년에는 이 가돌리늄을 발견했답니다. 가돌리늄이라는 명칭은 그것이 발견된 광석의 이름에서 따온 것입니다.

가돌리늄은 산화력이 강하기 때문에 자연계에 순수한 상태로 존재하지 않습니다. 이를 처음 순수 분리한 과학자는 프랑스의 화학자 부아보드랑(Boisbaudran)입니다. 가돌리늄은 모나자이트와

배스트나사이트 광석 속에 여러 란타넘계 원소들과 함께 미량 포함되어 있습니다. 이 광물의 주산지는 중국, 미국, 브라질, 스리랑카, 인도, 오스트레일리아입니다.

순수한 가돌리늄은 수증기가 많은 공기와 만나면, 산소와 반응하여 매우 느리게 녹이 생기면서 표면이 박편 상태로 벗겨져 나옵니다. 가돌리늄의 방사성 동위원소들 중에 Gd-157은 중성자를 잘 흡수하기 때문에 원자로의 연료봉에 이용됩니다. 가돌리늄의 합금은 특수강과 반도체 제조에 쓰이며, 또한 이 금속의 화합물은 컬러텔레비전 모니터의 색을 내는 형광물질로 이용되기도 합니다.

가돌리늄은 철이나 코발트처럼 강한 자성을 가지고 있으나, 온도가 20℃ 이상 높아지면 자성이 없어지는 성질이 있습니다. 물리학에서 자성체의 자성이 없어지는 온도를 큐리점(Curie point)이라 합니다. 그러므로 가돌리늄 자석은 큐리점이 낮은 거지요.

가돌리늄을 이용한 '중성자 방사선사진'(neutron radiography)은 비행기나 선체의 결함부위를 찾는데 쓰입니다. 영상의학(影像醫學)에서 많이 사용하는 '마그네비스트'(magnevist, 바이에르 제약회사 제품)라는 조영제(造影劑 organic gadolinium)는 중성자의 그림자를 만들어 환자의 뇌나 심장의 혈관이라든가 암 조직을 진단하는 MRI(자기공명영상장치)에 이용됩니다.

# 65. 터븀(Terbium, Tb)

- 원자번호 : 65
- 족 : 3족(6주기), 란타넘족의 9번째 희토류 금속원소
- 원자량 : 158.925
- 밀도 : 8.23  $g/cm^{-3}$
- 각 전자궤도의 전자 수 : 2, 8, 18, 27, 8, 2
- mp : 1,356℃ /  · bp : 3,230℃

은백색 희토류 금속원소인 터븀은 란타넘족 원소 중에서 매장량이 극히 적은 편입니다. 이 원소는 연성과 전성이 좋으며, 칼로 자를 수 있을 정도로 무릅니다. 터븀 역시 란타넘족 원소들이 포함된 여러 종류의 광석에 섞여 있습니다.

터븀은 스웨덴의 화학자 모잔더(Carl Gustaf Mosander 1797~1858)가 1843년에 이트리아(yttria)라는 광석에서 발견했습니다. 그는 터븀 외에 란타넘(La)과 어븀(Er)도 발견했지요. 그는 이 원소를 함유한 광석이 자주 발견되는 스웨덴의 지방 이름 이터비(Ytterby)로부터 터븀이라는 이름을 만들었습니다.

터븀은 산소와 잘 결합하므로 자연계에 순수한 상태로 존재하지 않습니다. 터븀은 다른 란타넘족 원소들처럼 모나자이트와 같은 광물로부터 이온교환법으로 생산합니다. 터븀은 납처럼 보이지만 납보다 훨씬 무거우며, 납과 마찬가지로 부식에 강한 성질을 가졌습니다.

터븀은 질소, 탄소, 황, 인, 염소와 같은 원소(헬로젠 원소)와 화합물을 잘 만듭니다. 터븀은 특수한 레이저, 컴퓨터 모니터에서 녹색 형광을 내는 물질로 이용되며, 그 합금은 강자성을 가지므로 디스크드라이브에 이용됩니다. 터븀과 생물체와의 관계는 알려진 것이 별로 없습니다.

# 66. 디스프로슘(Dysprosium, Dy)

- 원자번호 : 66
- 족 : 3족(6주기), 란타넘족의 10번째 희토류 금속원소
- 원자량 : 162.5
- 밀도 : 8.54 g/cm$^{-3}$
- 각 전자궤도의 전자 수 : 2, 8, 18, 28, 8, 2
- mp : 1,407℃ /  · bp : 2,562℃

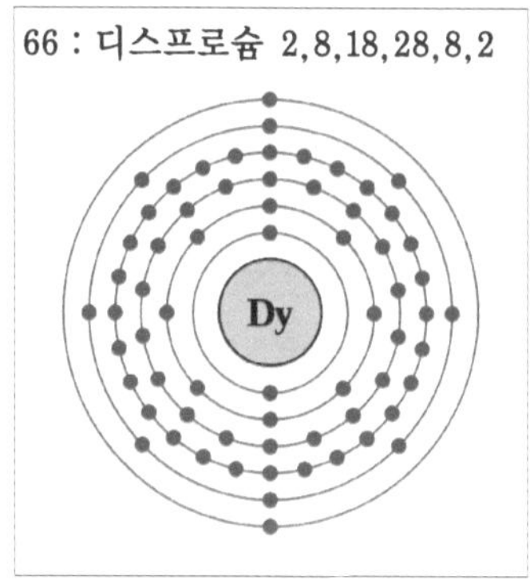


란타넘족의 10번째 원소인 디스프로슘은 특수한 자성을 나타냅니다.

디스프로슘은 밝은 은백색 광택을 가진 희토류 금속원소의 하나입니다. 희토류 금속으로서는 지각 속에 9번째로 많은 이 원소는 칼로 자를 정도로 무릅니다. 디스프로슘은 프랑스의 화학자 부아보드랑((Paul-Emile Lecoq de Boisbraudran 1838~1912)이 1886년에 발견했습니다. 이 원소의 이름은 그리스어 *dysprositos* (찾기 어려운)에서 왔습니다.

디스프로슘은 일찍이 발견되었으나, 이온교환법(물질을 이온화시켜 순수하게 분리하는 방법)이 알려진 1950년에야 순수한 것을 분리할 수 있었습니다. 이 원소는 모나자이트, 배스트나사이트, 가돌리나이트 등의 광물에 포함되어 있습니다.

디스프로슘은 원소번호 67번 홀뮴(Ho)과 함께 특정한 조건에서 가장 강력한 자성을 갖습니다. 그런데 85K 이하에서는 강자성을 갖지만, 85K 이상에서는 반자성체(反磁性體)가 되고, 177K 이상이 되면 상자성체(常磁性體)가 됩니다. (K는 절대온도를 나타냅니다. 절대온도 0도는 가장 낮은 온도인 약 -273℃입니다. 85K는 -188℃입니다.)

디스프로슘은 공기 중에서는 매우 느리게 산소와 결합합니다. 그러나 200℃ 이상 온도에서 핼러젠(할로겐) 원소를 만나면 맹렬하게 반응하여 $DyF_3$(녹색), $DyCl_3$(흰색), $DyBr_3$(흰색), $DyI_3$(녹색)을 만듭니다.

이 원소는 지금까지 29종의 방사성 동위원소가 인공적으로 합성되었습니다. 이들은 중성자를 잘 흡수하므로 원자로에서 제어봉에 이용됩니다. 디스프로슘 역시 다른 희토류원소와 마찬가지로 레이저, 전자기, 강자성체, 초전도자석, 핵반응 제어 등에서 귀중한 용도가 알려지면서 그 값이 크게 뛰고 있습니다. 세계적으로 1년에 100톤 정도 생산(99%가 중국에서 산출)되는데, 2003년에 1파운드(453g)에 $7이던 것이 2010년에는 $130로 올랐으며, 2015년이면 그나마 고갈될지 모르는 자원입니다.

### ♬ 상자성체, 강자성체, 반자성체

강한 자기장이 미치는 곳에 놓인 물질은 모두 자기(磁氣)를 나타냅니다. 그러나 일반적인 물질은 자기가 매우 약하여 자성이 없는 것처럼 보입니다. 자성체가 되었다가 외부의 자기장이 없어지면 자성도 사라지는 일반적인 물질은 '상자성체(常磁性體)'라 하고, 반대로 외부 자기장에 대해 자기장의 방향으로 강한 자력을 나타내며, 외부 자력이 없어져도 자성을 잃지 않는 물질은 강자성체(强磁性體)라 하지요. 한편 외부의 자기장에 대해 반대방향으로 자기장을 나타내는 물질은 반자성체(反磁性體)라 합니다.

# 67. 홀뮴(Holmium, Ho)

- 원자번호 : 67
- 족 : 3족(6주기), 란타넘족의 11번째 희토류 금속원소
- 원자량 : 164.93
- 밀도 : 8.79 g/cm$^{-3}$
- 각 전자궤도의 전자 수 : 2, 8, 18, 29, 8, 2
- mp : 1,461℃ /  • bp : 2,720℃

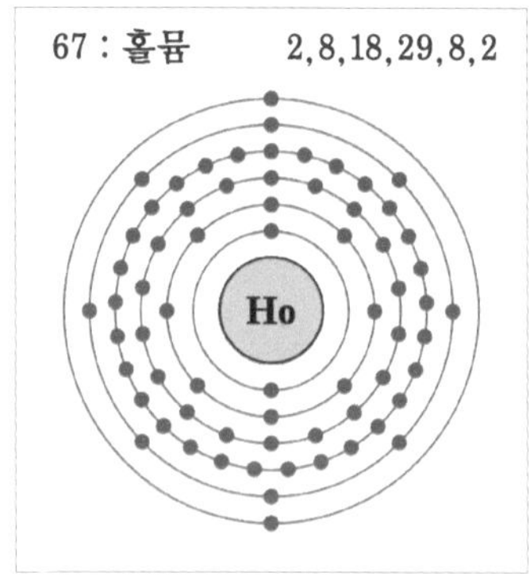


자연계의 홀뮴 원자(Ho-165)는 67개의 양성자와 98개의 중성자를 가졌습니다.

홀뮴은 희토류 금속 중에서 매장량이 지극히 적은 밝은 은색의 원소입니다. 스위스의 두 과학자는 1878년에 미지의 물질을 분광 스펙트럼 분석 중에 특별한 파장의 빛이 있다는 것을 알았으나 그것이 어떤 것인지 알지 못했습니다. 다음 해인 1879년 스웨덴의 화학자 클레베(Per Teodor Cleve 1840~1905)는 '어비아'(erbia, 산화어븀)라는 광물로부터 이 원소를 확인하게 되었습니다. 그는 이 새로운 원소에 스웨덴의 수도 스톡홀름(라틴어로는 *Holmia*)의 이름을 따서 '홀뮴'이라 불렀습니다.

홀뮴은 연성과 전성이 매우 좋고 아주 무른 금속입니다. 이 원소는 건조한 공기 중에서는 잘 부식하지 않으나 습기가 있는 공

기 중에서는 황색 산화물($Ho_2O_3$)로 변합니다.

홀뮴을 생산하는 가장 중요한 광물은 다른 란타넘족 원소들과 마찬가지로 모나자이트입니다. 홀뮴 역시 이온교환법으로 분리합니다. 홀뮴은 매장량이 너무 적어 상업적으로 잘 이용하지 못합니다. 이 원소 역시 다른 란타넘족 원소들처럼 대단히 강한 자력을 가지고 있으며, 중성자를 잘 흡수하기 때문에 원자로에서 제어봉으로 이용됩니다. 홀뮴에서 나오는 레이저는 파장이 2.08nm인데, 이 파장은 눈에 안전합니다. 그래서 홀뮴 레이저는 의료용, 치과용으로 이용됩니다. 홀뮴은 핼러젠 원소들과도 잘 화합하고, 황색 또는 붉은색 유리를 제조할 때 색소로 이용되기도 합니다.

# 68. 어븀(Erbium, Er)

- ◆ 원자번호 : 68
- ◆ 족 : 3족(6주기), 란타넘족의 12번째 희토류 금속원소
- ◆ 원자량 : 167.259
- ◆ 밀도 : 9.066 g/cm$^{-3}$
- ◆ 각 전자궤도의 전자 수 : 2, 8, 18, 30, 8, 2
- ◆ mp : 1,529℃ / ◆ bp : 2,868℃

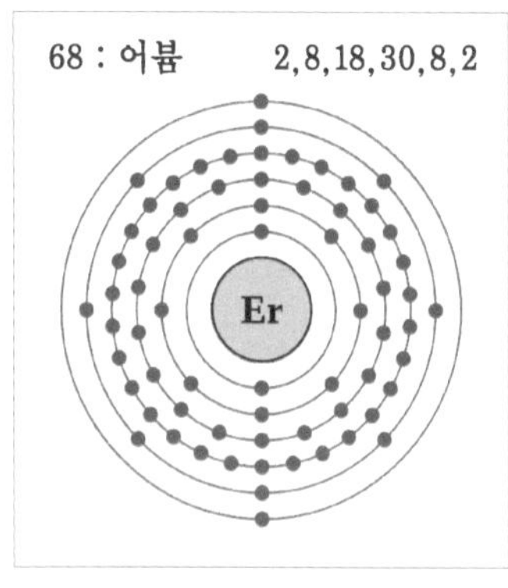


어븀 원자의 각 전자궤도에 따른 전자 수를 나타냅니다. 어븀은 광통신에 적절한 파장을 내는 레이저 생산에 이용됩니다.

은백색 광택을 가진 금속인 어븀 역시 매장량이 극히 적은 희토류 원소이며, 성질도 다른 란타넘족 원소들과 비슷합니다. 어븀은 자연계에 순수한 상태로 존재하지 못하고 다른 원소와 화합물을 이루고 있습니다. 1843년에 터븀(Tb, 65번 터븀 참조)을 발견한 화학자 모잔더(Carl Gustaf Mosander 1797~1858)는 이트리아(yttria)라는 광석에서 같은 해에 어븀도 발견했습니다. 그는 이트리아가 많이 산출되는 스웨덴의 지방 이름(Ytterby, Ytt-erby)을 따서 새 원소에 어븀(erbium)이라는 명칭을 붙였습니다.

어븀은 무르고 연성이 좋으며, 공기 중에서 매우 느리게 산소와 화합하여 산화어븀($Er_2O_3$)으로 변합니다. 어븀을 산출하는 중

요 광석은 제노타임(xenotime)과 옥세라이트(euxerite)이며, 이 광물에는 다른 란타넘족 원소들도 여러 가지 포함되어 있습니다.

어븀은 파장 1,530nm의 레이저를 낼 수 있습니다. 파장 1,550nm 레이저는 광섬유에 잘 흡수되지 않으므로 광통신에서 효율적인 '광섬유 레이저'로 이용합니다. 한편 어븀과 다른 원소와의 화합물로 된 'Er · YAG 레이저'(Er · $Y_3Al_5O_{12}$)는 파장 2,940nm의 적외선 레이저를 방출하며, 이 파장의 레이저는 몸의 젖은 조직(물)에서 잘 흡수되기 때문에 레이저 외과수술에 적합합니다. (1nm는 10억분의 1m = 100만분의 1mm)

어븀은 19K 이하 온도에서는 강자성을, 19-80K에서는 반자성을, 80K 이상에서는 상자성을 나타냅니다(66번 디스프로슘 참조). 핼러젠 원소와 화합하면 핑크와 보라색을 나타내므로, 이런 화합물은 색유리 제조에 이용합니다.

# 69. 툴륨(Thulium, Tm)

- 원자번호 : 69
- 족 : 3족(6주기), 란타넘족의 13번째 희토류 금속원소
- 원자량 : 168.93421
- 상대밀도(비중) : 9.32  $g/cm^{-3}$
- 각 전자궤도의 전자 수 : 2, 8, 18, 31, 8, 2
- mp : 1,545℃ /  ・bp : 1,950℃

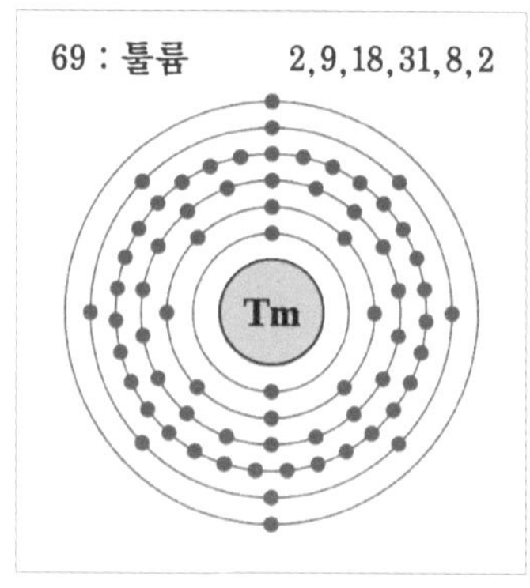


툴륨의 핵은 69개의 양성자와 100개의 중
성자를 가졌습니다.

툴륨은 란타넘족 원소 중에서 프로메튬 다음으로 희귀한 존재
로서, 다른 희토류 금속원소를 추출할 때 부산물로 미량(微量)
생산됩니다. 밝은 은회색 광택을 가진 이 금속 원소는 스웨덴의
화학자 클레베(Per Teodor Cleve 1840~1905)가 1879년에 '어비
아'(erbia, 산화어븀)라는 광물에서 발견했습니다. 클레베는 이 광
물 속에서 툴륨과 동시에 67번 홀뮴도 같은 해에 발견했지요. 이
원소의 이름이 된 툴륨은 스칸디나비아의 옛 명칭인 툴레(Thule)
에서 따온 것입니다. 툴륨은 원자번호 81인 탈륨(tallium)과 발음
이 비슷하지요.

툴륨이 포함된 중요 광석은 모나자이트인데, 모나자이트 성분

의 약 7000분의 1이 툴륨입니다. 거의 모든 희토류 금속원소가 들어있는 모나자이트는 극히 제한된 지역(인도, 브라질의 특정 지역 강모래와 플로리다의 해변모래)에서 산출되며, 툴륨은 이온 교환법으로 원광에서 추출합니다.

툴륨 역시 다른 란타넘족 원소들처럼 연성과 전성이 뛰어나며, 칼로 자를 수 있을 정도로 무릅니다. 툴륨은 절대온도 32K 이하에서는 강자성을, 32-56K에서는 반자성을, 그리고 56K 이상에서는 상자성을 갖는 자성체입니다(66번 원소 Dy 참조).

툴륨은 공기 중에서 매우 느리게 산화되지만, 온도가 150℃ 이상이면 불타면서 산화툴륨($Tm_2O_3$)으로 됩니다. 또한 핼러젠 원소들과 잘 화합하여 독특한 색을 나타냅니다. 이런 툴륨은 매우 고가이지만 외과 수술용 레이저, 휴대용 X레이 장치 등으로 잘 이용됩니다.

# 70. 이터븀(Ytterbium, Yb)

- 원자번호 : 70
- 족 : 3족(6주기), 란타넘족의 14번째 희토류 금속원소
- 원자량 : 173.053
- 밀도 : 6.90 g/cm$^{-3}$
- 각 전자궤도의 전자 수 : 2, 8, 18, 32, 8, 2
- mp : 824℃ /  · bp : 1,196℃

이트븀은 밝은 은색 광택을 가진 연성과 전성이 좋고 무른 희토류 금속원소입니다. 지각 중에 매장량은 란타넘족 원소 중에서 많은 편입니다. 이 원소는 스위스의 화학자 마리고나크(Jean de Marignac 1817~1894)가 '어비아'라는 광석에서 1878년에 발견했습니다. 그는 1880에는 원자번호 64번 가돌리늄(Gd)을 발견하기도 했지요. 이트륨이라는 이름은 이 원소를 함유한 '어비아'('어븀'의 농도도 높음)가 많이 발견된 스웨덴의 지방 이름 이터비(Ytterby)에서 따온 것입니다.

이터븀 역시 모나자이트로부터 주로 생산합니다. 순수한 이트븀을 이용할 수 있게 된 때는 1953년 이후입니다. 이트븀은 공기 중에서 천천히 산화하기 때문에 밀폐 공간에 보관합니다. 이트븀은 3종의 동위원소가 알려져 있으며, 자성을 가지고 있어 온도에 따라 상자성, 강자성, 반자성을 나타냅니다.

이트븀의 방사성 동위원소인 Yb-169는 감마선을 방출하므로, 휴대용 X-레이 대용으로 쓰입니다. 스테인리스 스틸에 이트븀을 미량 혼합하면 강도가 더 좋아집니다. 이트븀은 Yb · YAG((Yb · $Y_3Al_5O_{12}$) 레이저로도 이용됩니다. 이 원소의 상업적 용도는 별로 알려지지 않았으나, 다른 모든 란타넘족 원소들과 마찬가지로 그들에 대한 물리 화학적 연구가 많이 이루어지고 있습니다.

# 71. 루테튬(루티섐 Lutetium, Lu)

- 원자번호 : 71
- 족 : 3족(6주기), 란타넘족의 15번째 마지막 희토류 금속원소
- 원자량 : 174.9668
- 밀도 : 9.841 g/cm$^{-3}$
- 각 전자궤도의 전자 수 : 2, 8, 18, 32, 9, 2
- mp : 1,652℃ /  • bp : 3,402℃

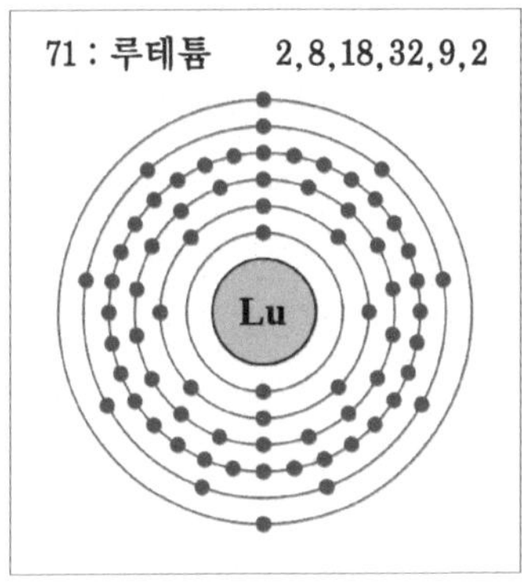


루테튬의 동위원소 중에서 그 양이 가장 많은 Lu-175(97.41%)의 핵은 71개의 양성자와 104개의 중성자를 가졌습니다.

루테튬(영어 발음은 루티섐)은 란타넘족에 속하는 마지막 원소로서, 그 매장량은 매우 적은 편입니다. 이 원소는 1907년에 프랑스의 화학자 위르뱅(Georges Urbain 1872~1938)과 오스트리아의 광물학자 벨쉬바흐(Carl Auer Welsbach 1858~1929), 그리고 미국의 화학자 제임스(Charles James 1880~1928) 세 과학자가 독립적으로 발견했습니다. 루테튬이라는 명칭은 파리를 의미하는 라틴어 *Lutetia*에서 유래했습니다. 당시 벨쉬바흐는 새 원소 이름을 성좌(星座) 카시오피아를 따서 카시오퓸(cassiopium)이라 부르기를 원했습니다. 세 번째 동시 발견자인 미국 뉴햄프셔 대학 제임스 교수의 업적은 1999년에야 미국화학회로부터 인정받았습니다.

　루테튬은 모나자이트에 3,000분의 1 정도 포함되어 있습니다. 루테튬 또한 다른 란타넘족 원소들과 마찬가지로 은백색이며 부식에 강한 편입니다. 무게(비중)라든가 녹는 온도, 강도는 희토류 금속 중에서 가장 높습니다.

　이 원소의 가격은 매우 비싸며, 산업적 용도는 많지 못합니다. 루테튬에는 42개의 동위원소가 알려져 있으며, 그중 Lu-176은 우주에서 날아온 운석(隕石)의 나이를 측정하는데 이용됩니다. 루테튬탄탈산염($LuTaO_4$)은 밀도가 높은($9.81$ $g/cm^{-3}$) 안정적인 백색 물질이므로 X-선 광원체를 보관하는 용기로 사용됩니다.


## 희토류 토금속 원소의 확보 경쟁

　원자번호 57 란타넘(La)부터 71번 루테튬(Lu)까지 15종의 희토류 금속원소는 현대 물리학과 화학의 발전에 따라 새로운 성질이 계속 밝혀지고 있습니다. 이들이 여러 첨단기술에서 중요한 자원이 되면서 소비량이 급증합니다. 그러나 희토류 원소를 포함한 모나자이트와 같은 원광(原鑛)은 지구상 극히 제한된 지역에서만 소량 발견되고 있으며, 화학적으로 순수 분리하기가 까다로워 그 값이 계속 상승하고 있습니다. 희토류 원소의 용도는 점차 확대될 전망입니다. 그래서 오늘날 각국은 희토류 금속원소의 자원 확보 경쟁을 벌이고 있지요. 희토류 원소를 지구에서 공급받기 어려워지면, 인류는 이들을 찾아 달이나 소행성 등으로 가봐야 할 것입니다.

## 72. 하프늄(Hafnium, Hf)

- 원자번호 : 72
- 족 : 6주기(4족), 전이원소
- 원자량 : 178.49
- 밀도 : 13.31 g/cm$^{-3}$
- 각 전자궤도의 전자 수 : 2, 8, 18, 32, 10, 2
- mp : 2,233℃ /  · bp : 4,603℃

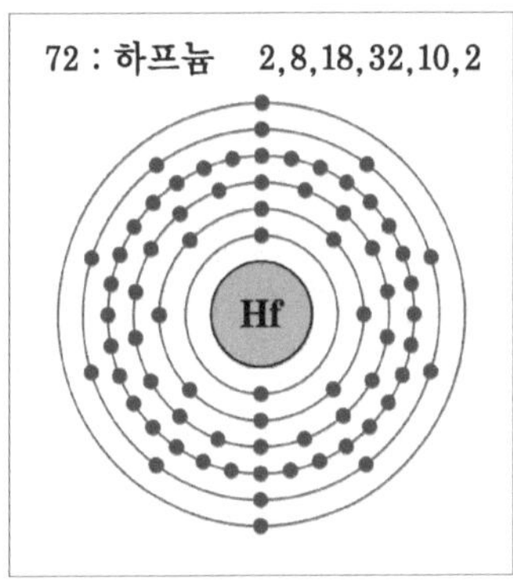


하프늄의 산화물은 내열성이 극히 강하기 때문에 고열에 잘 견뎌야 하는 미사일이나 우주선 로켓의 노즐 제조에 이용됩니다. 하프늄의 동위원소는 34종 알려져 있습니다.

밝은 은백색을 가진 하프늄은 연성이 지극히 좋습니다. 이 원소는 같은 4족에 속하는 지르코늄(Zr, 원소번호 40)과 성질이 비슷하고 역사적인 면도 연관되어 있습니다. 이 두 원소는 너무 닮아 분리하기조차 어렵습니다.

하프늄은 매장량이 다소 많은 편이지만 1923년에야 발견되었습니다. 멘델레예프를 비롯하여 여러 화학자들이 원자번호 72번의 존재를 믿고 있었으나, 이 원소가 '화학적 형제'라고 할 지르코늄과 함께 있었기 때문에 찾지 못했던 것입니다.

네덜란드의 물리학자 코스터(Dirk Coster)와 헝가리의 물리학자 헤베시(George Karl von Hevesy)는 덴마크의 물리화학자 닐스보어(Niels Bohr 1885~1962)가 당시 새롭게 밝혀낸 원자구조와 양자이론(quantum theory)에 따라 'X-선 분광분석법'으로 지르코늄을 조사하여 드디어 하프늄을 찾아냈습니다.

하프늄이라는 이름은 '하프늄이 지르코늄과 함께 있을 것이라고 예견한' 보어의 명예를 높여 그의 고국 덴마크의 수도 코펜하겐의 옛 라틴어 명칭(*Hafnia*)을 따서 짓게 되었답니다.

하프늄을 얻는 광물은 지르코늄이 함유된 지르콘(zircon)과 배딜라이트(baddeleyite) 등입니다. 지르콘의 중요 광산은 브라질과 서부 오스트레일리아에 있습니다. 순수한 하프늄은 공기 중에서 산소와 화합하여 피막(皮膜)을 만들어 내부를 보호하므로, 더 이상 부식이 진행되지 않게 됩니다. 하프늄이 지르코늄과 크게 다른 점은 중성자를 매우 잘 흡수한다는 것입니다. 하프늄은 값이 비싸지만 어떤 원자력잠수함의 원자로에서는 하프늄을 넣은 제어봉을 사용한답니다.

산화하프늄($HfO_3$)의 녹는 온도는 2,812℃이고, 끓는 온도는 5,100℃인데, 이는 산화지르코늄과 매우 비슷합니다. 하프늄의 합금은 로켓 추진기관인 노즐 제조에 쓰이는데, 아폴로 달착륙선의 경우, 니오븀 89%, 하프늄 10%, 티타늄 1%의 합금으로 노즐을 만들었답니다. 그 외에 반도체로도 이용되며, 전구 속에 미량 남은 산소나 질소를 제거하는 게터(getter : get rid of)로 사용되기도 합니다.

# 73. 탄탈럼(Tantalum, Ta)

- 원자번호 : 73
- 족 : 6주기 5족, 전이원소
- 원자량 : 180.94788
- 밀도 : 16.69  g/cm$^{-3}$
- 각 전자궤도의 전자 수 : 2, 8, 18, 32, 11, 2
- mp : 3,017℃  /  ・bp : 5,458℃

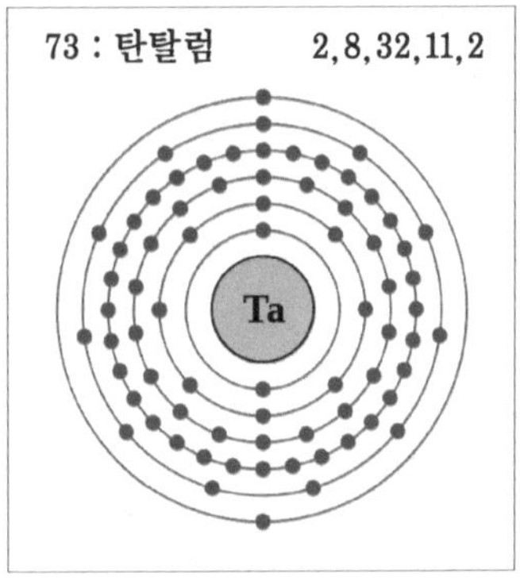


탄탈럼 원자(Ta-181, 99.988%)는 73개의 양성자와 108개의 중성자를 가졌습니다.

탄탈럼(영어발음은 탠털럼)은 매우 단단하고 무거운 회색 금속입니다. 탄탈럼은 스웨덴의 화학자 에케버그(Anders Gustav Ekeberg 1767~1813)가 1802년에 발견했습니다. 그는 이 원소를 스웨덴의 이터비(Ytterby) 지방에서 산출된 광물(란타넘족의 희토류 금속원소들이 들어있는)에서 발견했습니다. 이 원소의 명칭은 그리스 신화에 나오는 니오베 여신의 아버지 탄탈로스(*Tantalos*)의 이름을 따서 지은 것입니다.

탄탈럼이 처음 발견된 후 약 반세기 동안 화학자들 사이에 주기율표에서 바로 위에 자리한 니오븀(Nb : 41번 원소)과 혼돈되어 많은 논쟁을 일으켰습니다. 순수한 탄탈럼은 1903년에야 독일 화학자 볼턴(Wemer von Bolton 1868~1912)이 최초로 추출했습니다. 그는 탄탈럼으로 백열전구의 필라멘트를 처음 만들었습니다. 가느다랗게 뽑은 탄탈럼 철사 필라멘트는 후에 텅스텐으로 교체되었습니다.

탄탈럼은 녹는 온도가 지극히 높아, 이를 능가하는 금속은 텅스텐(W)과 레늄(Re), 오스뮴(Os) 뿐입니다(금속 외로는 탄소의 승화온도가 3,462℃입니다). 탄탈럼이 포함된 중요 원광은 아프리카, 타이, 포르투갈, 캐나다 등지에서 산출되는 콜럼바이트(columbite)입니다.

탄탈럼은 화학적으로 매우 안정하여 150℃ 이하에서는 다른 원소와 화합하지 않습니다. 또한 이 원소는 인체에 대해서도 대단히 안전합니다. 그에 따라 치과라든가 외과병원에서 중요하게 사용하는 원소가 되었습니다. 즉 두개골 일부가 손상되었을 때는 탄탈럼으로 그 부분을 대신하고, 뼈를 연결할 때는 나사못이나 꺾쇠(스테이플)로 이용하지요.

탄탈럼과 그의 화합물들은 부식에 강하기 때문에 특수한 산업 제품 생산에 쓰입니다. 예를 들면 염산이나 황산을 제조 때 그들을 담는 용기(容器)로 씁니다. 또한 탄탈럼과 그 합금은 견고성이 뛰어나므로 비행기, 원자로, 미사일, 터빈의 날개, 특수 의료 기구나 치과 장비 제조에 이용됩니다. 미국 로스알라모스 국립연구소에서 만든 탄탈럼 카바이드(탄탈럼과 탄소의 화합물)는 세상에서 가장 단단한 물질의 하나로 알려져 있습니다. 2008년 3월에는 한국의 화학자들이 개발한 탄탈럼, 텅스텐, 구리의 합금이 강철보다 3배나 강하다고 보도되기도 했지요. 한편 동위원소인 탄탈룸-182(반감기 114일)는 감마선을 내기 때문에 실험실에서 잘 이용됩니다.

## 74. 텅스텐(Tungsten, W)(중석重石)

- 원자번호 : 74
- 족 : 6주기 6족, 전이원소
- 원자량 : 183.84
- 밀도 : 19.25 g/cm$^{-3}$
- 각 전자궤도의 전자 수 : 2, 8, 18, 32, 12, 2
- mp : 3,422℃ /  • bp : 5,555℃

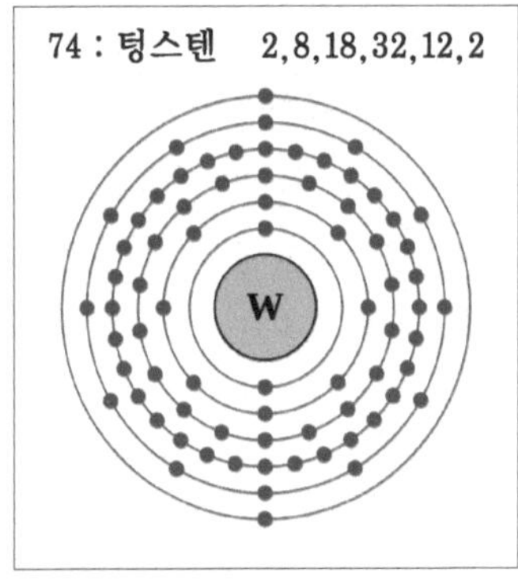


텅스텐은 몇 가지 동위원소가 있습니다. 그 중 하나인 W-184(30.64%)의 핵은 양성자 74개, 중성자 110개를 가졌습니다.

무겁고 단단한 회색의 금속인 텅스텐(영어 발음은 텅스턴)은 스웨덴계의 독일인 화학자 쉴레(Carl Wilhelm Scheele 1742~1786)가 1781년에 발견했습니다. 그가 텅스텐을 찾아냈던 광석 명칭은 쉴라이트(scheelite 회중석)라 불립니다.

새로운 원소는 발견했으나 순수 분리하지 못하고 있을 때, 스페인의 호세(Juan Jose 1754~1796)와 엘화(Fausto de Elhuar 1755~1833) 형제가 1783년에 철망간중석(wolframite)이라는 광석에서 텅스텐을 순수하게 추출하는데 성공했습니다. 그들은 새 원소를 볼프람(Wolfram, 영어발음은 울프럼)이라 불렀습니다. 그러나 오늘날 이 원소는 스웨덴어 *tung sten*(heavy stone)을 따서 텅스텐이라 부르고, 원소기호는 Wolfram의 머리글자인 W로 표시하게 되었습니다.

텅스텐을 우리말로는 '무거운 돌'의 한자어로 중석(重石)이라 합니다. 1950년대에 강원도 영월군 상동읍의 대한중석 상동광산에서 채굴되던 중석광은 한때 우리나라 수출총액의 70%를 차지할 정도로 중요한 자원이었습니다. 그러나 1990년대 이후 이 광산은 폐광되었답니다.

텅스텐은 우라늄이나 금과 비슷할 정도로 밀도가 크며, 일반인이 무겁다고 생각하는 납보다 약 1.7배 더 무겁습니다. 텅스텐을 산출하는 중요 광석은 회중석(Ca, W, O)과 철망간중석(Fe, Mn, W, O)이고, 세계 최대 생산국(약 70%)은 중국이랍니다.

텅스텐의 중요한 용도 중의 하나는 백열전구의 필라멘트로 사용하는 것입니다. 전류가 흐르면 텅스텐 필라멘트는 전기저항에 의해 뜨겁게 달아올라 백색광을 냅니다. 텅스텐은 모든 금속 원소 중에서 녹는 온도가 가장 높기 때문에 고온에서도 쉽게 녹아버리지 않지요. 또한 전구 속은 진공으로 만들어 텅스텐이 산화되지 않도록 합니다. 그러나 텅스텐은 고열에 의해 서서히 끓어 증기가 되므로, 전구 안벽을 점점 어둡게 만들다가 수명을 다하고 끊어지게 됩니다.

텅스텐은 녹는 온도와 끓는 온도가 가장 높은 원소이므로 고열 전기 히터라든가 우주선 로켓의 노즐(분사구) 제조에 이용합니다. 텅스텐과 철의 합금(텅스텐철)은 철제를 재단하거나 깎는 공구(선반), 회전톱날, 굴착기, 터빈의 날개 등으로 중요하게 이용합니다.

# 75. 레늄(Renium, Re)

- 원자번호 : 75
- 족 : 6주기 7족, 전이원소
- 원자량 : 186.207
- 밀도 : 21.02 g/cm$^{-3}$
- 각 전자궤도의 전자 수 : 2, 8, 18, 32, 13, 2
- mp : 3,186℃ /  • bp : 5,596℃

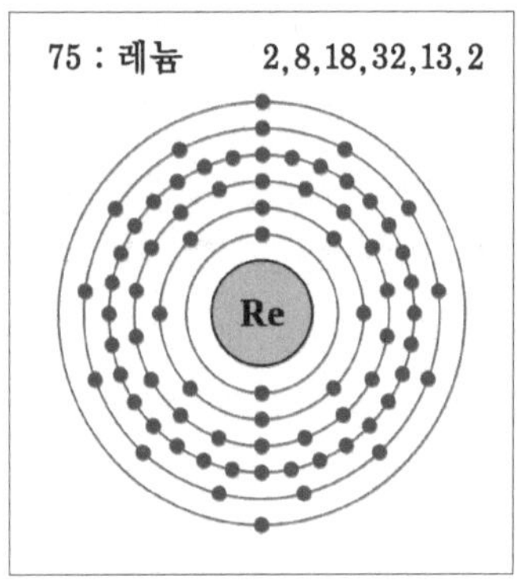



레늄의 동위원소 중에 Re-187(62.6%)의 핵은 양성자 75개와 중성자 112개를 가졌고, Re-185(37.4%)의 핵은 110개의 중성자를 가졌습니다.

레늄(영어발음은 리니엄)은 지각 속에 존재량이 지극히 적은 (10억분의 1ppb) 원소의 하나입니다. 밀도가 백금, 이리듐, 오스뮴 다음으로 큰 은회색의 광택을 가진 이 금속은 탄소와 텅스텐에 뒤이어 녹는 온도가 높습니다.

레늄의 존재는 멘델레예프 때부터 예견되었으나 1925년에야 독일의 여성 화학자 타케(Ida Tacke 1896~1978)와 노닥(Walter Noddack 1893~1960) 그리고 베르크(Otto Carl Berg 1873~1939) 3인에 의해 힘든 과정을 거쳐 발견되었습니다. 그들은 이 원소에 라인(Rhine) 강의 라틴어 이름(*Rhenius*)을 따서 renium이라는 명칭을 붙였습니다. 발견자의 한 사람인 타케는 이름이 일본인으로

이 제트엔진의 날개는 단단하면서 고열에 잘 견디도록 3%의 레늄이 포함된 합금으로 만들었습니다.

느껴지지만 독일 여성이며, 훗날 노닥과 결혼했습니다(이름 Ida Tacke Noddack). 그녀는 1934년에 핵분열의 가능성을 처음 언급한 과학자이며, 3차례나 노벨 화학상을 수상했습니다.

위의 3인은 1928년에 1g의 레늄을 생산하기 위해 660kg의 몰리브데나이트(molybdenite)를 처리해야 했습니다. 몰리브데나이트는 몰리브데넘(몰리브덴)과 구리가 섞여있는 광석이며, 레늄은 이 광석을 재련할 때 부산물로 소량 생산됩니다. 레늄은 워낙 비쌌기 때문에 1950년대 초까지 생산이 중단되었습니다. 그러나 텅스텐과 레늄, 몰리브데넘과 레늄의 합금이 초전도체와 내열 신소재로 이용되면서 다시 생산이 시작되었답니다.

레늄의 화학적 성질은 망가니즈(망간)와 비슷합니다. 특히 레늄은 -1가에서부터 +7가까지 8가지 산소 화합물(예 $Re_2O_7$, $ReO_3$, $Re_2O_5$, $ReO_2$, $Re_2O_3$ 등)을 광범위하게 만듭니다. 레늄의 합금은 고온에 잘 견뎌야 하는 제트 엔진, 가스 터빈 엔진 등의 제조에 이용되고, 백금과 레늄의 합금은 옥탄가가 높은 가솔린을 정제할 때 촉매로 쓰입니다.

## 76. 오스뮴(Osmium, Os)

- 원자번호 : 76
- 족 : 6주기 8족, 전이원소
- 원자량 : 190.23
- 밀도 : 22.59 g/cm$^{-3}$
- 각 전자궤도의 전자 수 : 2, 8, 18, 32, 14, 2
- mp : 3,033℃ /  ・ bp : 5,012℃

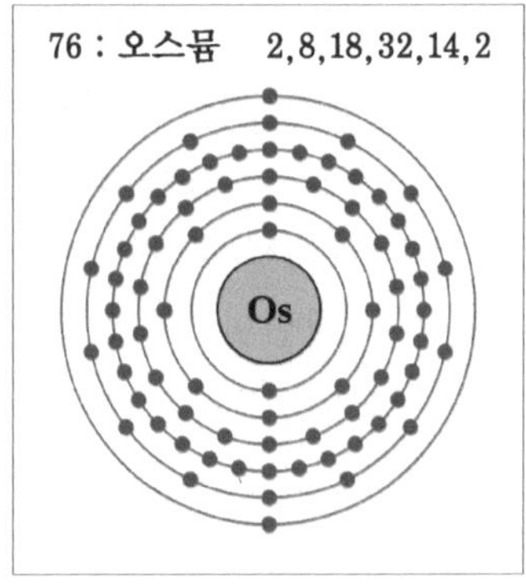



원자무게 190인 오스뮴 원자의 핵은 양성자 76개와 중성자 114개를 가졌습니다.

대단히 단단하지만 부스러지기 쉬운 검푸른 색의 오스뮴(오즈미엄)은 녹는 온도가 대단히 높습니다. 자연계에서는 화합물로만 존재하고, 순수분리하기가 매우 어렵습니다. 영국의 화학자 티넌트(Smithson Tennant 1761~1815)와 왈라스턴(William Hyde Wallaston 1766~1828)이 1803년에 질산과 염산을 섞은 액(왕수 王水)에 백금광을 녹인 것의 잔유물에서 오스뮴을 발견했습니다. 두 화학자 중 티넌트는 이리듐(Ir, 77번 원소)을 발견하기도 했습니다.

오스뮴의 분말은 산소와 화합하여 산화오스뮴($OsO_4$)이 되는데, 이 산화물은 강한 냄새를 가진 독가스(피부와 폐에 피해를 줌)입니다. 그 때문에 그들은 이 원소에 그리스어로 냄새(*osmo*)를 의미하는 말을 따서 osmium이라 불렀습니다. 오스뮴은 -2가로부터 +8가 상태까지 다양한 산화물을 만들기도 합니다.

오스뮴은 니켈과 백금을 함유한 광석에서 이들과 함께 추출합니다. 산화오스뮴은 독성이 있지만 그의 합금은 안전하고, 백금이나 이리듐과 마찬가지로 단단하므로, 전기 스위치, 축음기의 바늘, 만년필 촉 등으로 쓰입니다. 실험실에서는 투사전자현미경으로 관찰하는 시료를 오스뮴($OsO_4$)으로 염색합니다. 그 이유는 오스뮴 원자 주변에 전자가 매우 많이 있으므로 진한 그림자를 남겨 관찰하기 좋도록 하기 때문입니다.

오스뮴을 비롯한 백금족(platinum family)에 속하는 원소들은 서로 비슷한 성질을 가졌습니다. 백금족은 주기율표에서 제 5주기와 6주기의 제 8, 9, 10족에 속하는 6가지 원소(루테늄, 로듐, 팔라듐, 오스뮴, 이리듐, 백금)를 말합니다. 이상 6가지 백금족 원소는 대표적 원소의 이름을 따서 부르고 있는 거지요. 이들 백금족 원소는 모두 같은 종류의 광물에 함유되어 있습니다.

# 77. 이리듐(Iridium, Ir)

- 원자번호 : 77
- 족 : 6주기 9족, 전이원소
- 원자량 : 192.217
- 밀도 : 22.56 g/cm$^{-3}$
- 각 전자궤도의 전자 수 : 2, 8, 18, 32, 15, 2
- mp : 2,466℃ / ・bp : 4,428℃

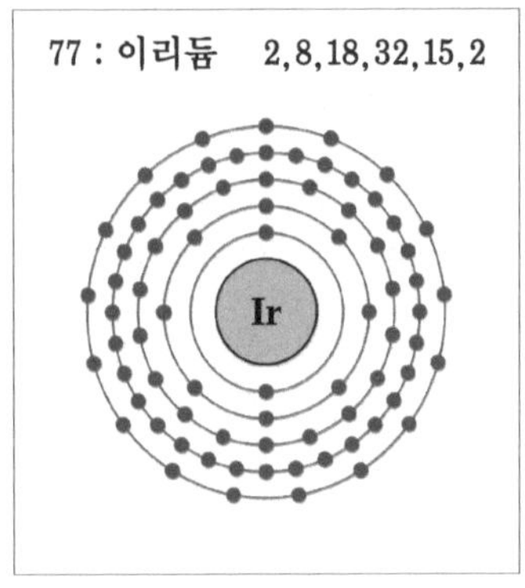


이리듐 동위원소 중에 Ir-193의 핵은 77개의 양성자와 116개의 중성자를 가졌습니다. 이리듐은 지각 속보다 운석에 많이 포함되어 있습니다.

이리듐(이리디엄, 아이리디엄)은 지각 중에 매장량이 매우 적은 원소로서, 가장 단단하지만 부서지기 쉬운 은백색의 백금족 전이원소입니다. 또한 이리듐은 오스뮴 다음으로 밀도가 높고(물의 약 20배), 부식에 가장 강한 금속으로서, 백금과 동일하게 귀금속으로 취급하고 있습니다. 이 원소는 백금이나 니켈을 포함하고 있는 광석에서 주로 발견됩니다.

이리듐은 오스뮴을 발견한 영국의 화학자 티넌트(Smithson Tennant 1761~1815)가 1803년에 백금 광석을 왕수에 녹인 잔여물에서 발견했습니다. 그는 이 원소에 라틴어로 무지개를 뜻하는 *iris*를 따서 iridium이라 명명했습니다. 무지개는 이리듐의 화합물들이 다양한 색을 가졌기 때문입니다.

백금광으로부터 이리듐을 순수 분리하기는 매우 힘들고 비용이 많이 듭니다. 오늘날 1년 동안에 생산되는 이리듐의 양은 3톤 정도라고 합니다. 이리듐의 합금은 고온과 부식에 강하므로 로켓 엔진 제조에 쓰이며, 백금처럼 촉매로도 이용됩니다. 이리듐은 다른 원소와 화학결합을 할 때 전자를 얻거나 잃거나 하면서 -3가[(Ir(CO)$_3$]에서 +6가(IrF$_6$)까지 다양한 산화물을 만듭니다.

물질의 단단함(경도硬度)를 나타내는 단위에 '비커즈 경도'라는 것이 있으며 HV로 나타냅니다. 가장 단단한 원소의 하나로 알려진 백금은 56HV이고, 50%의 이리듐을 포함한 백금 합금은 500HV가 됩니다. 파리의 국제표준국에 비치되어 있는 길이(1m)와 무게(1kg)의 기준이 되는 원기(原器)는 변형을 최소화하도록 90%의 백금과 10%의 이리듐 합금으로 만든(1889년) 것이랍니다.

이리듐은 지각 중에는 매우 귀한 원소이지만, 우주에서 날아든 운석 속에는 훨씬 많이 포함되어 있습니다. 미국의 지질학자인 알바레즈(Walter Alvarez 1940~ )는 1980년에 이탈리아의 어떤 암석층에서 지구상 어디에서도 찾을 수 없는 다량의 이리듐이 포함된 지층을 발견했습니다. 그 지층이 생겨난 연대를 조사한 결과 약 6,500만 년 전에 형성된 것이었습니다. 조사를 계속한 결과 지구상의 다른 지역에서도 같은 시기에 형성된 이리듐이 많은 층이 계속 발견되었습니다. 이 시기는 공룡이 지구상에서 사라진 때와 일치합니다. 이때의 이리듐 지층 발견으로 말미암아 6,500만 년 전에 거대한 운석이 지구와 충돌하여 장기간 기상이변과 여러 재난이 발생하면서 공룡이 사라지게 되었다는 생각을 하게 되었습니다. '운석충돌설'(알바레즈설)로 불리는 이 주장은 다른 과학자들의 지지를 받습니다.

# 78. 백금(Platinum, Pt)

- 원자번호 : 78
- 족 : 6주기 10족, 전이원소
- 원자량 : 195.084
- 밀도 : 21.45 g/cm$^{-3}$
- 각 전자궤도의 전자 수 : 2, 8, 18, 32, 17, 1
- mp : 1,768℃ /  · bp : 3,825℃

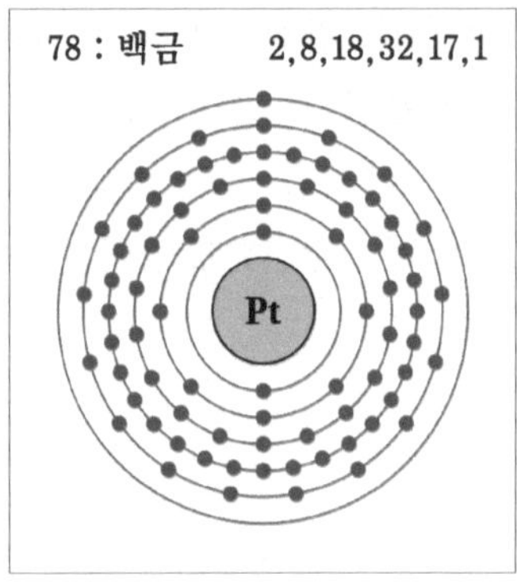


백금의 동위원소 중에 대표적인 Pt-195 (33.83%)의 핵은 양성자 78개, 중성자 117개를 가졌습니다.

무겁고 단단하며 은백색의 광택을 가진 백금(白金)은 금과 마찬가지로 값비싼 귀금속으로 전 세계의 시장에서 활발히 거래됩니다. 백금은 연성과 전성이 우수하며 고온에서도 부식되지 않으므로 보석으로 이용되지요.

백금을 포함하고 있는 광석에는 다른 백금족 원소들도 혼합되어 있습니다. 그러나 백금은 산소와 잘 화합하지 않으므로 순순한 상태로 자연계에 존재하기도 합니다. 세계적으로 해마다 산출되는 백금의 양은 겨우 몇 백 톤에 불과합니다. 최대 산지는 남아프리카와 러시아의 우랄산맥이랍니다. 백금 원소는 영국의 화학자 우드(Charles Wood 1702~1774)가 1741년에 처음 발견했습

백금으로 다이아몬드를 싸서 만든 반지이다.

니다. 백금의 영어 이름인 platinum은 스페인어로 은(銀)을 의미하는 platina에서 온 것입니다.

오늘날 백금이 가장 중요하게 쓰이는 곳은 정유공장, 화학공장, 치과 재료, 전자산업, 귀금속, 그리고 근래에 와서 자동차 제조 산업입니다. 정유공장이나 화학공장 등 화학 산업에서는 백금을 온갖 반응의 촉매로 사용합니다.

일찍이 독일의 오스트발트(Friedrich Wilhelm Ostwalt 1853~1932)는 백금을 촉매로 하여 암모니아를 질산으로 만들었습니다(1902년에 특허를 얻은 '오스트발트법). 오늘날 우주선에서 사용하는 연료전지(수소와 산소를 이용하여 전기와 물을 생산)에서도 백금을 촉매제로 씁니다. 자동차 엔진 속의 컨버터(catalytic converter)에 있는 백금은 연소가 덜 된 상태로 배출되는 일산화탄소를 물과 이산화탄소로 바꾸어주는 촉매작용을 합니다. 독일의 물리학자 어틀(Gerhard Ertl 1936~  )은 일산화탄소를 이산화탄소로 바꾸는 백금의 촉매 기능을 규명하여 2007년 노벨 화학상을 수상했답니다.

백금과 코발트를 약 3 : 1로 합금한 것은 강력한 영구자석으로 이용됩니다. 백금은 화학적으로 안정하여 염산이나 질산에도 녹지 않습니다. 그러나 왕수(王水)를 만나면 녹아 육염화백금산($H_2PtCl_6$)이 됩니다. 화학적으로 안정한 He, Ne, Ar 등의 핼러젠(할로겐) 원소를 '희유가스'라 하듯이, 백금족 원소들은 '희유금속'(noble metal)이라 불리기도 합니다. 몸속에 넣는 인공심장박동기의 전극은 인체에 영향을 주지 않는 백금으로 만든답니다.

# 79. 금(Gold, Au)

- 원자번호 : 79
- 족 : 6주기 11족, 전이원소
- 원자량 : 196.967
- 밀도 : 19.30 g/cm$^{-3}$
- 각 전자궤도의 전자 수 : 2, 8, 18, 32, 18, 1
- mp : 1,064.18℃ / ・ bp : 2,856℃

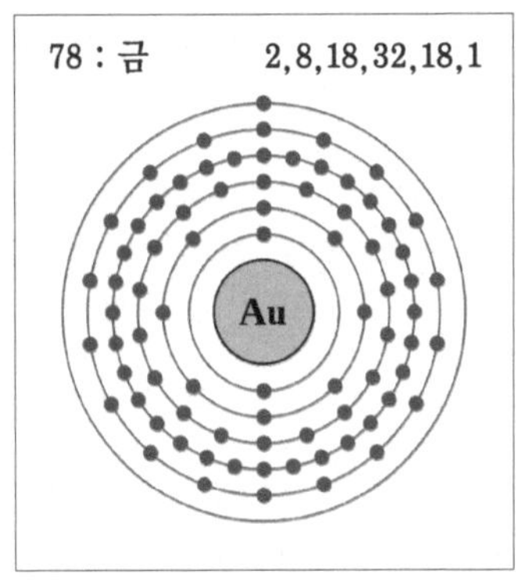



자연계의 금은 모두 Au-197입니다. 금의 핵은 79개의 양성자와 118개의 중성자로 구성되어 있습니다.

예로부터 가장 귀한 금속이며 부(富)의 상징이기도 한 금(金 gold)의 원소기호를 'Au'로 나타내는 것은 금(gold)의 라틴어가 *arum*이기 때문입니다. 순수한 금의 밝은 황색은 그 모습부터 아름답다고 하겠습니다.

금은 공기 중이든 물속이든 다른 물질과 화학반응을 잘 일으키지(부식되지) 않습니다. 순수한 금은 무르고 연성과 전성이 가장 좋은 원소에 속합니다. 인류는 이런 금을 고대로부터 귀금속이나 장식에 이용해 왔으며, 신라시대에는 왕관을 금으로 만들기도 했습니다. 중세기에 연금술사들이 가장 만들고 싶어 했던 금속은 바로 금이었습니다. 연금술사들은 질산과 염산을 혼합한 용액에 '귀금속의 왕'인 금도 녹는다는 사실을 발견하고, 그 용액을 '왕수'(aqua regia)라 불렀습니다.

금의 최대 산지는 현재 남아프리카이지만, 지구 전체에서 두루 산출되는 금속이 금입니다. 금이 지구상 어디서나 나올 수 있는 이유는 우주의 탄생 과정과 관계가 있다고 과학자들은 추정합니다. 즉, 우주 대폭발(빅뱅) 이후 간단하고 가벼운 수소로부터 점점 무거운 원소가 형성되었습니다. 온갖 원소들이 집결하여 이루어진 별들 중에서 '초신성'이라는 별은 도중에 대폭발을 일으켰습니다. 이때 초신성 속의 금 원자는 우주 공간으로 흩어졌습니다. 그들 중 일부는 태양계와 지구에도 날아왔습니다. 뜨겁게 녹아 있던 초기의 지구에 떨어진 금을 비롯한 무거운 원소들은 지구의 중심부로 내려갔고, 지표는 차츰 식어 굳어졌습니다. 그런데 거대한 운석이 지구 표면에 수시로 충돌했고, 그때 깊은 곳에 가라앉아 있던 금은 지각 표면으로 나와 흩어질 수 있었습니다. 그들이 현재 채굴되고 있는 금이라는 것입니다.

자연계에서 금은 작은 덩어리나 알맹이 또는 사금(砂金)으로 존재합니다. 이들이 때로는 광맥을 형성하고 있지요. 미생물이 금을 먹어 축적해놓은 것도 드물게 발견됩니다. 해수 속에도 금이 녹아 있으나, 그 양이 너무 적어 이용하기 어렵습니다.

금이 많이 포함된 광석에서 금을 추출할 때는, 금광석을 수은과 반응시켜 아말감(amalgam 어맬검)으로 만듭니다. 아말감이란 수은에 금(또는 금속)이 녹은 상태를 말합니다. 이런 아말감을 고열로 증류하면 순수한 금을 얻을 수 있습니다. 다른 방법으로, 금광석을 시안화 용액에 녹여 시안화금으로 만든 다음 추출하기도 합니다.

금으로는 금화, 각종 금패물(金佩物), 금괴(金塊)를 만들기도 하고, 얇게 편 금박(金箔)으로는 불상(佛像)이라든가 귀중품을 덮어 장식합니다. 건물의 창이나 우주선의 창을 금박으로 덮으면

금의 순도(純度)는 캐럿(carat 또는 karat, K)이라는 단위로 나타내는데, 순수한 금은 24캐럿입니다. 순금은 무르기 때문에 가락지나 목걸이 등은 18캐럿으로 만듭니다. 이것은 75%의 금에 니켈과 구리를 합금하여 단단하도록 만든 것입니다. 사진은 무게 1kg의 금괴입니다.

강한 빛을 차단해주지요. 금 1g을 얇게 펴면 $1m^2$의 금박을 만들 수 있습니다, 이런 금박이라면 상당히 투명한 상태가 됩니다. 이런 금박을 통해 들어오는 빛은 청록색으로 보이는데, 이것은 금 원자가 황색과 적색을 반사해버리고 청록색만 통과시키기 때문입니다.

금은 전기를 매우 잘 통하면서 부식에 강하고 인체에 해가 없으므로 고급 전자제품의 전선이라든가 스위치를 비롯하여 컴퓨터와 휴대전화기의 전극으로, 더 나아가 반도체의 회로 연결에 잘 이용되고 있습니다. 심지어 식재료로도 이용된다 합니다. 추정 통계에 의하면 2008년의 전 세계 금생산량은 2,260톤이었고, 2009년까지 그 동안 생산된 금의 총량은 약 165,000톤이라 합니다. 경제 뉴스에서는 언제나 금값의 변동을 보도하고 있습니다.

# 80. 수은(Mercury, Hg)

- 원자번호 : 80
- 족 : 6주기(12족), 전이원소
- 원자량 : 200.59
- 액체 상태의 밀도 : 13.534 g/cm$^{-3}$
- 각 전자궤도의 전자 수 : 2, 8, 18, 32, 18, 2
- mp : -38.83℃ / • bp : 356.73℃

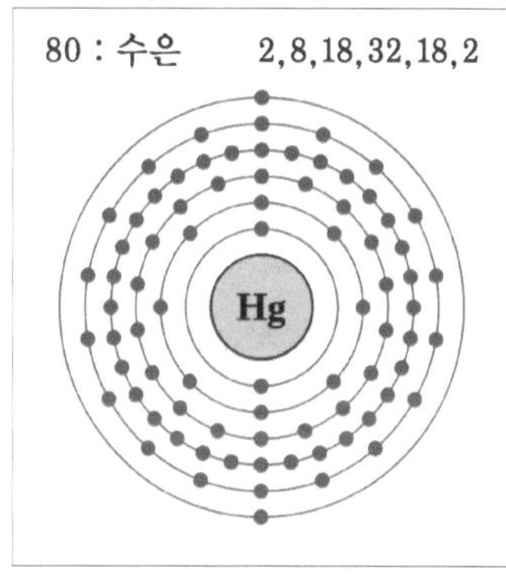


수은은 여러 종류의 동위원소가 알려져 있습니다. Hg-202(29.86%)의 핵은 80개의 양성자와 122개의 중성자를 가졌습니다.

은백색의 수은은 고대부터 알던 원소 물질입니다. 수은은 상온 상압에서 액체 상태로 존재하는 유일한 금속입니다(원자번호 35 브로민은 액체 상태로 존재하지만 금속이 아닙니다). 수은은 대단히 무거운 원소로서 전기를 잘 통합니다. 그러나 다른 금속과 달리 열을 잘 전도하지는 않습니다.

자연계에서 수은은 순수한 상태로 발견되기 어렵습니다. 수은을 많이 함유한 원광(原鑛)은 붉은 색을 가진 '진사'(辰砂 cinnabar)입니다. 버밀리언(vermillion)이라는 붉은 색소는 진사를 환원시켜 만든 것입니다. 진사의 주성분은 황화수은(HgS)이며, 스페인과 이탈리아 등지에서 많이 산출되었으나 2005년 이후 중국이 최대 산출국이 되었습니다.

수은은 진사를 가열했을 때 발생하는 증기를 응축시켜 추출합니다.

$$HgS + O_2 \rightarrow Hg + SO_2$$

중국과 이집트에서 수은을 이용한 역사는 서기전 1,500년이나 됩니다. 수은의 원소 이름은 태양계의 첫 번째 행성인 수성(*Mercury* ; 로마 신화 속의 신 이름)에서 왔으며, 수은의 원자기호인 Hg는 라틴어 *hydragyrum*(액체의 은)에서 따온 것입니다.

상온에서 액체인 수은은 −38.83℃가 되면 고체가 됩니다. 수은을 가열하여 356.73℃ 이상이 되면 증기가 됩니다. 수은의 증기는 인체에 해롭습니다.

수은은 온도계, 기압계, 압력계, 형광등 안에 들어 있습니다. 가로등으로 사용하는 수은등(형광등 속에 수은 증기를 채운 조명등)에서는 청백색의 밝은 빛이 납니다. 수은등에 전류가 흐르면 수은 증기로부터 파장이 짧은 자외선이 나오게 되고, 이 자외선은 전등 내벽에 칠해둔 형광물질을 자극하여 가시광선을 방사하도록 한 것입니다.

수은의 흥미로운 성질 중 하나는 표면장력이 매우 크다는 점입니다. 수은이 마루에 떨어지면 바닥의 물질에 부착하지 않고 작은 은구슬처럼 되는 것은 강한 표면장력 때문입니다. 잘게 흩어진 수은 방울은 표면장력 때문에 서로 합치기조차 쉽지 않습니다. 수은은 금, 은, 아연, 니켈 등 다른 금속을 잘 녹이는데, 수은에 녹은 상태의 금속을 '아말감'이라 합니다(원자번호 79 금 참조). 치과에서는 이빨 사이를 메울 때 은(銀)가루를 수은에 녹인 '은 아말감'을 사용하지요.

수은은 금도 녹이기 때문에 금을 야금(冶金)할 때 필수적으로 이용됩니다. 금 원광을 수은에 녹인 '금 아말감'을 가열하면 수은이 먼저 끓어 증기가 되어 나오고 금만 남지요. 증기로 변한 수은은 응축시켜 재활용합니다.

　수은은 다른 중금속과 마찬가지로 인체에 매우 해롭습니다. 체내로 들어온 수은은 효소와 결합하여 효소의 촉매작용 기능을 방해하고, 신경조직 등에 피해를 줍니다. 수은은 휘발성이 크므로 그 증기는 폐나 소화기관을 통해 체내로 흡수될 수 있습니다. 그러므로 수은은 조심해서 다루어야 하지요. 만일 수은이 마루 틈새에 들어가 청소할 수 없다면, 그곳에 황(S) 가루를 뿌립니다. 황은 수은과 화합하여 무해한 황화물을 만들어버립니다.

　수은의 독성을 몰랐던 과거에는 체내에 축적된 수은의 영향으로 신경조직과 기타 기관에 심각한 피해를 입은 예가 다수 있었습니다. 대표적인 수은 중독 사건은 1950년대 말 일본에서 발생했던 유명한 공해병 '미나마타 병'입니다.

　수은과 염소의 화합물인 염화수은($HgCl$)과 염화제이수은($HgCl_2$)은 분자식이 비슷하지만 성질이 크게 다릅니다. 이 중에 '승홍'(昇汞)이라 불리는 염화제이수은은 한때 물에 녹여 살충제로 사용했으나 인체에 해롭습니다. 반면에 감홍(甘汞 calomel)이라 불리는 염화수은은 인체에 무독합니다. 그래서 과거에는 농작물의 뿌리를 해치는 굼벵이 퇴치에 감홍을 이용하기도 했습니다. 그러나 오늘날에는 수은이 포함된 살충제는 환경오염 위험이 있어 어느 것도 사용하지 않습니다.

　'수은전지'는 휴대용 전자기기의 전지로 많이 이용되고 있습니다. 수은전지의 음극은 아연이고 양극은 산화수은인데, 1.35V의 전류가 수명이 다할 때까지 일정하게 나오는 특징이 있습니다. 주기율표에서 수은 주변에 있는 금속 원소들은 모두 상온에서 고체인데 수은만 액체 상태인 것은 매우 신비로운 일이라 생각됩니다.

# 81. 탈륨(Thallium, Tl)

- 원자번호 : 81
- 족 : 6주기(13족), 후전이원소
- 원자량 : 204.3833
- 밀도 : 11.85 g/cm$^{-3}$
- 각 전자각의 전자 수 : 2, 8, 18, 32, 18, 3
- mp : 304℃ / ・bp : 1,473℃

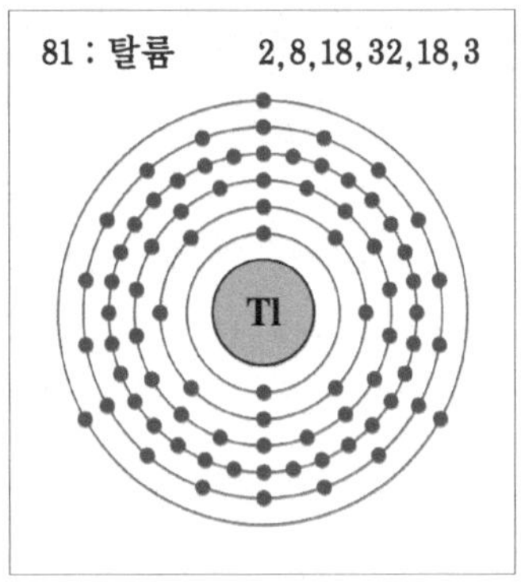


탈륨-205(70.476%)의 핵은 81개의 양성자와 124개의 중성자를 가졌습니다.

탈륨(텔리엄)은 납(Pb : 원자번호 82)을 닮았으며, 납보다 더 무르면서 연성이 뛰어난 회색 금속입니다. 탈륨은 영국의 화학자 크룩스(William Crookes 1832~1919)와 프랑스의 라미(Claude-Auguste Lamy 1820~1878)가 1861년에 각기 독립적으로 발견했습니다. 이 원소의 이름은 이 원소의 스펙트럼에서 나오는 독특한 밝은 '녹색 광선'을 의미하는 그리스어 *thallos*(녹색의 빛줄기)로부터 얻은 것입니다. 탈륨 발견자인 크룩스는 최초의 진공관인 크룩스관을 발명한 과학자이기도 합니다.

탈륨은 크룩사이드(crookside), 로랜다이트(lorandite), 허친소나이트(hutchinsonite) 등의 광석에 함유되어 있습니다. 그러나 이들

광석으로부터 탈륨을 추출하기가 매우 어렵기 때문에, 납이나 아연광을 정련할 때 부산물로 소량 생산하고 있습니다.

탈륨은 화학반응성이 좋아 공기 중에서 산소를 만나면 회색의 무거운 산화물로 변하고, 산화되어 부식된 표면은 차츰 벗겨집니다. 탈륨과 그 화합물은 맹독하며, 발암성 물질이기도 합니다. 그런데 극미량의 탈륨을 포함한 용액은 백선(白癬 ringworm)과 같은 피부병 치료약으로 쓰입니다. 황화탈륨은 맛이나 냄새가 없는 독극물이어서 한때 쥐약이나 살충제로 이용되기도 했습니다.

탈륨 화합물은 적외선을 받으면 전기 전도성이 변하는 성질이 있습니다. 이러한 특성은 광전지라든가 적외선 탐지에 유용합니다. 탈륨의 방사성 동위원소인 Tl-201은 반감기가 72.9일인데, 이 동위원소에서는 감마선이 방출되기 때문에 진단에 이용할 수 있습니다. 즉 환자에게 Tl-201을 주사한 후 감마선 카메라로 전신을 스캐닝하면, 예를 들어 심장의 어떤 곳에서 혈액 흐름에 지장이 있는지 알 수 있습니다.

수은(Hg)은 약 -39℃도에서 얼어버립니다. 그러므로 수은온도계로 이보다 낮은 온도는 측정하지 못하지요. 하지만 수은에 8.5%의 탈륨을 혼합한 합금은 -60℃에서 얼기 때문에 훨씬 낮은 온도를 측정하는 온도계에 이용합니다. 1988년에는 탈륨과 바륨, 칼슘, 산화구리의 합금으로 된 초전도물질이 개발되기도 했습니다.

# 82. 납(Lead, Pb)

- 원자번호 : 82
- 족 : 14족(6주기)
- 원자량 : 207.2
- 밀도 : 11.34 g/cm$^{-3}$, (녹는 온도의 액체 밀도 10.66 g·m$^{-3}$)
- 전자껍질의 전자 수 : 2, 8, 18, 32, 18, 5
- 각 전자각의 전자 수 : 2, 8, 18, 32, 18, 4
- mp : 327.46℃ /  • bp : 1,749℃

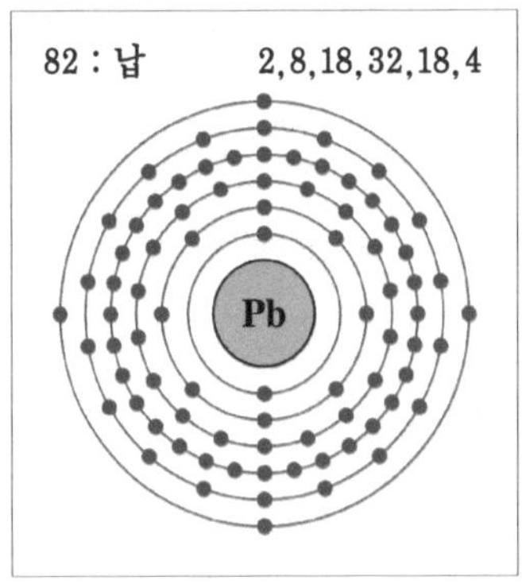


핵붕괴를 하지 않는 가장 무거운 원소에 해당하는 납(Pb-208 52.4%)의 핵은 82개의 양성자와 126개의 중성자를 가졌습니다. Pb-210은 알파선과 베타선을 방출하는 방사성 납이며 반감기는 22.3년입니다.

우리와 친숙한 금속 원소의 하나인 납은 탄소와 같은 14족에 속하는 원소입니다. 납은 녹는 온도가 매우 낮고, 전기 전도성이 나쁘면서 단단하지 못한 무거운 금속입니다. 순수한 납을 바로 절단했을 때는 그 면이 청백색이지만, 공기를 만나면 산소와 반응하여 차츰 어두운 회색으로 변합니다.

납은 고대로부터 이용되어 왔습니다. 서기전 5,000년경의 이집트 무덤에서 출토되었고, 로마시대에는 납으로 파이프(연관鉛管)를 만들었습니다. 납의 한자는 연(鉛)이고, 영어는 lead입니다. 원자기호가 된 Pb는 라틴어 *plumbing*(납으로 만든 송수관의 명칭)

에서 따온 것입니다.

납은 핵분열을 하지 않는 '안정 원소' 중에서 가장 원자량이 많은 무거운 원소입니다. 납 다음으로 무거운 원자번호 83인 비스무트 이후의 원소들은 핵이 불안정하여 자연적으로 핵붕괴를 합니다. 그러나 비스무트는 반감기가 우주의 나이보다 길므로 안정 원소(stable element)라 할 수 있을 것입니다.

납은 자연계에서 순수한 상태로 소량 발견되기도 하지만, 납을 많이 함유한 대표적인 광석은 방연광(方鉛鑛 galena)입니다. 납과 황의 화합물인 방연광을 탄소와 함께 도가니에 넣고 가열하면 납이 녹아 나옵니다. 방연광은 무게의 86.6%가 납 성분이랍니다.

납은 일상생활에 많이 이용됩니다. 건축 자재, 납축전지의 전극, 총탄, 저울 추, 고기잡이 그물의 추, 전자기기의 회로를 연결하는 땜납, X선(방사선) 차폐 벽, 우승컵을 만드는 백납을 비롯한 각종 합금 제조 등 용도가 많습니다. 납의 화합물은 페인트 색소(황, 백, 적색 등)로도 많이 이용됩니다. 우리나라의 경우, 1980년대까지만 해도 신문, 책과 같은 인쇄물은 납으로 만든 활자(活字) 위에서 찍었습니다.

그러나 납이 체내에 축적되면 다른 중금속과 마찬가지로 효소의 촉매작용을 방해하고, 뇌와 간, 신장에 장해를 일으킨다는 것을 알게 되면서, 사용처가 급격히 줄어들고 사용할 때 매우 조심하게 되었습니다.

납은 원유(原油) 속에도 들어 있으므로 휘발유에도 섞여있습니다. 납 성분이 많이 포함된 휘발유는 노킹현상(내연기관의 불완전 연소로 인하여 발생하는 폭발. 금속 두드리는 소리 발생)이 심하고, 납의 입자가 배기가스로 배출되어 공해의 원인이 됩니다. 오늘날에는 '납 탄환' 사용을 불법으로 정한 나라도 많습니다. 납탄으로 사냥한 동물의 몸은 납에 오염될 수 있기 때문입니다. 굴절률이 뛰어난 크리스털 유리는 산화납을 넣어 만듭니다.

납은 다른 금속과 합금을 만들어 다양하게 이용합니다. 평형저울의 무게 추는 납으로 만들기도 했습니다. 납은 공해를 일으키는 중금속의 하나이기 때문에 지금은 낚시용 추로 사용하는 것도 기피합니다.

크리스털 유리는 빛의 굴절 각도가 크기 때문에 보석처럼 찬란하게 반짝거리지요.

납은 여러 종류의 방사성 동위원소가 있습니다. 핵붕괴를 하는 무거운 원소인 우라늄과 토륨은 방사선을 방출하고 마지막에 납이 됩니다. 천연 우라늄의 반감기는 수십억 년이므로, 지층 속의 우라늄 동위원소와 납 동위원소를 조사하면 그 지층의 연대를 짐작할 수 있습니다.

지난 2010년의 통계에 의하면 전 세계는 그 해에 약 950만 톤의 납을 생산했습니다. 이 정도로 매년 소비하면 반세기가 지나기도 전에 납의 자원은 고갈될 것이랍니다. 그런 날이 오면 납은 재생해서 사용해야 하는 더욱 귀중한 자원이 될 것입니다.

# 83. 비스무트(Bismuth, Bi)

- 원자번호 : 83
- 족 : 15족(6주기)
- 원자량 : 208.9804
- 밀도 : 9.78 g/cm$^{-3}$
- 각 전자각의 전자 수 : 2, 8, 18, 32, 18, 5
- mp : 271.5℃ / • bp : 1,564℃

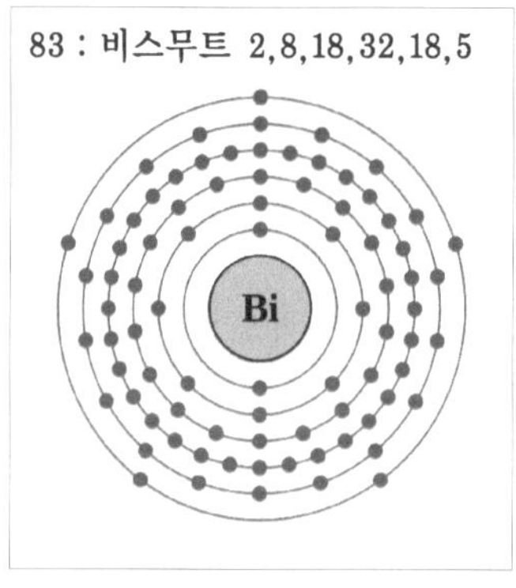


비스무트의 핵은 83개의 양성자와 126개의 중성자를 가졌으며, 각 전자 궤도에는 2, 8, 18, 32, 18, 5개의 전자가 돌고 있다.

비스무트(비즈머스)는 같은 15족에 속하는 비소나 안티모니(안티몬)와 화학적 성질이 비슷한 은백색 금속입니다. 이 원소는 자연계에 순수한 금속으로도 존재하지만, 그의 중요 광석인 비스무티나이트(bismuthinite)와 비스나이트(bisnite)에 황 또는 산소와의 화합물로 존재합니다.

비스무트는 부식에 강하고, 순수한 것은 은백색이지만 공기 중에 두면 산소와 결합하여 표면이 핑크색으로 변합니다. 공기 중에서 고열로 태우면 청색 불꽃에서 노란 연기(산화비스무트)를 냅니다.

비스무트는 고대로부터 알던 물질이지만 18세기까지 납이나 주석과 물리적 성질이 비슷하여 혼돈되고 있었습니다. 비스무트의 어원(語源)은 확실치 않으나, 아랍어 *'bi ismid'*(안티모니 같은)이거나, 독일어 *'weisse masse'*(white mass)일 것이라는 의견이 있습니다.

비스무트는 납, 주석, 구리 등을 제련할 때 부산물로 생산하고 있습니다. 최근까지만 해도 비스무트는 자연계의 원소 중에서 가장 무겁고 안정된 원소라고 생각했습니다. 그러나 2003년 프랑스 과학자들에 의해 Bi-209는 매우 느린 속도로(반감기가 우주의 나이 약 140억년의 10억 배) 알파 붕괴를 하여 Ta-205로 변해간다는 사실이 알려졌습니다. 반면에 동위원소인 Bi-213은 알파 붕괴를 하는데, 그 반감기는 45분에 불과하여 백혈병 치료에 이용됩니다.

흥미롭게도 물이 얼면 부피가 팽창하듯이 비스무트도 같은 성질을 가졌습니다. 비스무트의 이런 특성은 산업적으로 유용합니다. 예를 들어 일반 합금으로 주물(鑄物 cast)을 만들면 식으면서 부피가 수축하게 되지만, 비스무트가 적당량 포함된 합금은 냉각되어도 부피가 줄지 않으므로 정밀한 주물을 제작할 수 있습니다.

비스무트를 비롯하여 납, 주석, 카드뮴을 포함한 합금은 녹는 온도가 낮아집니다. 그러므로 이들의 합금은 고온이 되면 저절로 녹도록 만든 화재경보기라든가, 자동 살수장치(스프링클러), 과전류 차단기 등에 유용하게 이용됩니다.

비스무트는 자연 원소 중에서 반자성이 가장 강하고, 금속 중에 열 전도성은 수은 다음으로 낮습니다. 비스무트는 중금속이지만 주변의 다른 금속(82번 납, 50번 주석, 51번 안티모니, 52번 텔루륨, 84번 폴로늄 등)과 달리 독성이 거의 없습니다. 그러므로 오늘날 납 대신 사용하게 되어 그의 경제적 가치가 높아가고 있습니다. 산화비스무트의 황색은 화장품과 색소로 이용되고, 위장의 제산제(制酸劑)로 사용되기도 합니다.

# 84. 폴로늄(Polonium, Po)

- 원자번호 : 84
- 족 : 6주기(16족)
- 원자량 : 209
- 밀도 : 9.196 g/cm$^{-3}$ (알파 방출 Po)
- 각 전자각의 전자 수 : 2, 8, 18, 32, 18, 6
- mp : 254℃ /  · bp : 962℃

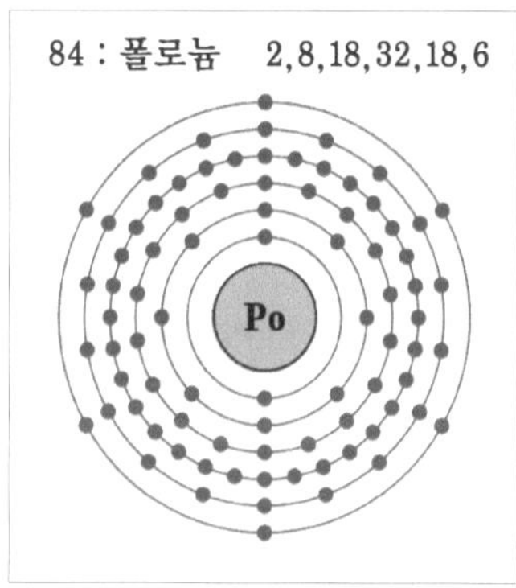


폴로늄은 PO-188부터 PO-220까지 33종의 방사성 동위원소가 알려져 있습니다. 이들 중에 Po-210은 알파입자를 방출하고 Pb-206으로 변합니다(반감기는 138,376일).

폴란드의 물리학자이며 화학자인 마리 퀴리(Marie Curie 1867~1934)와 피에르 퀴리(Pierre Curie 1859~1906)는 1898년에 폴로늄을 발견하여 과학 역사에서 위대한 업적을 남기게 되었습니다. 왜냐 하면 이 원소의 발견으로 원자에 대한 현대적 이해를 할 수 있게 되었기 때문입니다.

퀴리 부부는 우라늄이 포함된 광물(피치블렌드)에서 방사선이 나오는 원인 물질을 찾고 있었습니다. 그런데 피치블렌드에 포함된 우라늄을 완전히 제거했는데도 계속 방사선이 방출되고 있었습니다. 그 원인을 찾던 중에 그들은 폴로늄(펄로니엄)과 라듐(레디엄) 두 가지 새로운 원소를 발견하게 되었습니다.

필름에 붙은 먼지를 제거하는 탈정전기 브러시(anti-static brush)에는 인체에 무해한 정도인 500마이크로퀴리의 Po-210이 들어 있습니다. 이것은 전자를 흡입하여 정전기를 없애버립니다.

마리 퀴리는 그 중 하나를 자신의 고국 폴란드를 사랑하는 애국심으로 '폴로늄'이라 명명했습니다. 폴로늄은 방사성 우라늄과 토륨이 붕괴하여 생겨나는 원소로서, 우라늄광 1톤에 1억분의 1g이 포함되어 있을 정도로 그 양이 적습니다.

2011년까지 33가지 폴로늄 동위원소가 알려졌으며, 그들은 모두 방사성 원소입니다. 대표적인 폴로늄 동위원소는 반감기가 138.4일인 Po-210입니다. 이 동위원소는 라듐보다 5,000배에 해당하는 방사선(알파선)을 내므로 인체에 매우 위험할 수 있습니다. 그러므로 Po-210은 최소량이라도 지극히 조심스럽게 다루어야 합니다. 주기율표에서 원자번호 82번 비스무트보다 원자량이 많은 나머지 원소들의 동위원소는 모두 핵이 불안정하여 방사성을 갖습니다.

폴로늄-210은 휘발성이 매우 강하여 $-60℃$에서도 증발해버립니다. Po-210이 방출하는 알파 입자는 2개의 양성자와 2개의 중성자로 이루어진 헬륨의 핵과 같은 것입니다. 알파 입자를 방출한 Po-210은 납(Pb)-206으로 변합니다. 방사선 실험실에서 중성자를 대량 생산할 때는 Po-210에 베릴륨 가루를 혼합한 것을 사용합니다. 그러면 Po-210에서 방출된 알파 입자가 베릴륨의 핵을 충격하여 중성자를 방출토록 하기 때문입니다. 그러므로 폴로늄은 중성자원(neutron source)으로 매우 중요합니다.

# 85. 아스타틴(Astatine, At)

- 원자번호 : 85
- 족 : 6주기(17족), 할로겐 원소
- 원자량 : 210
- 밀도 : ?
- 각 전자각의 전자 수 : 2, 8, 18, 32, 18, 7
- mp : 302℃ / ・ bp : 337℃


아스타틴(애스터틴)은 주기율표에서 할로겐족에 속하는 요드 아래에 있는 원소입니다. 이 원소는 캘리포니아 대학의 코르손(Dale R. Corson 1914~ ), 맥켄지(Kenneth Ross MacKenzie 1912~2002), 시그리(Emilio Segre 1905~1989) 세 방사선과학자 팀이 1940년에 비스무트에 알파 입자를 충돌시켜 만들었습니다. 이 원소의 이름은 그리스어 *astatos*(불안정한)로부터 유래한 것입니다.

자연계에서는 우라늄과 토륨의 동위원소가 붕괴되는 과정에 아스타틴이 극소량 생산되는데, 지구 전체에 존재하는 아스타틴의 양은 28g 정도일 것으로 추정하고 있습니다. 가속기를 이용하여 지금까지 인공적으로 합성된 아스타틴의 양은 100만분의 1g에 불과하여, 이런 미량으로 원소의 물리화학적 성질을 연구한다는 것은 어려운 일입니다. 용도 역시 거의 연구되지 못하고 있습니다.

아스타틴은 상온에서 검은색을 가진 고체이며, 현재까지 32종의 동위원소가 알려져 있습니다. 이들은 모두 방사선을 방출하면서 붕괴되어 비스무트, 폴로늄, 라돈 또는 다른 아스타틴 동위원소로 변합니다. 이들 중에 가장 안정적인 At-210의 반감기는 8.1시간입니다. 아스타틴의 방사선은 위험하기 때문에 조심스럽게 취급합니다.

# 86. 라돈(Radon, Rn)

- 원자번호 : 86
- 족 : 6주기(18족), 희유가스
- 원자량 : 222
- 기체의 밀도 : 9.3 g/L, (bp의 액체 4.4 $g/m^{-3}$)
- 각 전자각의 전자 수 : 2, 8, 18, 32, 18, 8
- 녹는 온도 : -71.15℃ / • 끓는 온도 : -61.85℃

18족에 속하는 He, Ne, Ar, Kr, Xe과 같은 희유가스 원소는 모두 화학적 활성이 없습니다. 희유가스 족의 마지막 원소인 라돈(레이돈)은 36종(Rn-193 ~ Rn-228)의 동위원소가 알려져 있으며, 모두 방사성입니다. 라돈은 우라늄과 토륨이 방사성 붕괴를 하여 생겨나는 원소 가운데 하나이며, 공기보다 약 8배 무거운 기체입니다.

독일의 물리학자 도른(Friedrich Ernst Dorn)이 1900년에 라듐이 붕괴하여 생성되는 물질을 조사하던 중에 라돈을 발견했습니다. 자연계에서 라돈은 우라늄광에 포함된 라듐(Ra)-226이 붕괴했을 때 생성됩니다(우라늄 붕괴 그림 참조). '라돈'이라는 명칭은 라듐이 붕괴한 결과로 생겨나기 때문에 붙여진 것입니다.

라돈의 동위원소는 모두 반감기가 짧은데, 그 중 가장 안정된 Rn-222의 반감기는 3.82일입니다. 지하에 우라늄광이 있다면 근처 지하수나 온천수에 Rn-222 가스가 발견될 가능성이 있습니다. Rn-222가 붕괴하면 납(Pt)-210으로 됩니다. Pt-210은 반감기가 훨씬 긴 20.4년이나 되는 방사성 동위원소입니다. 이것이 폐에 들어와 조직에 붙어있으면, 그 자리에 암을 일으킬 수 있습니다. 미국의 통계에 의하면 폐암환자의 약 15%가 라돈 때문이라 추정한답니다.

우라늄 가루나 라돈이 오염된 담배를 피운다면 폐암 발생 위험이 높아지지요. 한편, 병원에서는 극미량의 라돈을 담은 작은 유리관을 암 조직에 심어 그 부분을 파괴시키는 방법으로 이용하기도 합니다.

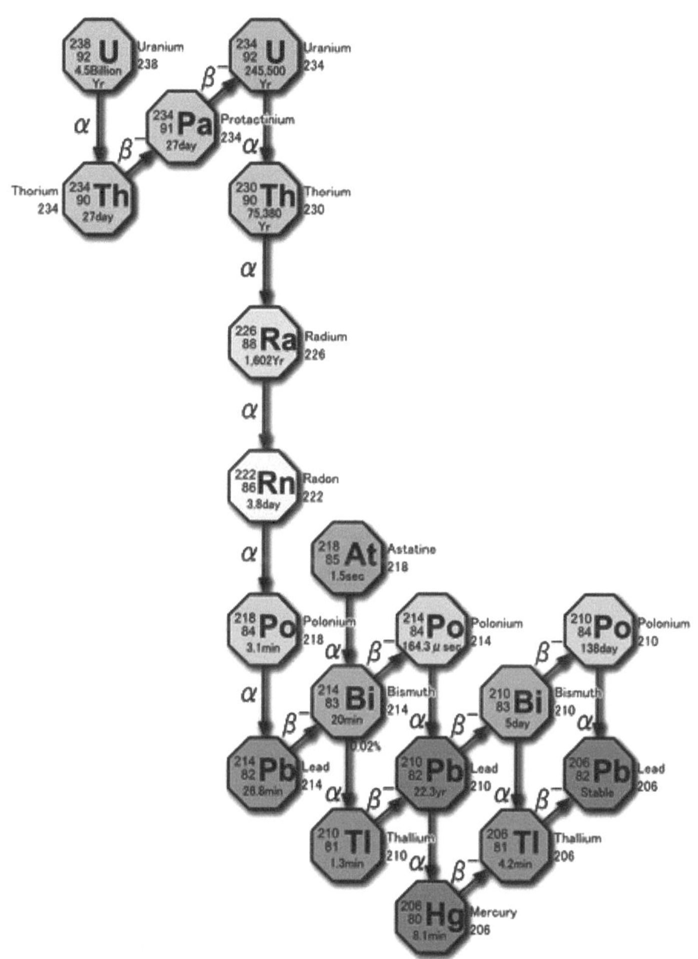


우라늄이 붕괴되는 진행 과정을 화살표로 나타냅니다. Ra-226이 붕괴하여 Rn-222가 됩니다. Ra(라듐)과 Rn(라돈)은 서로 혼돈하기 쉽습니다.

제**6**장

# 7주기
# 원소들의
# 특징

# 87. 프랑슘(프랜시엄 Francium, Fr)

- 원자번호 : 87
- 족 : 7주기(1족), 알칼리 금속
- 원자량 : 223
- 밀도 : 1.87 g/cm$^{-3}$
- 각 전자각의 전자 수 : 2, 8, 18, 32, 18, 8, 1
- mp : 27℃(?) /  ⋅ bp : 677℃(?)

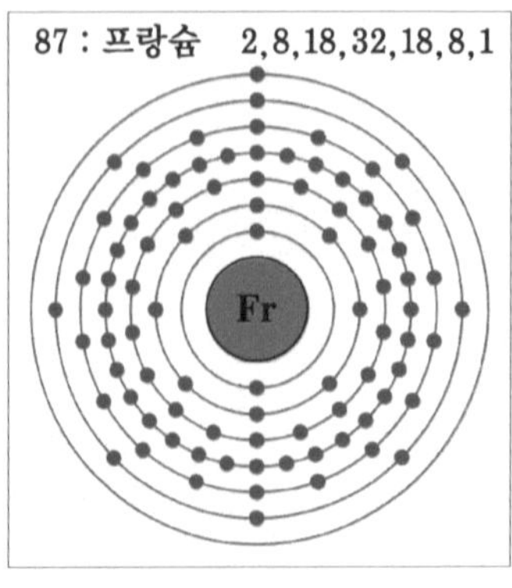


원자의 핵은 87개의 양성자와 136개의 중성자를 가졌습니다. 프랑슘은 수소처럼 최외각에 1개의 전자를 가졌으므로 '1원자가전자'입니다.

프랑슘(프랜시엄)은 알칼리 금속 중에서 최고로 무거우면서 강력한 방사성을 가진 매우 불안정한 원소입니다. 프랑슘의 성질은 세슘(Ce, 55번 원소)과 비슷합니다. 지구상에서 아스타틴(원자번호 85번) 다음으로 희귀한 프랑슘은 악티늄-227(원자번호 89번)이 알파 붕괴하여 생겨납니다.

프랑슘은 우라늄과 토륨광 속에 극미량 존재하는데, 우라늄 원자 1018개 중에 1개 정도 있답니다. 그러므로 지구에 존재하는 프랑슘의 총량은 30g도 되지 않을 것으로 추산합니다. 프랑슘은 짧은 반감기 동안에 붕괴를 계속하여 아스타틴, 라듐, 라돈으로 됩니다.

프랑슘은 파리의 퀴리 연구소에서 연구하던 물리학자 페레이(Marquerite Perey 1909~1975)가 1939년에 발견했습니다. 발견자는 이 원소에 프랑스 국가 이름을 붙였습니다. 당시 인공원소가 여러 가지 발견되어 있었지만, 프랑슘은 자연계에 존재하는 원소 중에서 발견이 가장 늦었습니다. 발견이 어려웠던 이유는 그의 반감기가 매우 짧았기 때문이었습니다. 지금까지 알려진 34 종의 프랑슘 동위원소 중에 반감기가 가장 긴 것이 Fr-223인데, 겨우 22분이네요. 자연계에 존재하는 프랑슘은 Fr-223과 Fr-221뿐이고, 나머지 동위원소들은 모두 입자가속기(사이클론)나 원자로에서 Au-197과 O-18로부터 인공적으로 합성한 것입니다.

$$Au\text{-}197 + O\text{-}18 \rightarrow Fr\text{-}210 + 5n$$

# 88. 라듐(Radium, Ra)

- 원자번호 : 88
- 족 : 2족(7주기), 알칼리 금속
- 원자량 : 226
- 밀도 : 5.5 g/cm$^{-3}$
- 각 전자궤도의 전자 수 : 2, 8, 18, 32, 18, 8, 2
- mp : 700℃ / • bp : 1,737℃

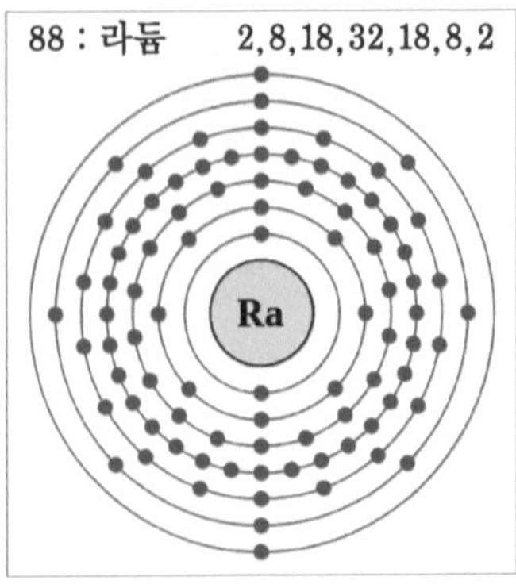


라듐(Ra-226)의 핵은 88개의 양성자와 138개의 중성자를 가졌습니다. 라듐의 전자각은 7층입니다.

라듐(래디엄)은 폴란드 태생의 프랑스 화학자 마리 퀴리(Marie Curie, 1867~1934)와 그녀의 남편 피에르 퀴리(Pierre Curie, 1859~1906)가 1898년에 발견했습니다. 당시 전자(電子)의 발견과 아인슈타인의 상대성 이론, 그리고 라듐의 발견은 오늘의 과학시대를 여는 계기가 되었습니다. 라듐이라는 원소의 명칭은 그로부터 방출되는 빛 때문이었습니다. 라틴어로 광선(*radius*)을 의미하는 말이 그 이름이 된 것입니다.

우라늄을 함유한 광석(피치블렌드 pitchblende)을 조사하던 그들은, 우라늄을 추출하고 남은 광석에 여전히 방사성이 있는 것을 발견했습니다. 몇 톤의 광석을 처리한 끝에 그들은 바륨과 혼

라듐이 포함된 페인트를 칠한 시계에서 파리한 형광이 발산됩니다. 라듐은 희색이지만 공기 중에 두면 질소와 화합하여 검은 질소화합물로 변합니다.

합되어 있는 방사성물질을 분리했습니다. 그 물질을 가열했을 때, 바륨과는 다른 스펙트럼을 내는 낯선 물질이 섞여 있는 것을 알았습니다. 그들은 염화라듐을 전기분해하는 방법으로 4년이나 걸려 순수한 라듐을 분리해냈습니다. 마리 퀴리는 라듐의 발견으로 1911년에 노벨화학상을 수상했습니다.

라듐은 알려진 마지막 알칼리 토금속입니다. 순수한 라듐은 밝은 곳에서는 흰빛을 내지만 어둠 속에서는 옅은 푸른빛(형광)을 냅니다. 당시 사람들은 방사선의 정체와 위험성을 몰랐기 때문에 어두운 곳에서도 시계를 볼 수 있도록 시계 문자판에 라듐 페인트를 했습니다.

라듐은 우라늄을 포함한 광석이라면 어디에나 포함되어 있습니다. 왜냐 하면 우라늄(Ur, 92번 원소)의 핵이 분열하여 붕괴되는 과정에 라듐이 생겨나기 때문입니다. 평균적으로 7톤의 피치블렌드에서 1g의 라듐을 분리해낼 수 있습니다. 전 세계적으로 1년에 생산되는 라듐의 양은 2.5kg도 되지 않는답니다. 현재까지 25종의 라듐 동위원소가 발견되었으며, 가장 일반적인 Ra-226의 반감기는 1,601년입니다.

방사선물질의 방사능 정도를 나타내는 단위로 '퀴리'가 사용되기도 하는데, 이는 국제 표준 단위는 아닙니다. 1퀴리는 1g의 라듐-226에서 1초 동안에 방출되는 방사능의 양입니다. 방사선을 이용한 암 치료에서는 라듐이 붕괴될 때 생성되는 라돈 가스를 이용합니다(86번 원소 라돈 참조). 오늘날에는 라듐보다 안전관리가 용이한 Co-60, Cs-137의 방사선을 치료에 주로 이용합니다.

# 89. 악티늄(Actinium, Ac)

- 원자번호 : 89
- 족 : 3족(7주기), 전이원소(악티늄족)
- 원자량 : 227
- 밀도 : 10 g/cm$^{-3}$
- 각 전자궤도 전자 수 : 2, 8, 18, 32, 18, 9, 2
- mp : 1,050℃ /   • bp : 3,198℃

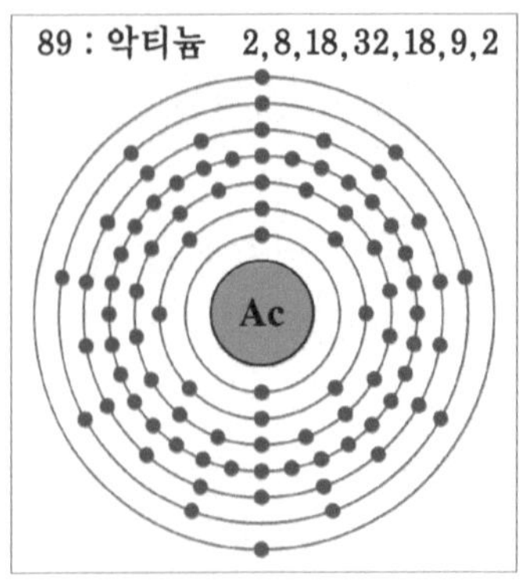


강한 방사성을 가진 악티늄의 핵(Ac-227)은 89개의 양성자와 138개의 중성자를 가졌습니다. 악티늄족의 15종 원소는 최외각에 모두 2개의 전자가 돕니다.

악티늄(액티니엄)은 전이금속으로서 강한 방사성을 가지고 있으며, 라듐처럼 어둠 속에서 청백색 빛이 납니다. 악티늄은 우라늄이나 토륨이 붕괴하여 생겨나는 방사성 원소의 하나이며, 우라늄광 속에 극소량(원광 1톤에 0.2mg 정도) 포함되어 있습니다. 현재까지 적은 양만 인공적으로 생산되었으며, 이 원소의 과학적 용도는 별로 알려지지 않았습니다. 악티늄은 그리스어로 '광선'을 의미하는 *actinos*가 어원(語源)입니다.

이 원소는 프랑스의 화학자 드비에른(Andre Louis Debierne 1874~1949)과 독일의 화학자 기젤(Freidrich Otto Giesel 1852~1929)이 1902년에 각기 독립적으로 발견했습니다. 악티늄의 방사성 동위원소는 현재까지 36종이 알려져 있으며, 그중 대표인 Ac-227은 반감기가 21.6년이고, U-235가 붕괴되어 생겨납니다.

악티늄은 악티늄족(actinide) 원소에 속하는 첫 번째 금속입니다. 악티늄족 원소에는 원자번호 89번 악티늄(Ac)으로부터 로렌슘(103번 Lr)까지 15종이 포함되며, 모두 방사성원소입니다. 주기율표에서는 악티늄족 원소를 란타넘족처럼 아래쪽에 길게 표시하고 있습니다.

악티늄의 화학적 성질은 란타넘족과 닮았습니다. 이들은 고에너지 중성자를 사용하여 인공적으로 생산합니다. 악티늄족 원소 중에 우라늄보다 원자번호(92)가 큰 원소는 '초우라늄 원소'(transuranic elements)라 부릅니다.

# 90. 토륨(Thorium, Th)

- 원자번호 : 90
- 족 : 3족(7주기), 전이원소(악티늄족)
- 원자량 : 232.0381
- 밀도 : 11.7 $g/cm^{-3}$
- 각 전자궤도의 전자 수 : 2, 8, 18, 32, 18, 10, 2
- mp : 1,842℃ /  · bp : 4,788℃

　순수한 토륨(소리엄)은 매우 무르고 연성이 좋습니다. 은백색의 방사성 금속인 토륨은 공기 중에서 산소와 결합하여 아주 느리게(몇 개월 걸려) 검은색 산화물로 변합니다. 토륨의 산화물은 녹는 온도가 가장 높은(약 3,300℃) 물질 종류에 속합니다.

　토륨은 스웨덴의 화학자 베르셀리우스(Jons Jakob Berzelius, 1779~1848)가 1828년에 발견했습니다. 그는 새 원소의 이름을 고대 스칸디나비아의 '천둥의 신' 이름(*Thor*)을 따서 토륨이라 했습니다. 토륨을 발견했던 당시에는 방사성에 대한 지식이 없었으므로 토륨이 방사성원소임을 아무도 알지 못했지요. 방사성원소를 알게 된 것은 프랑스의 물리학자 베크렐(Henri Becquerel 1852~1908)과 퀴리가 방사선을 발견한 1897년 이후입니다.

　자연계에 존재하는 토륨-232(Th-232)는 알파 입자를 방출하는 방사성 동위원소이지만 반감기가 무려 140.5억년입니다. 그러므로 사진 필름으로 몇 시간 싸두어도 감광이 안 될 정도로 방사능이 약하지요.

　토륨은 납(Pb)이 포함된 광석에서 흔히 발견되며, 지각 중에 우라늄보다 3~4배 풍부하게 존재합니다. '모나자이트 샌드' (monazite sand)에는 약 10%의 토륨이 포함되어 있답니다.

　토륨은 미래의 원자력 에너지 연료로 매우 중요한 원소입니다.

Th-232에 중성자를 충격하면, 몇 과정을 거쳐 U-233으로 변합니다. U-233은 U-235와 마찬가지로 핵붕괴가 일어남으로 원자로의 연료로 사용할 수 있습니다. 오늘날 U-238과 Th-232를 연료로 쓰는 실험용 원자로(고속증식로)가 우리나라를 비롯한 몇 나라에서 연구되고 있습니다. 그런데 토륨은 우라늄과 달리 자체적으로 핵분열을 일으키지 않기 때문에 원자로의 스위치를 끄면 자동으로 핵분열이 멈춥니다. 그럼으로 우라늄을 연료로 사용하는 원자로와 달리 냉각장치에 이상이 생기더라도 위험이 적습니다. '토륨 원자로'의 개발에 성공하면, 토륨은 미래의 귀중한 에너지 자원이 될 것입니다.

토륨의 방사성 동위원소는 27종 알려져 있습니다. 그들 중에는 반감기가 수천만 분의 1초인 것에서부터 140.5억년인 것까지 있습니다. Th-232가 붕괴되어 최종적으로 납(Pb-208)이 되기까지 그 사이에 11종의 원소가 생성됩니다. 이 과정을 '토륨 붕괴 과정'(thorium decay series)이라 합니다(원자번호 86 라돈 편의 그림 참조).

토륨은 핵연료 외에 상업적 용도도 몇 가지 알려져 있습니다. 토륨과 마그네슘의 합금('Mag-Thor'라 불림)은 열에 강한 견고한 금속이어서 비행기 엔진 제조에 쓰이며, 전자기기에서는 전자를 잘 방출하는 전극으로 이용합니다. 이산화토륨을 태우면 매우 밝은 빛이 발생하므로 휴대용 조명등에 이용되기도 했습니다.

# 91. 프로탁티늄(Protactinium, Pa)

- 원자번호 : 91
- 족 : 3족(7주기), 전이원소(악티늄족)
- 원자량 : 231.03588
- 밀도 : 15.37 g/cm$^{-3}$
- 각 전자궤도의 전자 수 : 2, 8, 18, 32, 20, 9, 2
- mp : 1,568℃ / • bp : 4,027℃(?)

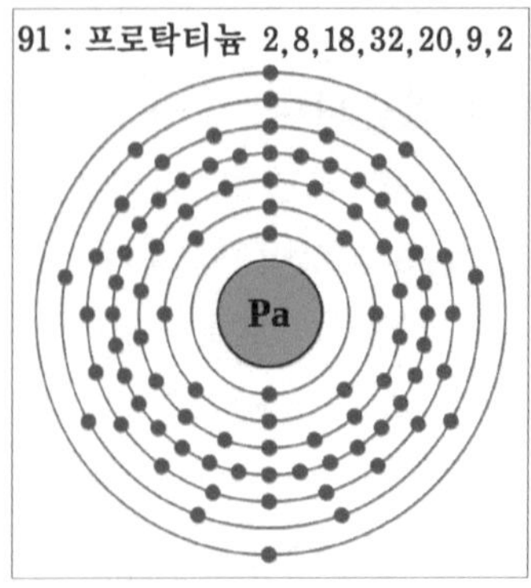


프로탁티늄(Pa-231)의 핵은 91개의 양성자
와 140개의 중성자로 이루어져 있습니다.

프로탁티늄(프로택티니엄)은 자연계에 존재하는 원소 중에서
가장 희귀한 것의 하나이며, 한동안 가장 값이 비싼 것이기도 했
습니다. 이 원소는 피치블렌드와 같은 우라늄광에서 함께 발견되
며, 우라늄이 붕괴하는 과정에 생겨납니다.

프로탁티늄은 독일의 물리학자 파얀스(Kasimir Fajans 1887~
1975)와 괴링(Osward Helmuth Göhring 1889~?)이 1913년에 우라
늄 붕괴물질을 조사하던 중에 발견했습니다. 두 과학자는 새 원
소에 brevium이라는 명칭을 붙였으나, 1949년에 프로탁티늄으로
바뀌었습니다. 프로탁티늄은 그리스어에서 '먼저'를 의미하는
*protos*와, actinium이 붕괴하여 생긴 것이라 하여 protactinium이

프로탁티늄은 우라늄광(피치블렌드)
속에 포함되어 있습니다.

된 것입니다.

프로탁티늄은 29종의 방사성 동위원소가 알려져 있으며, 가장 중요한 동위원소는 Pa-231입니다. 은백색 광택을 가진 이 원소를 처음 순수 분리한 때는 1934년이었습니다. 이것의 반감기는 32,500년이랍니다. 이 원소의 물리화학적 성질과 용도에 대한 연구는 미진합니다. 공기 중에서 서서히 산화하며, 맹독성을 가지고 있어 취급에 조심한답니다.

한 동안 과학자들이 연구에 이용할 수 있는 프로탁티늄의 양은 겨우 125g에 불과했습니다. 그것은 1961년에 영국 원자력청에서 60톤의 피치블렌드를 가공하여 겨우 생산한 것이었습니다. 최근에는 미국 오크리지 국립연구소에서 소량 생산하고 있답니다.

# 92. 우라늄(Uranium, U)

- 원자번호 : 92
- 족 : 3족(7주기), 전이원소(악티늄족)
- 원자량 : 238.0298
- 밀도 : 19.1 g/cm$^{-3}$
- 각 전자궤도의 전자 수 : 2, 8, 18, 32, 21, 9, 2
- mp : 1,132.2℃ /  • bp : 4,131℃

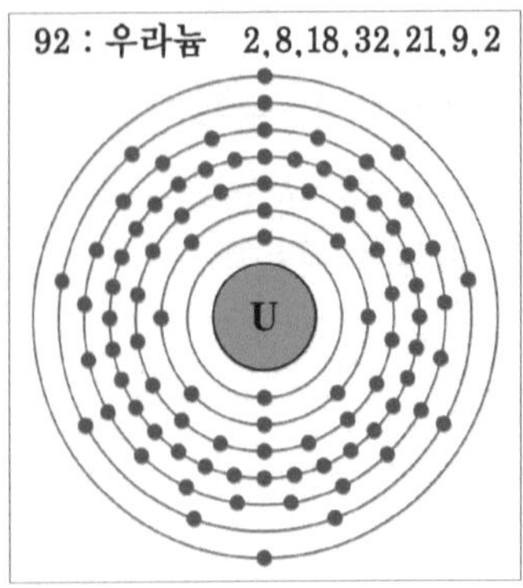


자연으로 존재하는 원소 중에 가장 무거운 것이 우라늄입니다. 우라늄 동위원소 중에 가장 존재량이 많은 U-238(99.2742%)의 핵은 92개의 양성자와 146개의 중성자를 가졌습니다.

우라늄(유레니엄)이라 하면 원자로와 원자폭탄을 먼저 생각합니다. 우라늄은 자연계에 존재하는 마지막 원소이면서 가장 무겁습니다. 자연계 원소로서 플루토늄이 가장 무겁지만, 플루토늄은 주로 인공적으로 만들기 때문에 인공원소로 분류됩니다. 우라늄은 피치블렌드, 우라나이트, 엘로케이크(산화우라늄이 75%), 모나자이트 샌드 등의 광석에 포함되어 있습니다. 오늘날 우라늄광을 채굴한다든가 가공하는 일은 원자력관리법에 따라 엄격하게 제한받습니다. 그러나 우라늄의 화합물은 수천 년 전부터 유리라든가 도자기의 색을 내는데 이용되어 왔답니다.

독일의 화학자 클라프로스(Martin Klaproth 1743~1817)는 피치

블렌드에 미지의 원소가 들어있음을 1789년에 알았으나, 그것이 우라늄이라는 것은 프랑스의 화학자 펠리고(Eugene Melchir Peligot)가 1841년에 처음 밝혀냈습니다. 그는 새 원소를 천왕성 (Uranus)의 이름을 따서 우라늄이라 명명했습니다. 그리고 1896년, 프랑스의 화학자 베크렐(Henri Becquerel 1852~1908)은 우라늄이 방사성물질이라는 사실을 처음 밝혔습니다. 우라늄은 최초로 알려진 방사성물질이었지요.

천연의 우라늄은 은백색 금속이며, 공기 중의 산소와 만나면 검은 산화물로 변합니다. 우라늄은 U-233(중성자 141개)부터 U-238(중성자 146개)까지 6종의 동위원소가 있습니다. 이 중에 자연계에 존재하는 우라늄으로는 U-238이 전체의 99.2742%를 차지하고, U-235는 약 0.7204%, 그리고 U-234가 0.0054% 존재합니다. 이 중에서 반감기가 가장 긴 것은 U-238의 46억년입니다. 이는 지구의 나이와 비슷합니다.

반감기가 길다는 것은 활성이 적고 핵붕괴가 잘 일어나지 않는다는 것을 의미합니다. 한편 U-235의 반감기는 약 7억년이고, U-243은 훨씬 짧은 2,500만 년입니다. 이 세 가지 우라늄 동위원소는 모두 반감기가 길기 때문에 방사능이 매우 약합니다. 그러나 우라늄의 핵은 느리게 붕괴되어 방사성이 강한 라돈, 폴로늄 등의 원소로 변했다가 최후에 안정한 납으로 됩니다.

1930년대에 독일의 과학자 마이트너(Lise Meitner 1878~1968)와 한(Otto Hahn 1879~1968)은 우라늄에 중성자를 충돌시키면 둘로 쪼개져 바륨과 크립톤으로 되는 것을 발견했습니다. 우라늄 붕괴로 생겨난 두 원소는 원자무게가 우라늄의 절반에 가까웠습니다.

마이트너는 이 문제를 조카인 독일 과학자 프리쉬(Otto R. Frisch 1904~1979)와 연구하여, 중성자의 충격은 우라늄-235의 핵을 분열(fission)시키고, 이때 막대한 에너지와 함께 더 많은 중

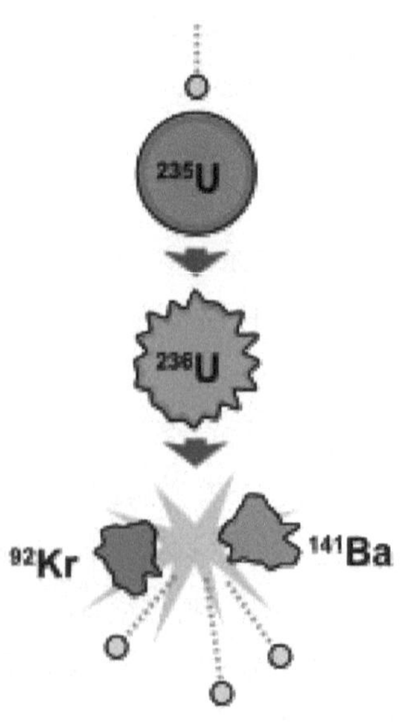

우라늄-235에 중성자를 충격하면 U-236으로 되었다가 둘로 깨어져 Kr-92와 Ba-141로 나뉩니다. 이때 막대한 에너지가 방출되는 동시에 중성자도 3개 튀어나와 주변의 다른 U-235 원자를 연속하여 깨뜨리게 됩니다. 이를 '핵분열 연쇄반응'(nuclear chain reaction)이라 합니다.

성자가 나오게 되며, 새 중성자는 주변에 있는 다른 U-235 원자를 연쇄적으로 붕괴시킬 수 있다는 사실을 알게 되었습니다. 이러한 현상은 가공할 힘을 가진 핵폭탄을 만들 수 있게 하는 것이었습니다.

이 시기에 제2차 세계대전이 일어났고, 유럽의 많은 과학자들은 히틀러 정권을 피해 미국으로 망명했습니다. 이탈리아를 탈출하여 미국에 온 페르미(Enrico Fermi 1901~1954)는 시카고대학에서 최초의 원자로를 설계하여 1941년에 인공적인 우라늄 핵붕괴 실험에 성공했습니다. 이어서 미국은 원자폭탄 개발계획인 '맨해튼 계획'을 비밀리 진행하여 독일에 앞서 원자폭탄을 만들게 되었습니다.

오늘날 원자력발전소에서 사용하는 핵연료는 존재량이 많지 않은 U-235입니다. 그런데 천연 우라늄이 대부분을 차지하는 U-238이 중성자를 흡수하면 플루토늄-239(Pu-239)로 변할 수 있고, Pu-239는 마치 U-235처럼 연쇄반응을 일으킬 수 있습니다. 그러므로 99.3%를 차지하는 U-238을 핵연료로 사용할 수 있다면 인류는 핵연료 걱정을 하지 않아도 될 것입니다. 하지만 U-238을 연료로 할 수 있는 원자로의 개발은 간단치 않아, 오늘날 전 세계의 원자력국가들이 힘을 합쳐 연구하고 있습니다. 그것이

‘꿈의 원자로’, 또는 ‘제4세대 원자로‘라고 불리는 ‘고속증식로’(breeder reactor)입니다. 오늘의 인류는 원자력을 이용하지 않고는 충분한 전력을 생산하기 어렵습니다. 수력, 풍력, 조력, 태양에너지 등은 시설비에 비해 비경제적입니다.

어떤 암석에 포함된 우라늄-238과 납-206의 양을 비교할 수 있다면, 그 암석의 연대를 측정할 수 있습니다. 이 방법으로 조사된 암석 중에서 지구상에서 가장 오랜 것은 45억년 된 것입니다. 오늘날 우라늄의 최대 생산국은 캐나다와 오스트레일리아입니다.

# 93. 넵투늄(Neptunium, Np)

- 원자번호 : 93
- 족 : 3족(7주기), 전이원소(악티늄족)
- 원자량 : 237
- 밀도 : 20.45 g/cm$^{-3}$
- 각 전자궤도 전자 수 : 2, 8, 18, 32, 22, 9, 2
- mp : 637℃ /  · bp : 4,000℃

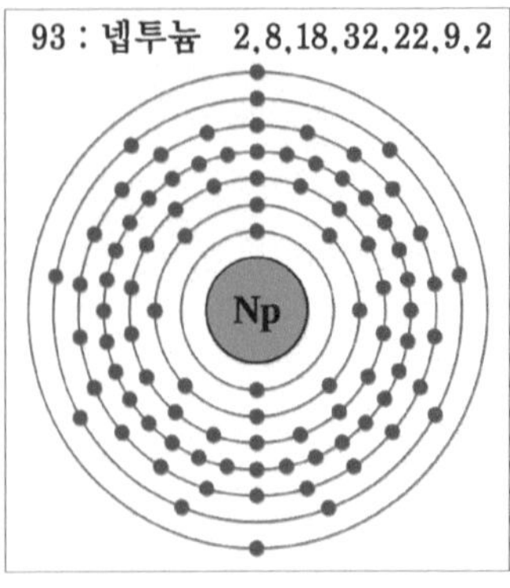


넵투늄의 핵(Np-239)은 93개의 양성자와 146개의 중성자를 가졌습니다. 넵투늄은 해왕성(neptune)에서 따온 이름입니다. 은백색 금속으로 화학성이 상당히 활발한 넵투늄은 원자로에서 플루토늄이 생겨나는 도중에 만들어집니다.

넵투늄(넵튜니엄)은 인공적으로 만든 최초의 초우라늄(transuranium) 원소입니다. 초우라늄 원소란 원자번호 92인 우라늄보다 원자번호가 큰 원소를 말하며, 모두 고에너지의 중성자를 충격시켜 만든 인공 방사성원소입니다. 넵투늄이란 원소명은 태양계에서 천왕성보다 더 먼 궤도를 도는 해왕성(Neptune)에서 따온 것입니다.

넵투늄은 미국의 물리학자 맥밀런(Edwin M. McMillan 1907~1991)과 에이블슨(Phillip H. Abelson 1913~2004)이 1940년에 캘리포니아 대학에 설치한 가속기를 이용하여 처음 만들었습니다. 당시에는 몰랐지만, 훗날 넵투늄과 플루토늄 두 종의 초우라늄 원소는 우라늄광 중에 극미량 존재한다는 것이 알려졌습니다. 맥

밀런은 넵투늄을 인공 합성한 공로로 1951년에 노벨 화학상을
수상했습니다.

넵투늄이 발견됨에 따라 화학자들은 알지 못했던 '악티늄 족'
의 후속 가족을 합성해보았습니다. 넵투늄의 동위원소는 현재까
지 19종 발견되었으며 모두 방사성입니다. 최초로 합성되었던 동
위원소는 Np-239(반감기 2.4일)이었으며, 가장 중요한 동위원소는
Np-237(반감기 210만 년)입니다. Np-237은 이론상 핵분열이 가능
하므로 핵폭탄이나 원자로의 연료로 이용될 수 있습니다. 'Np-237
원자로'는 아직 개발되지 않았지만 그에 대한 연구는 진행되고
있답니다.

## 94. 플루토늄(Plutonium, Pu)

- 원자번호 : 94
- 족 : 3족(7주기), 전이원소(악티늄족)
- 원자량 : 244
- 밀도 : 19.816 g/cm$^{-3}$
- 각 전자궤도의 전자 수 : 2, 8, 18, 32, 24, 8, 2
- mp : 639.4℃ /  • bp : 3,228℃

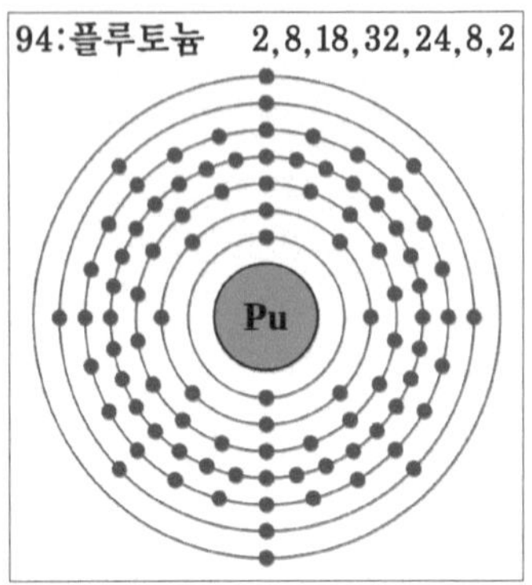


플루토늄(플루토니엄)은 넵투늄(Np)에 뒤이어 인공적으로 만든 초우라늄 원소입니다. 초우라늄 원소들 중에서 가장 중요한 물질이 된 플루토늄은 1941년에 미국의 화학자 시보그(Glenn T. Seaborg 1912~1999), 맥밀런(Edwin M. McMillan 1907~1991), 케네디(Josep W. Kennedy 1916~1957), 왈(Arthur C. Wahl 1917~2006) 네 과학자가 캘리포니아 대학의 가속기에서 처음 발견했습니다. 그들은 우라늄-238에 중양성자(deuteron)를 충돌시켜 플루토늄-239를 만든 것입니다. 물($H_2O$)의 동위원소인 중수(deuterium $H_2O_2$)를 구성하는 수소의 핵은 1개의 양성자와 1개의 중성자를 가지고 있어, 이를 '중양성자'(重陽性子 deuteron)라 부릅니다. 새

반감기가 87년인 Pu-238은 알파 입자를 방출하면서 붕괴합니다. 알파 입자는 투과성이 아주 약하지만, 붕괴될 때 에너지가 나오므로 이를 열에너지로 바꾸었다가 전기에너지로 만들 수 있습니다. 핵연료를 이용한 전지(원자력전지)는 달착륙선을 비롯하여 각종 우주선에서 이용되었습니다.

원소를 발견한 과학자들은 해왕성 다음 궤도에 있는 명왕성(Pluto)의 이름을 따서 plutonium이라는 이름을 붙였습니다. 그런데 그들은 새 원소의 발견 사실을 제2차 세계대전이 끝난 뒤인 1946에야 발표했습니다.

플루토늄은 은백색 금속으로 화학 활성이 크며, 공기 중에서는 산소와 반응하여 연한 황색으로 변합니다. 플루토늄을 만지면 따뜻하게 느껴지는데, 이는 자체의 방사성 에너지 때문입니다. 그리고 플루토늄은 인체에 위험하므로 조심스럽게 취급한답니다.

지금까지 20종의 플루토늄 동위원소가 발견되었습니다. 그 중에 중성자를 충격하면 핵분열을 쉽게 하는 대표적 동위원소인 Pu-239는 반감기가 24,110년입니다. Pu-239는 U-235처럼 중성자를 충돌시키면 둘로 쪼개지면서 큰 에너지와 함께 더 많은 중성자를 방출하여 연쇄적으로 핵분열이 일어나게 합니다.

미국의 맨해튼 계획 때 최초로 만들어 폭발실험(1945년 7월 16일)에 이용했던 원자폭탄(이름 Trinity)과, 일본의 나가사키에 투하된(1945년 8월 9일) 2번째 원자폭탄(이름 Fat Man)은 플루토늄-239를 연료로 한 것입니다. 한편 나가사키보다 3일 먼저 히로

시마에 떨어진 원자폭탄(이름 Little Boy)은 U-235가 연료였습니다.
　플루토늄은 원자력발전소의 원자로에서 해마다 대량 생산되고 있습니다. 핵에너지의 개발과 관련된 일체의 일들은 국제원자력기구(International Atomic Energy Agency, IAEA)의 통제를 받아야 합니다. IAEA는 핵을 군사적 목적으로 사용하는 것을 금지하고, 평화적으로 이용하도록 장려하는 UN의 중요한 기구입니다.

# 95. 아메리슘(Americium, Am)

- 원자번호 : 95
- 족 : 3족(7주기), 전이원소(악티늄족)
- 원자량 : 243
- 밀도 : 12  $g/cm^{-3}$
- 각 전자궤도의 전자 수 : 2, 8, 18, 32, 25, 8, 2
- mp : 1,176℃ /  • bp : 2,607℃

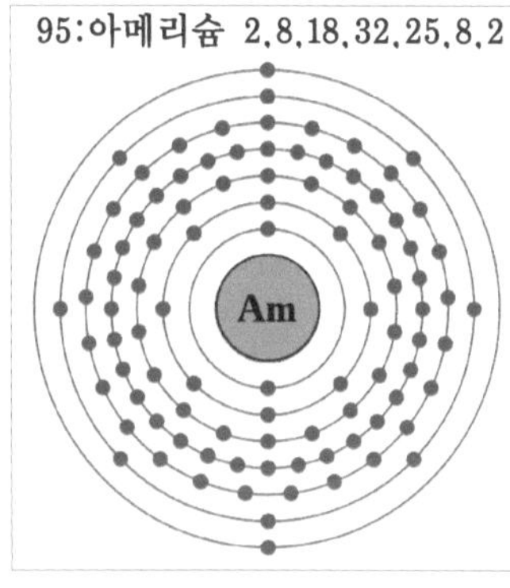


아레리슘-243의 핵은 95개의 양성자와 148개의 중성자를 가졌습니다. 아메리슘은 미국에서 원자폭탄이 개발되던 동안에 발견되었습니다.

아메리슘(애머리시엄)은 다른 초우라늄 원소와 마찬가지로 인공원소입니다. 초우라늄 원소로서 넵투늄, 플루토늄, 퀴륨에 이어 4번째로 발견된 아메리슘은 미국 국명이 그 이름이 되었습니다. 제2차 세계대전 이전까지는 원자물리학과 화학 연구를 유럽 국가의 과학자들이 주도하고 있었습니다. 그러나 전쟁이 시작되면서부터 연구 무대는 미국으로 옮겨갔고, 1944년에는 미국에서 '아메리슘'이라는 초우라늄 원소를 발견하기에 이르렀습니다.

아메리슘은 은백색을 가졌으며 비교적 무른 금속입니다. 이 원소는 미국의 화학자 시보그(Glenn T. Seaborg 1912~1999)가 이끄는 시카고 대학의 연구팀이 제2차 세계대전 중에 발견했습니다.

플루토늄과 아메리슘, 퀴륨, 버클륨 등을 발견하는데 공헌한 스웨덴 태생의 화학자 G. T. 시보그는 전이원소들의 발견과 악티늄족 원소들에 대한 연구 공로로 1951년에 노벨 화학상을 수상했습니다. 그는 미국원자력위원회 의장(1961~1971)을 지내기도 했습니다.

이를 인공 합성한 당시의 연구소는 오늘날 세계적으로 유명한 '아르곤 국립연구소'(Argonne)입니다.

아르곤의 연구팀은 처음에 아메리슘 동위원소 Am-241을 생산했습니다. 아메리슘에는 총 19가지 동위원소가 알려져 있으며, 이들은 전부 방사성을 가졌습니다. 원자로 안에서 우라늄이나 플루토늄에 알파 입자를 충돌시키면 아메리슘이 만들어집니다. 대표적 동위원소인 Am-241은 붕괴 과정에 알파 입자와 감마선을 방출하며, 이것의 반감기는 470년입니다. 아메리슘은 강력한 감마선을 방출하므로, 이것은 휴대용 X선원으로 씁니다.

아메리슘은 여러 종류의 화합물을 만들며, 화학적 성질은 란타넘족 원소들과 비슷합니다. 아메리슘도 이론적으로 핵분열이 가능하여 원자로나 핵폭탄의 연료가 될 수 있습니다. 특히 아메리슘-242는 연쇄반응이 일어날 수 있는 최소한의 질량(임계질량 critical mass)이 작기 때문에 소형 원자로라든가 휴대용 원자무기에 이용될 가능성이 있습니다. 그러나 아메리슘은 생산비가 너무 많이 들어 실용이 어렵습니다.

# 96. 퀴륨(Curium, Cm)

- 원자번호 : 96
- 족 : 3족(7주기), 전이원소(악티늄족)
- 원자량 : 247
- 밀도 : 13.51 g/cm$^{-3}$
- 각 전자궤도의 전자 수 : 2, 8, 18, 32, 25, 9, 2
- mp : 1,340℃ /  • bp : 3,110℃

퀴륨(퀴리엄)은 악티늄족에 속하는 초우라늄원소의 하나입니다. 이 인공원소는 1944년에 캘리포니아 대학의 과학자들인 시보그(Glenn T. Seaborg 1912~1999), 제임스(Ralph A. James), 기오르소(Albert Ghiorso 1915~2010) 등이 입자가속기 속에서 플루토늄-239에 알파 입자를 충돌시켜 만들었습니다. 그들은 새로 찾아낸 원소를 라듐과 폴로늄을 발견한 퀴리 부부의 이름을 따서 퀴륨이라 불렀습니다.

퀴륨은 은백색 금속으로 화학적 성질이 활발합니다. 특히 퀴륨의 산화물과 할로겐(헬러젠)원소와의 화합물은 많이 연구되고 있습니다. 퀴륨의 동위원소는 약 20종 알려져 있으며, 모두 방사성입니다. 그들 중에 Cm-247은 반감기가 1,560만 년이고, Cm-242는 162.8일, Cm-244는 18.1년입니다. 이 중에 Cm-244는 원자로에서 플루토늄에 중성자를 충돌시키는데 이용되고, 반감기가 짧은 Cm-242는 방출되는 에너지를 열에너지로, 다시 전기에너지로 전환함으로써 원자력전지라든가 심장박동기에 이용합니다.

퀴륨은 미래에 고속증식로의 연료로서 중요한 위치를 차지할 것입니다. 이들은 이론적으로 연쇄반응이 일어날 수 있는 임계질량이 매우 적습니다. Cm-245의 임계질량는 약 59g이고 Cm-243은 155g 정도로 소량이므로 미래에 매우 중요한 원소가 될 것으로 보입니다.

# 97. 버클륨(Berkelium, Bk)

- 원자번호 : 97
- 족 : 3족(7주기), 전이원소(악티늄족)
- 원자량 : 247
- 밀도 : 알파(14.78 $g/cm^{-3}$) / 베타(13.25 $g/cm^{-3}$)
- 각 전자궤도의 전자 수 : 2, 8, 18, 32, 27, 8, 2
- mp : 986℃ / • bp : ?

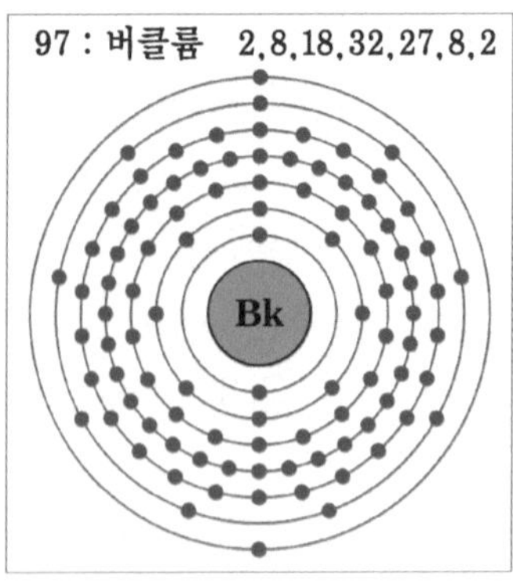


원자번호 97인 버클륨은 캘리포니아 대학이 있는 이름을 가졌습니다. Bk-247의 핵은 97개의 양성자와 150개의 중성자를 가졌습니다.

캘리포니아 주 버클리 시의 캘리포니아 대학 방사선연구소의 화학자 시보그(Glenn T. Seaborg)와 톰슨(Stanley Thomson 1912~1976), 기오르소(Albert Giorso 1915~2010)는 1949년 5번째의 인공원소(넵투늄, 플루토늄, 퀴륨, 아메리슘에 이어)를 발견하고, 그 이름을 '버클륨'(버킬리엄)이라 했습니다. 그들은 가속기에서 아메리슘-241에 알파 입자를 충돌시켜 또 하나의 초우라늄 원소인 '버클륨-243'을 만든 것입니다.

$$95Am241 + 2He\text{-}4 \rightarrow 97Bk\text{-}243 + 2n(중성자)$$

Bk-243은 반감기가 4.6시간에 불과하여 물리화학적 성질을 연구하기 어렵습니다. 현재까지 20여 종의 버클륨 동위원소가 알려졌으며, 모두 은백색의 방사성 금속입니다. 동위원소 중에 반감기가 제일 긴 Bk-249(반감기 330일)는 퀴륨-244에 중성자를 쏘아 만듭니다. 또한 Bk-249는 더 무거운 인공 방사성원소들인 로렌슘(원자번호 103), 러더포륨(104), 보륨(107) 등을 인공합성하는 원소가 되기도 합니다.

버클륨도 다른 악티늄족 원소와 마찬가지로 산소와 잘 결합하고, 핼러젠 원소와도 화합물을 만듭니다. 버클륨의 끓는 온도는 확인하지 못하고 있습니다. 큰 비용을 들여 힘들게 합성한 소량의 버클륨을 끓는 온도 측정을 위해 증발실험 하기가 어렵기 때문이랍니다.

## 98. 캘리포늄(Californium, Cf)

- 원자번호 : 98
- 족 : 3족(7주기), 전이원소(악티늄족)
- 원자량 : 251
- 밀도 : 15.1g/cm$^{-3}$
- 각 전자궤도의 전자 수 : 2, 8, 18, 32, 28, 8, 2
- mp : 약 900℃ /  · bp : 1,745℃

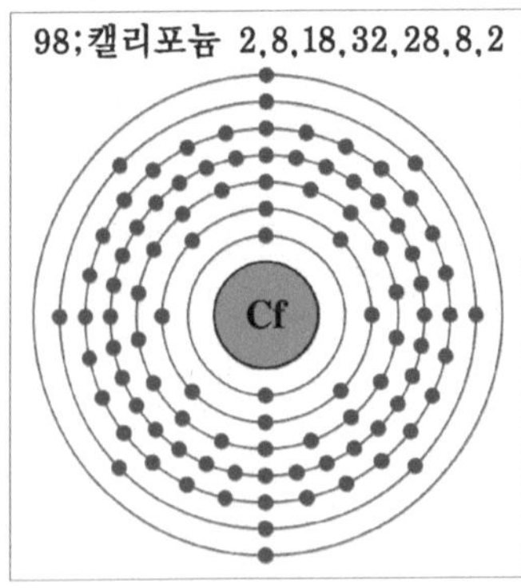


캘리포늄 동위원소 중에 대표적인 Cf-251의 핵은 98개의 양성자와 153개의 중성자를 가졌습니다.

캘리포늄(캘러포니엄)은 버클륨을 발견한 세 과학자와 스트리트(Kenneth Street 1920~2006)로 이루어진 4명의 과학자 팀이 1950년에 발견했습니다. 그들은 캘리포니아 대학 방사선연구소의 입자가속기를 이용하여 퀴륨-242에 알파 입자를 충돌시키는 방법으로 6번째의 초우라늄 원소를 합성하고, 그 이름을 캘리포늄이라 불렀습니다.

캘리포늄의 동위원소는 현재까지 20종 알려져 있습니다. 이 중에 가장 안정된 Cf-251의 반감기는 898년이고, Cf-249는 351년, Cf-250은 13.08년, Cf-252는 2.645년이고, 나머지 동위원소들의 반감기는 20분 이내입니다.

캘리포늄은 은백색 금속이며, 면돗날로 자를 수 있을 정도로 무릅니다. 캘리포늄 동위원소 중에 Cf-252는 매우 강력하게 중성자를 방출하는데, 1마이크로그램의 Cf-252는 1초에 230만 개의 중성자를 방출한답니다. 그러므로 Cf-252는 중성자 발생원으로 온갖 실험에 매우 중요하게 이용됩니다. Cf-252의 중성자는 다른 방사선으로 치료가 어려운 뇌 암의 치료에 이용되기도 한답니다.

Cf-251은 임계질량이 5kg에 불과한데다 반감기가 짧은 특징이 있습니다. 러시아의 듀브나(Dubna)에 있는 조인트핵연구소가 2006년에 합성한 원자번호 118 오가네손(Oganesson Og)은 Cf-249를 이용하여 만들었습니다.

우라늄보다 원자량이 큰 인공원소를 만드는 데는 엄청난 비용이 듭니다. 예를 들어 캘리포늄의 경우 1g을 생산하는데 약 1천만 달러가 든다고 합니다. 이렇게 생산비만 비싸고 이용가치는 별로 없는 초우라늄이지만 과학자들은 그들의 성질을 연구하기 위해 온갖 노력을 합니다.

# 99. 아인슈타이늄(Einsteinium, Es)

- 원자번호 : 99
- 족 : 3족(7주기), 전이원소(악티늄족)
- 원자량 : 252
- 밀도 : 8.84 g/cm$^{-3}$)
- 각 전자궤도의 전자 수 : 2, 8, 18, 32, 29, 8, 2
- mp : 884℃ /  • bp : ?

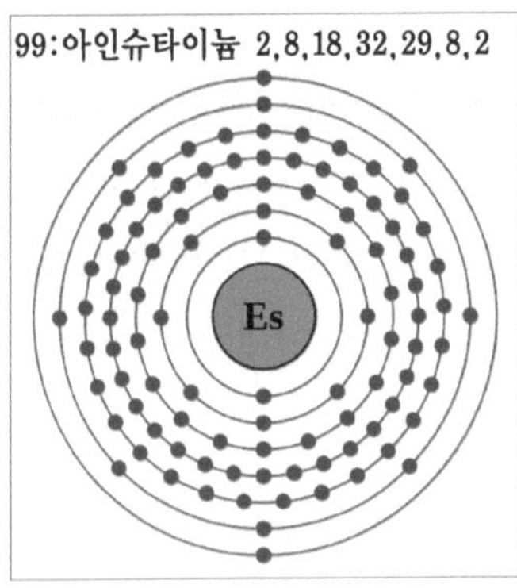


아인스타늄 동위원소 중에 대표인 Es-252 원자는 99개의 전자, 99개의 양성자, 153개의 중성자를 가졌습니다.

켈리포니아 대학의 기오르소(Albert Giorso 1915~2010)와 그의 동료 과학자 팀은 1952년에도 새로운 초우라늄 원소를 발견하고, 아인슈타인(Albert Einstein 1879~1955)의 이름을 따서 아인슈타늄(아인스타이넘)이라 명명했습니다. 7번째 초우라늄 원소로 알려진 Es-253은 당시 태평양에서 실시된 수소폭탄 실험 때 생긴 파편을 조사하던 중에 발견되었습니다. 그때 그들이 회수한 샘플의 양은 단지 1억분의 1g에 불과했습니다. 당시 미국은 비밀리 수소폭탄 실험을 하고 있었으므로, 아인슈타늄의 발견에 대한 소식은 1955년에야 발표했답니다.

아인슈타늄은 지금까지 19종의 핵종(核種 nucleides)과 3종의 핵이성체(核異性體 nuclear isomers)가 알려져 있습니다. 핵종과 핵이성체라는 용어는 1947년에 미국의 화학자 코만(Truman P. Kohman 1916~2010)이 다음과 같이 제안했습니다.

* **동위원소**(isotopes) - 같은 원소이면서 중성자 수가 다른 원소 (예, 6C-12, 6C-13)
* **동중성자 원소**(isotone) - 중성자 수가 같은 원소(예, 7C-13, 7N-14)
* **동중원소**(同重元素 isobar) - 질량이 같은 원소(예, 7N-17, 8O-17, 9F-17)
* **핵이성체**(nuclear isomer) - 에너지 상태가 다른 원소(예, 43Tc-99, 43Tc-99m)
* **거울핵**(mirror nuclei) - 양성자 수와 중성자 수가 변한 원소 (예, 1H-3, 2He-3)


아인슈타늄 동위원소 중에 가장 안정된 것은 Es-254(반감기 252일)입니다. 대표적 동위원소는 한때 테네시 주에 있는 오크리지 국립연구소의 '하이플룩스 원자로'에서 생산되었습니다. 이곳의 원자로는 물밑에 설치되어 있으며, 방사성 동위원소에서 방출되는 에너지 때문에 생겨난 푸른 물빛을 볼 수 있다고 합니다. 아인슈타늄은 방사능이 매우 강하여 취급에 극히 조심한답니다.

# 100. 페르뮴(Fermium, Fm)

- 원자번호 : 100
- 족 : 3족(7주기), 전이원소(악티늄족)
- 원자량 : 257
- 밀도 : ? g/cm$^{-3}$)
- 각 전자궤도의 전자 수 : 2, 8, 18, 32, 30, 8, 2
- mp : 1,527℃ / ・bp : ?

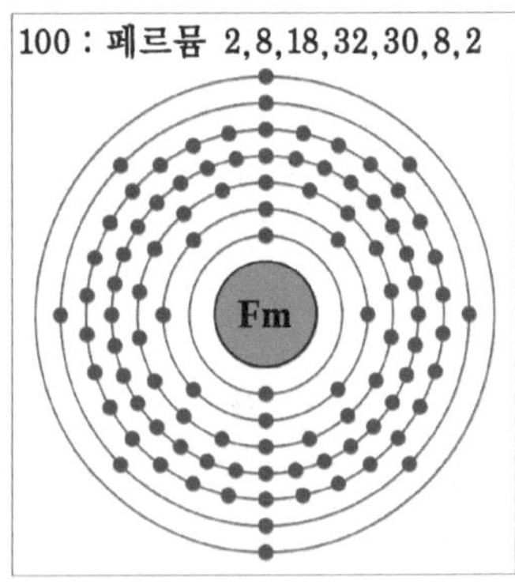


원자번호 100번인 페르뮴의 동위원소 중에 대표인 Fm-257의 원자는 100개의 전자, 100개의 양성자, 157개의 중성자로 이루어져 있습니다.

원자번호가 100번인 악티늄족의 8번째 초우라늄 원소 페르뮴(퍼뮴)은 아인슈타늄과 마찬가지로 기오르소(Albert Giorso 1915~2010)와 그의 동료들이 1952년에 태평양에서 실시된 수소폭탄 실험장의 파편에서 발견했습니다. 그들은 이 새로운 원소에 이탈리아 태생의 위대한 과학자 엔리코 페르미(Enrico Fermi 1901~1954)의 이름을 붙였습니다. 페르미는 시카고 대학 운동장에 축조(築造)한 최초의 원자로에서 1944년 우라늄의 연쇄반응 실험에 성공하여 원자폭탄 개발을 가능하도록 이끈 핵물리학 선구자 중의 1인입니다.

페르뮴의 발견 사실도 1955년에야 발표되었습니다. 현재 페르

태평양의 무인도에서 1952년 11월 1일 실시된 최초의 수소폭탄(폭탄 이름 'Ivy Mike') 실험은 성공이었습니다. 미국의 핵물리학자들은 수소폭탄 실험장의 샘플을 캘리포니아 대학 방사선연구소로 가져와 분석한 결과 아인슈타늄과 페르뮴을 발견했습니다.

늄의 동위원소는 19종이 알려져 있으며, 모두 방사성이 강합니다. 페르뮴은 우라늄이나 플루토늄과 같은 원소에 중성자를 집중적으로 쏘아 만듭니다.

아인슈타늄을 생산한 오크리지 국립연구소의 '하이플룩스 동위원소 원자로'에서는 페르뮴도 생산합니다. 페르뮴 동위원소 중에서 반감기가 가장 긴 것은 Fm-257(82시간)입니다.

# 101. 멘델레븀(Mendelevium. Md)

- 원자번호 : 101
- 족 : 3족(7주기), 전이원소(악티늄족)
- 원자량 : 258
- 밀도 : ? $g/cm^{-3}$
- 각 전자궤도의 전자 수 : 2, 8, 18, 32, 31, 8, 2
- mp : 827℃ / · bp : ?

멘델레븀(멘델리비엄)은 캘리포니아 대학 버클리 방사선연구소의 기오르소, 시보그 등 6명의 핵물리학자들이 1955년에 입자가속기(cyclotron)를 이용하여 아인슈타늄-253에 알파 입자를 충돌시켜 합성했습니다. 과학자 팀은 처음 만들어낸 9번째의 초우라늄 동위원소(Md-256)에 주기율표를 창안한 위대한 화학자 멘델레예프의 이름을 붙였습니다.

Md-256은 만들기가 매우 어려웠습니다. 당시 과학자들은 "멘델레븀은 1초에 원자 1개가 만들어진다."고 할 정도였습니다. 멘델레븀의 용도는 연구 중입니다.

멘델레븀에는 16종의 동위원소(Md-245로부터 Md-260까지)가 알려져 있으며, 처음 발견된 Md-256의 반감기는 87분이고, 가장 안정된 Md-258은 55일이랍니다.

# 102. 노벨륨(Nobelium, No)

- 원자번호 : 102
- 족 : 3족(7주기), 전이원소(악티늄족)
- 표준 원자량 : 258
- 밀도 : ? $g/cm^{-3}$
- 각 전자각의 전자 수 : 2, 8, 18, 32, 32, 8, 2
- mp : ? ℃ / • bp : ? ℃

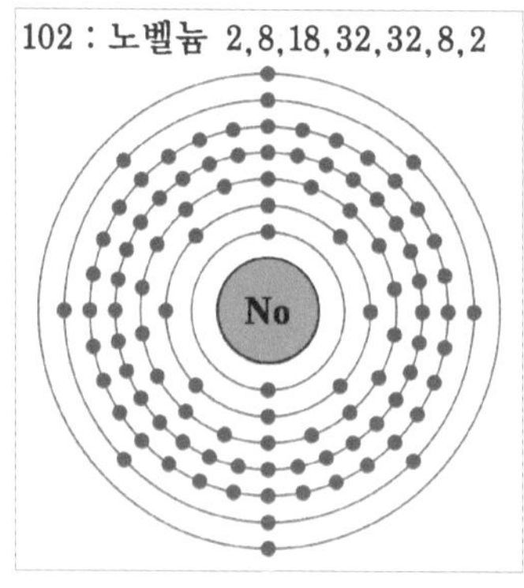


노벨륨의 동위원소 중에 대표적인 No-259 는 102개의 양성자와 157개의 중성자를 가졌 습니다.

노벨륨(노빌리엄)이 발견될 때 다소 혼란이 있었습니다. 스웨덴의 노벨연구소 물리학자들은 1957년에 퀴륨-244에 탄소-13의 이온을 충돌시켜 반감기가 10분인 원자번호 102번 노벨륨을 발견했다고 발표했습니다. 하지만 얼마 후 그들은 노벨륨 발견 사실을 철회했습니다. 실제 노벨륨은 캘리포니아 대학 버클리 방사선 연구소의 기오르소를 비롯한 과학자들이 1959년에 다른 방법으로 발견했으며, 그들이 찾아낸 No-254는 반감기가 55초라고 밝혔습니다. 새 원소의 이름이 된 노벨륨은 노벨상을 제정한 알프레드 노벨(Alfred Nobel 1833~1896)의 이름을 딴 것입니다.

캘리포니아 대학의 과학자들은 노벨륨을 만들 때, 과거에 사용하던 입자가속기를 쓰지 않고, 새로 제작한 '중이온 선형가속기'(Heavy Ion Linear Accelerator)를 이용했습니다. 이때 과학자들은 퀴륨-244와 퀴륨-245에 탄소-12 이온을 충돌시켜 만드는데 성공했습니다. 노벨륨의 발견이 확실히 인정받게 된 것은, 구소련의 '플레로프 핵반응 연구소'의 핵물리학자들이 1966년에 노벨륨의 존재를 재확인한 때였습니다.

노벨륨의 동위원소는 현재 12종 알려져 있습니다. 그 중에 반감기가 가장 긴 것은 No-259(57분)입니다. 노벨륨은 노벨륨보다 무거운 원소들이 붕괴할 때 생겨나기도 합니다. 예를 들면 원자번호 103인 로렌슘-262가 붕괴될 때는 No-262가 생겨난답니다. 현재까지 합성된 노벨륨의 양이 너무 적어 그의 물리화학적 성질은 잘 연구되지 못하고 있습니다.

# 103. 로렌슘(Lawrencium, Lr)

- 원자번호 : 103
- 족 : 3족(7주기), 전이원소(악티늄족)
- 표준 원자량 : 262
- 밀도 : ? g/cm$^{-3}$
- 각 전자궤도의 전자 수 : 2, 8, 18, 32, 32, 8, 3
- mp : ? ℃ / · bp : ? ℃

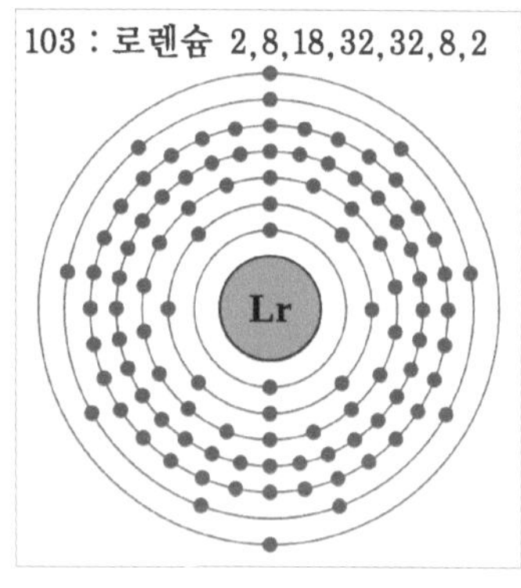


로렌슘의 대표적인 동위원소인 Lr-262의 핵은 103개의 양성자와 159개의 중성자를 가졌습니다.

로렌슘(러렌시엄)은 악티늄족에 속하는 마지막 초우라늄 원소입니다. 이 원소는 캘리포니아 대학 '로렌스 버클리 국립연구소'의 핵물리학자 기오르소가 이끄는 과학자 팀이 1961년에 선형가속기를 이용하여 발견했습니다. 그들은 새 원소의 명칭을 캘리포니아 대학 교수였으며 입자가속기를 발명한 위대한 물리학자 로렌스(Ernest O. Lawrence 1901~1958)의 이름으로 정하고, 원소기호는 Lr로 했습니다.

이 원소를 만들 때 과학자들은 캘리포늄(Cf)에 보론(B)-10과 B-11의 이온을 충돌시키는 방법을 썼는데, 먼저 Lr-258(반감기 4초)을 합성했습니다. 현재까지 로렌슘의 방사성 동위원소는 11종

캘리포니아 대학의 핵물리학자 기
오르소(Albert Ghiorso 1915~
2010)는 1940년대부터 1990년
대까지 50여 년 동안 12개의 초우
라늄 원소를 발견하는데 중심 역할
을 했습니다.

이 알려져 있으며, 그중 가장 반감
기가 긴 것은 Lr-262(3.6시간)입니
다. 기오르소와 그의 연구 팀은 지
극히 적은 양의 로렌슘 샘플을 가
지고서도 여러 가지 물리화학적 성
질을 밝혀냈습니다.

# 104. 러더포듐(Rutherfordium, Rf)

- 원자번호 : 104
- 족 : 4족(7주기), 트랜스악티늄족 원소
- 표준 원자량 : 261
- 밀도 : 약 $23g/cm^{-3}$
- 각 전자궤도의 전자 수 : 2, 8, 18, 32, 32, 10, 2
- mp : 2,100℃ / • bp : 5,500℃

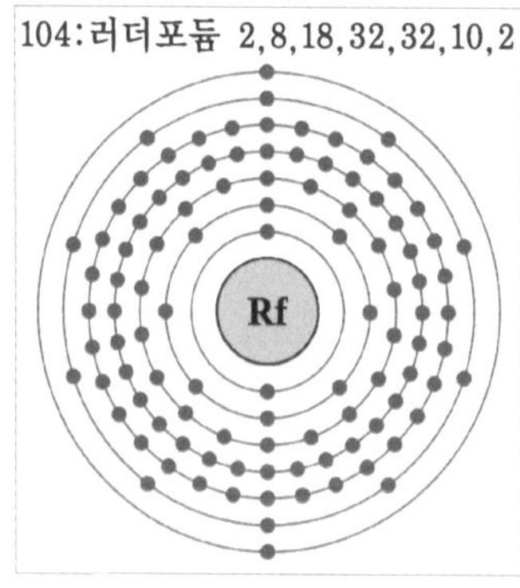


인공원소로서 초중원자의 하나인 원자번호 104번 러더포듐(Rf-267) 원자의 최외각에는 2개의 전자가 돕니다.

과학의 역사에서 새로운 원리, 법칙, 현상, 이론, 원소. 미지의 천체 등을 발견하면 발견자의 명예를 높여 그 이름을 붙이는 경우가 많습니다. IUPAC(국제순수응용화학연맹)은 새로 발견되는 원소 이름의 끝에 'ium'을 붙이도록 권합니다. 또한 화학 기호에 붙는 수자는 다음과 같이 붙입니다. 따라서 새로운 원소가 발견되면 이 규정에 따라 임시 이름을 붙였다가, 국제적인 동의를 얻으면 정식 이름을 갖게 되지요.

0=nil, 1=un, 2=bi, 3=tri, 4=quad, 5=pent, 6=hex, 7=sept, 8=oct, 9=enn

1964년에 구소련의 두브나(Dubna)에 있는 조인트핵연구소(Joint Institute for Nuclear Research, JINR)의 핵물리학자들은 104번째 원소를 발견했다고 발표했습니다. 그들은 플루토늄-242에 네온-22 이온을 충격하여 새 원소를 발견했으며, 그 원소에 '104 + ium'을 의미하는 'unnilquadium'이라는 임시 이름을 붙이고, 원소기호는 'Unq'로 했습니다. 그들은 발견한 새 원소에 구소련의 핵연구소 소장이었던 이고르 후르차토프(Igor Kurchatov 1903~1960)의 이름을 붙일 것을 주장하기도 하고, 지역 이름을 붙여 'dubinium'이란 명칭을 원하기도 했습니다. 새 원소의 명칭을 무엇으로 할 것인지 논쟁이 계속되었지요.

1969년, 미국의 기오르소를 중심으로 한 핵물리학자들은 캘리포니아 대학의 중이온 선형가속기(Heavy Ion Linear Accelerator)를 이용하여 캘리포늄-249에 탄소-12 이온을 충돌시키는 방법으로 반감기가 4~5초인 104번째 원소를 합성했다고 보고하면서, 그들은 새 원소에 뉴질랜드의 위대한 물리학자 러더퍼드(Ernest Rutherford)의 이름을 붙이자고 했습니다. 장기간 논쟁 끝에 1997년 IUPAC는 104번째 원소 이름을 'Rutherfordium', 원소기호는 'Rf'라고 확정했습니다. 한편 두브나의 물리학자들이 희망했던 '두브늄'이라는 원소명은 105번째 원소의 명칭이 되었습니다.

러더포듐은 현재 15종의 방사성 동위원소가 발견되어 있으며, 그 중에 반감기가 가장 긴 것은 Rf-261(62초)입니다. 러더포듐처럼 아주 무거운 원소는 초중원소(超重元素 super heavy elements)라 부르기도 합니다. 오늘날 초중원소는 중원소(초우라늄원소)를 합성할 때와 달리, 입자가속기에서 가벼운 원소를 핵융합(fusion reaction)시키는 방법으로 대부분 만들고 있습니다.

예 : 94Pu-242 + 10Ne-22 → 104Rf-264 + 3~5n

# 105. 두브늄(Dubnium, Db)

- 원자번호 : 105
- 족 : 5족(7주기), 트랜스악티늄족 원소
- 표준 원자량 : 268
- 밀도 : ?
- 각 전자궤도의 전자 수 : 2, 8, 18, 32, 32, 11, 2
- mp : ? ℃ / • bp : ? ℃

새로 발견된 원소에 대한 논쟁은 104번 원소에 이어 105번에서도 발생했습니다(104번 러더포륨 참조). 1967년, 구소련 두브나에 있는 '조인트핵연구소'의 과학자들은 아메리슘-243을 네온-22로 충격하여 'unnilpentium-260'과 'unnilpentium-261'을 매우 적은 양 합성했다고 발표했습니다.

이어 1970년에는 캘리포니아 대학의 핵물리학자 기오르소(Albert Ghiorso) 팀이 중이온 입자가속기를 이용하여 캘리포늄-249에 질소-15 이온을 충격하는 방법으로 unnilpentium-260(반감기 1.6초)의 생성을 확인했다고 발표했습니다. 미국의 과학자들은 새로 합성한 원소의 이름을 오토 한(Otto Hahn 1879~1968, 핵융합 현상을 발견한 독일의 물리학자)의 영예를 기려 'hahnium'이라 할 것을 제안했습니다.

이후 두 나라 과학자들 사이에 논쟁이 오갔습니다. IUPAC는 1997년에야 소련 과학자들의 우선권을 인정하여 '두브늄' (Dubnium, 듀버니엄)으로 확정했습니다. 두브늄의 동위원소는 Db-256에서 Db-270까지 16종이 합성되었으며, 반감기가 가장 긴 것은 Db-262(34초)입니다. 두브늄의 물리화학적 성질은 탄탈럼(원자번호 73)과 비슷한 것으로 알려져 있습니다.

# 106. 시보귬(Seaborgium, Sg)

* 원자번호 : 106
* 족 : 6족(7주기), 트랜스악티늄족 원소
* 표준 원자량 : 268
* 각 전자궤도의 전자 수 : 2, 8, 18, 32, 32, 11, 2

캘리포니아 대학 로렌스 리버모어 연구소(Lawrence Livermore Laboratory)의 기오르소를 중심으로 한 과학자 팀은 1974년에 캘리포늄-249에 산소-18의 이온을 충격하여 원소번호 106번을 합성하는데 성공했습니다. 발견자들은 새 원소를 임시로 'unnilhexium'(Unh)이라 불렀습니다. 그러면서 그들은 플루토늄을 비롯하여 9종의 초우라늄 원소를 발견한 캘리포니아 대학의 핵물리학자 시보그(Glenn T. Seaborg 1912~1999)의 이름을 붙일 것을 주장했습니다.

이에 대해 IUPAC는 생존하고 있는 과학자의 이름을 붙이기 곤란하다고 했습니다. 그러자 '미국화학회'는 반발했습니다. 결국 1997년에 시보그의 이름을 106번째 원소에 붙여 시보귬(시보지엄)으로 확정되었습니다.

새로운 원소가 발견되면 그것을 증명하기 위해 과학자들은 같은 방법으로 반복 실험을 합니다. 시보귬에 대한 반복실험은 발견 후 거의 20년 동안 1993년까지 계속되었습니다. 이때 합성된 Sg-263은 반감기가 9/10초였습니다. 시보귬의 동위원소는 현재까지 16종 발견되었으며, 이 원소의 물리화학적 성질은 같은 6족에 속하는 Cr, Mo, W와 비슷하답니다.

# 107. 보륨(Bohrium, Bh)

- 원자번호 : 107
- 족 : 7족(7주기), 트랜스악티늄족 원소
- 표준 원자량 : 270
- 각 전자궤도의 전자 수 : 2, 8, 18, 32, 32, 13, 2


구소련 '조인트핵연구소'의 과학자 팀은 1976년에 비스무드 (Bi)-204에 크로뮴(Cr)-54의 무거운 이온을 입자가속기 속에서 충돌시켜 107번째 원소를 발견했다고 했으나 이 발표는 인정받지 못했습니다.

1981년, 독일 다름슈타트의 GSI 중이온연구소에서 연구하던 물리학자 암부르스터(Peter Armbruster 1931~)와 네덜란드의 물리학자 뮌젠버크(Münzenberg 1940~)는 비스무트-209에 크로뮴 -54를 충돌시켜 반감기가 61초인 107번째 원소 'nunilseptium'을 발견했다고 발표하고, 그 이름을 'nielsbohrium'으로 할 것을 제안 했습니다. 이는 네덜란드의 위대한 물리학자 닐스 보어(Niels Bohr 1885~1962)의 명예를 기린 것이었습니다.

$$83Bi\text{-}209 + 24Cr\text{-}54 \rightarrow 107Br\text{-}262 + n$$

IUPAC는 1992년에 이 제안을 따르기로 했다가, 1997년에 단순히 보륨(보리엄)으로 결정했습니다. 이 원소의 물리화학적 성질은 아직 잘 알려지지 않고 있습니다. 보륨을 발견한 암부르스터와 뮌젠버크는 연달아 원자번호 108, 109, 110, 111, 112번 초우라늄 원소를 발견했습니다.

# 108. 하슘(Hassium, Hs)

- 원자번호 : 108
- 족 : 8족(7주기), 트랜스악티늄족 원소
- 표준 원자량 : 269
- 각 전자궤도의 전자 수 : 2, 8, 18, 32, 32, 14, 2

1981년에 원자번호 107번 보륨을 발견한 독일 핵물리학자 팀은 1984년에 108번 원소 '하슘'(해시엄)을 처음 확인했습니다. 그들이 납-208에 철-58의 이온을 충돌시켜 합성한 하슘의 양은 겨우 100여개 원자뿐이었습니다. 핵물리학자들은 몇 개의 원자로도 그 성질을 연구하는 방법을 찾아냈습니다.

$$82Pb\text{-}208 + 26Fe\text{-}58 \rightarrow 108Hs\text{-}265 + n$$

독일 과학자들은 새로운 원소에 독일 지방 이름인 *Hassia*를 따서 'hassium'이라 부르자고 했고, 이에 대해 IUPAC과 미국화학회는 1992년에 이 명칭 사용을 인정했습니다.

하슘의 방사성동위원소는 Hs-263부터 Hs-277까지 16종이 알려져 있습니다. 2000년에 합성된 Hs-266은 Pb-207에 Ni-64 이온을, 2010년에 합성된 Hs-273은 Pu-242에 Ca-48 이온을 충돌시켜 만들었습니다. 이처럼 초중원소(104번 Rf 참조)의 동위원소는 동위원소 종류에 따라 융합하는 원소의 종류가 다르기도 합니다.

# 109. 마이트니륨(Meitnerium, Mt)

- 원자번호 : 109
- 족 : 9족(7주기), 트랜스악티늄족 원소
- 표준 원자량 : 278
- 각 전자궤도의 전자 수 : 2, 8, 18, 32, 32, 15, 2
- 밀도 : 약 30 g/cm$^{-3}$
- mp : 2,800~2,900℃ / • bp : ? ℃

원자번호 107과 108 원소를 발견한 독일 다름슈타트 'GSI 중이온연구소'의 물리학자 암부르스터(Peter Armbruster 1931~)와 네덜란드의 물리학자 뮌젠버크(Münzenberg 1940~)는 1982년에 비스무트-209에 철-58 이온을 충돌시켜 109번째 원소 'nunilennium'-266을 발견하고, 그 이름을 'meitnerium'(원소기호는 Mt)으로 할 것을 제안했습니다. 이 명칭은 우라늄 원소의 핵분열 가능성을 처음 밝힌 독일의 여성 물리학자 리스 마이트너(Lise Meitner)의 명예를 기린 것이었습니다. IUPAC는 1997년에 이 이름을 인정했습니다.

$$83Bi\text{-}208 + 26Fe\text{-}58 \rightarrow 109Mt\text{-}266 + n$$

그들이 처음 합성한 마이트니륨의 양은 겨우 3개의 원자였으며, 반감기는 3,400분의 1초였습니다. 짧은 시간이지만 그들은 원자의 구조를 파악할 수 있었답니다. 그 후 현재까지 13종의 마이트니륨 동위원소가 알려졌으며, 그중 Mt-278은 반감기가 8초 정도랍니다. 이들도 핼러젠 원소와 화합물을 만듭니다.

# 110. 다름스타튬(Darmstadtium, Ds)

- 원자번호 : 110
- 족 : 10족(7주기), 트랜스악티늄족 원소
- 표준 원자량 : 267
- 각 전자궤도의 전자 수 :  2, 8, 18, 32, 32, 16, 2
- 밀도 : ?
- mp : ? ℃ /  · bp : ? ℃

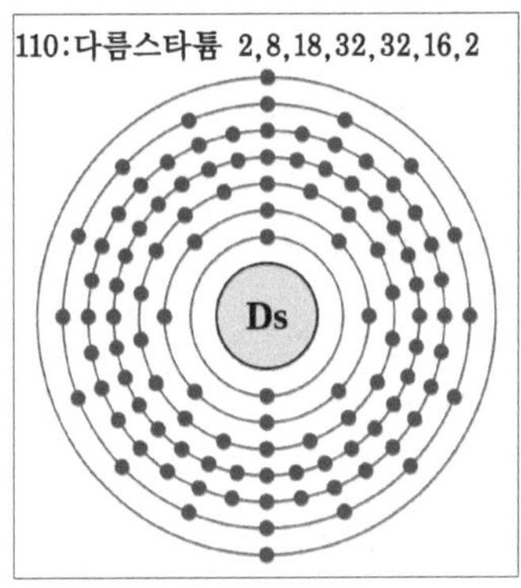


다름스타튬은 지극히 불안정하여 1,000분의 1초도 안 되어 붕괴됩니다.

독일 'GSI 중이온연구소'는 1980년대 이후 새로운 초중원소를 합성하는 세계적 연구소가 되었습니다. 1994년 11월에는 페테르 암부르스터가 이끄는 연구팀이 110번째 원소(1-1-0+ium, ununnilium)를 발견하고, 그들의 연구소가 소재하는 지역(Darmstadt) 이름을 따서 다름스타튬(원소 기호는 Ds)으로 할 것을 제안했습니다. 이 명칭은 2011년에 확정되었습니다.

그들이 납에 니켈 이온을 충돌시켜 처음 합성한 Ds는 겨우 4개 정도의 원자였답니다. Ds는 1000분의 1초도 안 되는 사이에 알파 입자 4개를 방출하면서 붕괴되었습니다. 이 원소에 대한 구체적 정보는 더 이상 알려지지 않았습니다.

# 111. 뢴트게늄(Rontgenium, Rg)

- ◆ 원자번호 : 111
- ◆ 족 : 11족(7주기), 트랜스악티늄족 원소
- ◆ 표준 원자량 : 281
- ◆ 각 전자궤도의 전자 수 : 2, 8, 18, 32, 32, 17, 2

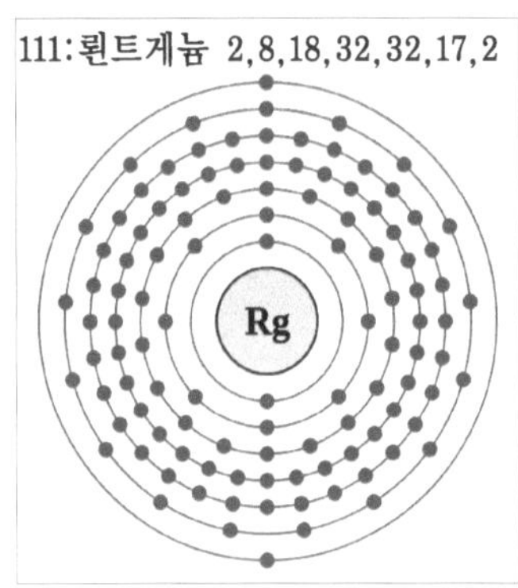


X–선을 발견한 뢴트겐의 이름을 딴 뢴트게늄의 원자번호는 111번입니다.

독일 'GSI 중이온연구소'에서는 호프만(Sigurd Hofmann)이 이끄는 핵물리학자 팀이 비스무트에 니켈 이온을 충격시켜 111번째 원소를 만들었습니다. 이때도 겨우 3개의 원자가 확인되었습니다. 그들은 이 원소에 뢴트겐의 이름을 따서 뢴트게늄(Rg)으로 할 것을 2004년에 제안했습니다.

중이온연구소에서는 2002년에도 같은 실험을 하여 3개 이상의 111번 원자를 합성했다고 발표했습니다.

$$83Bi\text{-}209 + 28Ni\text{-}64 \rightarrow 111Rg\text{-}272 + n$$

발견 후 '1-1-1+ium, unununium'(Uuu)로 불리던 111번 원소는 2011년 이후 뢴트게늄으로 원소명이 확정되었습니다(원소 명칭 규정은 원자번호 104 러더포듐 참조). 현재 11종의 뢴트게늄 동위원소가 알려져 연구되고 있답니다.

# 112. 코페르니슘(Copernicium, Cn)

- 원자번호 : 112
- 족 : 12족(7주기), 트랜스악티늄족 원소
- 표준 원자량 : 285
- 전자껍질의 전자 수 : 2, 8, 18, 32, 32, 18, 2

독일 다름슈타트의 GSI(Gesellschaft für Schwerionenforschung)의 물리학자 호프만(Sigurd Hofmann)과 니노브(Victor Ninov)는 1996년에 납(Pb-208)에 아연(Zn-70)의 이온을 충돌시켜 원소번호 112번을 합성했습니다. 그들은 2000년 5월에도 같은 실험을 반복하여 동일한 결과를 얻었습니다.

$$82Pb\text{-}208 + 30Zn\text{-}70 \rightarrow 112Cn\text{-}278 \rightarrow 112Cn\text{-}277 + n$$

뒤이어 2004년에는 일본의 RIKEN(理硏) 연구소의 과학자들도 같은 실험을 하여 GSI 팀의 실험 결과를 입증했습니다. 한동안 우눈븀(Ununbium, Unb)으로 불리던 이 원소는 GSI 과학자들의 요청에 따라 지동설(地動說)을 처음 주장한 폴란드의 위대한 천문학자 코페르니쿠스(Nicolaus Copernicus 1473~1543)의 이름을 붙여 2011년에 코페르니슘(코퍼니시엄, Cn)으로 확정했습니다.

코페르니슘은 6종 이상의 동위원소가 알려져 있으며, 화학적 성질은 12족 원소(Zn, Cd, Hg)와 비슷합니다. 일본의 리켄(RIKEN)은 113번 원소의 발견에도 공헌했습니다.

# 113. 니호늄(Nihonium, Nh)

- 원자번호 : 113
- 족 : 13족(7주기), 트랜스악티늄족 원소
- 표준 원자량 : 286
- 각 전자궤도의 전자 수 : 2, 8, 18, 32, 32, 18, 2

러시아의 조인트핵연구소와 미국 로렌스 리버모어 연구소의 과학자로 구성된 팀은 2003년 8월에 113번 우눈트륨 원소를 검출했다고 발표했습니다. 그들은 같은 해 2월에 발표된 모스코븀(Mc, 115번 원소)이 붕괴하는 과정에 113번 원소 14개를 발견한 것입니다.

뒤이어 2004년 7월 일본 RIKEN(理研) 연구소의 과학자들은 비스무트-209에 아연-70 이온을 충돌시켜 Uut-278 원자 1개를 합성했다고 발표했습니다. RIKEN(리켄)은 과거에 '이화학연구소'(理化學研究所)라 불린 유명한 연구소로서, 현재 3,000여명의 과학자들이 참여하고 있습니다.

리켄의 두 화학자가 2016년에 니호늄(Nh)으로 명칭이 확정된 것을 축하하고 있다.

2016년 IUPAC는 RIKEN의 실험이 성공이었음을 인정하여 *nihonium*으로 정식 화학명을 확정했습니다.

# 114. 플레로븀(Flerovium, Fl)

- 원자번호 : 114
- 족 : 14족(7주기), 트랜스악티늄족 원소
- 표준 원자량 : 289
- 전자껍질의 전자 수 : 2, 8, 18, 32, 32, 18, 4

1998년, 러시아의 두브나에 있는 '조인트핵연구소'(JINR)의 오가네시안(Yuri Oganessian)을 비롯한 물리학자들은 플루토늄-244에 칼슘-48 이온을 충돌시켜 114번째의 초중원소 '우눈콰듐-289'(반감기 약 2.6초)를 발견했다고 발표했습니다. 그때 그들이 찾아낸 원소는 단 1개의 원자였답니다. 1999년에는 다른 새 원소를 만들기 위해 플루토늄-244에 플루토늄-242의 이온을 충돌시켰을 때, '우눈콰듐-287'(반감기 30초)의 원자가 2개 생겨난 것을 발견했습니다.

새로 발견한 우눈콰듐은 핵물리학자들의 큰 관심을 끌었습니다. 지금까지 발견된 중원소와 초중원소들은 모두 짧은 시간 안에 붕괴되지만, 114번이나 126번 그리고 184개의 중성자를 가진 인공원소가 나오면 안정적인 원소일 가능성이 있기 때문이었습니다. 그러나 우눈콰듐은 잠간 사이에 112번, 110번, 108번 동위원소를 만들며 붕괴되어 갔습니다.

IUPAC는 오래도록 임시 이름으로 불러오던 우눈콰듐의 명칭을 2012년 3월에 '플레로븀'(flerovium Fl)으로 확정했습니다. 이는 조인트핵연구소를 설립한 물리학자 플레로프(Georgy Flyorov 1913-1990)의 이름을 딴 것입니다.

# 115. 모스코븀(Moscovium, Mc)

- 원자번호 : 115
- 족 : 15족(7주기), 트랜스악티늄족 원소
- 표준 원자량 : 289
- 각 전자궤도의 전자 수 : 2, 8, 18, 32, 32, 18, 5

미국 물리학회가 발행하는 <피지컬 리뷰>(Physical Review) 2004년 2월 2일자 논문집에 원자번호 115번 원소의 발견 논문이 실렸습니다. 러시아의 조인트핵연구소의 과학자들과 미국 로렌스 리버모어 연구소의 과학자들이 협동하여 이루어진 실험에서, 아메리슘-243에 칼슘-48 이온을 충돌시켜 모스코븀(Mc)을 만드는데 성공한 것입니다. 두 나라 과학자들은 실험에서 4개의 Uup 원자를 확인했으며, 이 원자들은 단 100밀리초 사이에 알파 입자를 방출하고 니호늄(113번 원소)으로 변했다고 했습니다.

우눈펜튬의 정식 명칭 모스코븀(Moscovium)은 2016년 6월에 확정되었습니다. 이 이름은 조인트핵연구소가 소재하는 지역인 모스크바(Moscow)를 딴 것입니다. 이 인공원소는 2016년 말까지 약 100개가 관찰되었다고 합니다. 방사성이 매우 강하며, 반감기는 약 0.8초입니다.

# 116. 리버모륨(Livermorium, Lv)

- 원자번호 : 116
- 족 : 7주기 16족, 트랜스악티늄족 원소
- 원자량 : 293
- 전자껍질의 전자 수 : 2, 8, 18, 32, 32, 18, 6

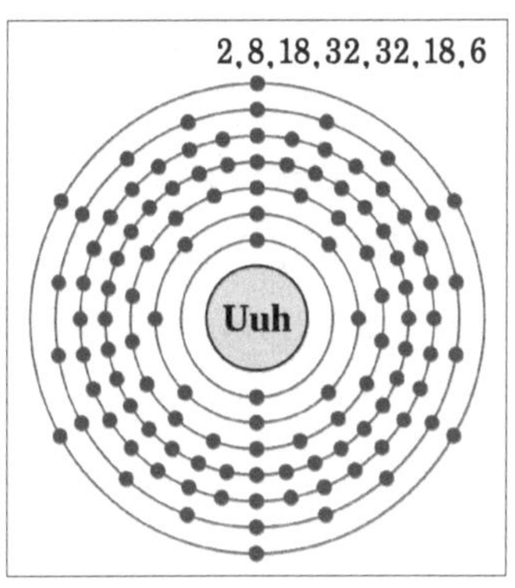


    초중원소의 하나인 원자번호 116번 원소의 정식 명칭이 '리버모륨'으로 확정된 것은 2012년입니다. 이 명칭은 이 인공원소를 최초로 합성한 미국 로렌스 리버모어 국립연구소(Lawrence Livermore National Research)가 소재하는 캘리포니아 주 지역의 이름(Livermore)을 딴 것입니다.

    리버모륨의 인공합성 실험은 원래 로렌스 리버모어 국립연구소와 러시아의 조인트핵연구소가 공동으로 했습니다. IUPAC는 원자번호 115번 원소에는 모스코븀을, 원자번호 116번 원소에는 리버모륨을 붙이도록 결정했습니다.

    리버모륨은 현재까지 4종의 동위원소가 발견되어 있습니다.

# 117. 테네신(Tennessine, Ts)

- 원자번호 : 117
- 족 : 7주기(17족), 트랜스악티늄족 원소
- 표준 원자량 : 294
- 각 전자궤도의 전자 수 : 2, 8, 18, 32, 32, 18, 7

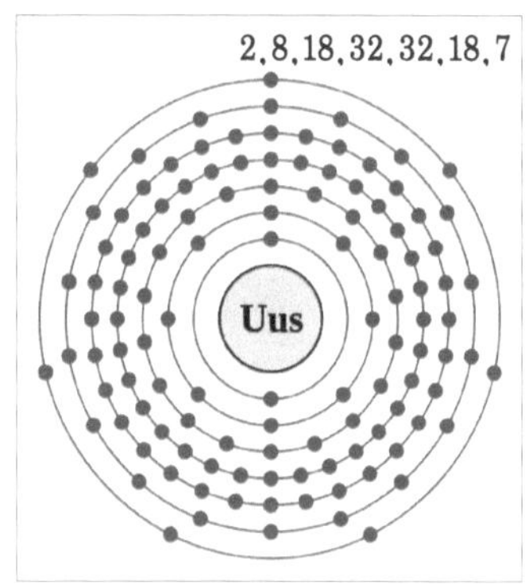


　　원자번호 117번(원자핵에 117개의 중성자를 가짐) 인공원소에 '테네신'(Ts)이라는 정식 명칭이 붙여진 것은 2016년이었습니다. 이 원소는 러시아의 조인트핵연구소와 미국 오크리지 국립연구소의 물리학자들이 2010년에 공동연구하여 발견했습니다.

　　오래도록 '우눈셉튬'(Ununseptium)이라 불러오던 이 원소에 'Tennessine'이라는 이름을 붙이게 된 것은 발견에 주역(主役)을 했던 오크리지 국립연구소(Oak Ridge National Laboratory)가 미국 테네시 주에 있기 때문이었습니다.

# 118. 오가네손(Oganesson, Og)

- 원자번호 : 118
- 족 : 7주기(18족), 트랜스악티늄족 원소
- 표준 원자량 : 294
- 전자껍질의 전자 수 : 2, 8, 18, 32, 32, 18, 8

지금까지 발견된 인공원소 중에서 가장 무거운 원자번호 118번 원소를 발견하는데 주역을 한 러시아의 핵물리학자 유리 오가네시안의 2011년 사진입니다.

원자번호 118번 원소인 '오가네손'은 핵에 118개의 중성자를 가진 가장 무거운, 즉 최대 질량을 가진 인공원소입니다. 이 인공원소는 러시아의 두브나에 있는 조인트핵연구소(Joint Institute for Nuclear Research, JINR)에서 미국과 러시아 두 나라 과학자들이 2002년에 처음 합성하는데 성공했습니다.

국제순수응용화학회(IUPAC)는 이곳에서 이루어진 실험 결과를 2015년 12월에 최종 인정을 하고, 2016년에 이 원소를 오가네손으로 부르기로 결정했습니다. 이 명칭은 새 원소의 발견에 주역을 한 러시아의 핵물리학자 유리 오가네시안(Yuri Oganessian 1933-)의 명예를 기린 것입니다.

IUPAC는 1919년에 설립된 국제화학회이며 본부는 스위스 취리히에 있습니다.

# 119. 우눈에늄(Ununennium, Uue)

* 원자번호 : 119
* 족 : 8주기(1족), 트랜스악티늄족 원소
* 원자량 : ?
* 전자껍질의 전자 수 : 2, 8, 18, 32, 32, 18, 8, 1


원자번호 119번 원소를 합성하려는 노력은 1985년경부터 시도되었습니다. 이론적으로 이 원소는 제8주기의 1족의 알칼리금속 원소이므로 그 성질은 프랑슘, 세슘과 비슷할 것으로 생각하고 있습니다.

2011년 말 경에 이 원소의 합성에 대한 뉴스가 있었으나 확인되지 않고 있습니다. Uue를 합성하는 이론은 다음과 같습니다.

$$99Es\text{-}254 \; + \; 20Ca\text{-}48 \; \rightarrow \; 119Uue\text{-}302$$

이 실험에는 많은 양의 아인슈타이늄이 필요합니다. 제2차 세계대전 중에 시작된 초우라늄 원소의 인공합성은 약 반세기 동안에 20여종 이루어졌습니다. 더 무거운 초우라늄 원소의 성질을 연구하고 새로운 용도를 찾는 과학자들의 노력은 계속될 것입니다.

**가속기**(입자가속기, 가속장치) : 고압의 전류로 강한 자기장을 형성하여, 전자나 양성자와 같은 전기를 띤 입자가 매우 빠른 속도로 진행하도록 만든 장치를 말한다. 긴 관으로 되어 있는 선형가속기(linear cyclotron)와 원형으로 만든 원형가속기(synchrotron) 두 가지 형으로 크게 나뉜다. 소규모 가속기는 암 수술에, 대형 가속기는 원자의 연구, 방사성동위원소 생산 등에 이용된다. 최초의 가속기는 헝가리 출신의 물리학자 질러드(Leo Szilard 1898~1964)가 1933년에 발명했고, 캘리포니아 대학의 로렌스(Ernesr Laurence 1901~1958)는 1934년에 가속기를 처음 제작했다. 오늘날 새로운 중이온 입자가속기와 추적장치들이 계속 개발되고 있다.

**가이거계수관** : 알파 입자, 베타 입자, 감마선, X-선 등의 방사선을 검출하고, 그 양을 측정하는 기구

**감마선**(gamma ray) : 어떤 원자핵이 붕괴할 때 방출되는 X-선과 비슷한 고에너지 전자기파이다. 투과력이 강하여 차폐하려면 수cm 두께의 납으로 막아야 한다.

**감속제**(減速劑 moderator) : 원자로에서 중성자를 흡수하여 핵분열반응 속도를 감속시키는 물질을 말한다. 원자로에 중수를 적당량 넣으면 중성자의 속도를 조절할 수 있다.

**강자성체**(ferromagnetic) : 상자성체 참고

**거울핵**(mirror nuclei) : 양성자 수와 중성자 수가 변한 원소(예, 1H-3, 2He-3)

**경수로**(硬水爐) : 원자로 노심 주변을 채우는 물로 일반 물(경수 $H_2O$)을 사용한 원자로이다. 이 물은 원자로의 열을 냉각시키는 동시에, 중성자를 흡수하는 작용도 한다. 뜨거워진 물은 원자로 밖으로 나가 수증기를 발생시키고, 냉각된 후 원자로로 되돌아온다.

**국제순수응용화학연맹**(International Union of Pure and Applied Chemistry : IUPAC, 발음은 아유팩) : IUPAC은 화학원소와 화합물의 국제 표준 명칭을 제정하는 국제화학학회의 하나로 유명하다. IUPAC에는 8개 분과(생물물리화학, 무기화학, 유기 및 생물분자화학, 거대분자화학, 분석화학, 화학 및 환경, 화학 및 건강, 화학명명 및 화학구조 표현)가 있다.

**국제통일 도량형 단위**(Systeme International, SI) : 무게, 길이, 부피 등을 나타내는 국제단위

**금속**(metals) : 전기를 잘 통하고, 열을 잘 전하며, 연성(延性)이 좋은 원소나 화합물 또는 합금을 뜻한다. 금속 물질들은 빛을 잘 반사하여 은백색으로 보이는 특징이 있다. 주기율표에서 5번 원소(B)와 83번 원소(Po)를 대각선으로 연결했을 때, 왼쪽 부분의 원소(대부분)들이 금속 원소에 해당하고, 오른쪽 부분 원소는 비금속(non-metals) 원소에 해당한다. 특히 대각선 주변의 원소들은 금속과 비금속 중간 성질이므로 '반도체'라는 이름을 가지고 있다. 금속 원소들을 알칼리금속, 알칼리-토금속, 희토류금속으로 구분하기도 합니다.

**나노미터**(nanometer) : 나노미터(nm) 단위는 매우 짧은 길이를 나타낼 때 쓴다. 1nm는 $1 \times 10^{-9}$m, 즉 10억분의 1m(1,000,000분의 1mm)를 나타낸다. 헬륨 원자의 크기는 약 0.1nm이고, 라이보솜의 길이는 약 20nm이다. nm는 흔히 전자기파의 파장을 나타낼 때 잘 사용된다. 가시광선의 파장은 400~700nm 근처이다.

**동위원소**(同位元素 isotope) : 화학적으로 같은 원소이면서, 원자량과 물리적 성질이 다른 원소이다. 동위원소는 핵 속에 중성자를 더 가졌거나 덜 가지고 있어, 원자량이 다르다(예, 6C-12, 6C-13). 자연에 있는 대부분의 원소는 하나 또는 그 이상의 동위원소와 혼합된 상태로 존재한다. 예를 들어 대부분의 수소는 핵에 1개의 양성자만 있지만, 중성자가 1개 더 있는 중수소(deuterium)와 중성자 2개를 더 가진 삼중수소(tritium)가 있다.

**동중성자 원소**(isotone) : 중성자 수가 같은 원소(예, 7C-13, 7N-14)

**동중원소**(同重元素 isobar) : 질량이 같은 원소(예, 7N-17, 8O-17, 9F17)

**란타넘족**(란탄족) (lantanide series) : 원자번호 57번 란타넘부터 58, 59, …… 71번 루테늄까지 15종의 원소를 말합니다. 란타넘족 원소들은 주기율표의 하단 윗줄에 배열한다.

**모나자이트**(monazite) : 란타넘을 비롯한 거의 모든 희토류 금속원소가 들어있는 광물이다. 이 광물은 극히 제한된 지역(인도, 브라질의 강모래와 플로리다의 해변모래)에서 산출되고 있다.

**밀도**(密度 density) : 밀도는 어떤 물질의 무게(질량)를 부피로 나눈 값을 말한다(D = m(kg) ÷ V(m$^3$). 밀도를 나타내는 단위로는 kg/m$^3$, kgm$^{-3}$, g·cm$^{-3}$, kg/L, g/mL, t/m$^3$ 등이 쓰인다. 국제 통일단위(SI)는 kg/m$^3$(kgm$^{-3}$)이지만, 원소를 소개하는 이 책에서는 g·cm$^{-3}$ (1cm$^3$의 무게 g)로 나타냈다.

　일반적으로 밀도는 단위는 빼고 수자로만 나타낸다(예 : 알루미늄 2.700, 철 7.870, 수은 13.546, 금 19.320, 오스뮴 22.59). 원소의 밀도는 1기압, 0℃, 해수면에서 측정한 값을 기준으로 한다. 밀도를 나타내는 용어에는 질량밀도(mass density), 비중량(比重量 specific weight) 등이 있으나 같은 의미이다. 물은 밀도 1의 기준 물질이다. 즉 1기압에서 4℃일 때, 물 $1m^3$의 무게는 1,000kg이다. 온도 변화에 따른 물의 밀도는 100℃(0.9584), 40℃(0.9922), 4℃(0.99997), 0℃(0.99993), -20℃(0.99385)이다. 고체인 얼음의 경우, $1m^3$의 무게는 916.7kg이므로 밀도는 $0.9167kgm^{-3}$ (또는 $g \cdot cm^{-3}$)이다. 기체의 밀도는 1기압, 0℃를 기준으로 한다. 예 : 수소(0.0899g/L), 산소(1.429g/L)이다. 온도 변화에 따른 공기의 밀도는 -25℃(1.423g/L), 0℃(1.293g/L), 25℃(1.184g/L)이다.

**반감기**(半減期 half life) ; 방사성물질이 붕괴하여 본래의 양이 절반으로 줄어드는데 걸리는 기간. C-14의 반감기는 5,770년이다.

**반도체** : 금속 참조

**반자성체**(antiferromagnetic) : 상자성체 참고

**방사**(radiation) : 알파, 베타, 감마, X-선, 기타의 전자기파를 방출하는 것

**방사능**(放射能 radioactivity) : 원자의 핵은 막대한 에너지를 가졌다. 원자 상태가 불안정한 원소는 핵분열(fission)을 하거나(양성자와 중성자를 방출), 핵융합(fusion 양자와 중성자를 결합)하여 안정한 상태의 핵이 되려고 한다. 이러한 불안정한 핵종이 방사선(알파 입자, 베타 입자, 감마선)을 방출하면서 핵붕괴가 계속되는 것을 말한다.

**방사선**(放射線 radiation) : 어떤 원소의 핵이 붕괴될 때 방출되는 알파 입자(헬륨의 핵), 베타 입자(전자나 양전자), 감마선(전자기파)을 통칭하여 방사선이라 한다. 넓은 의미의 방사선에는 태양에서 오는 모든 파장의 빛(전자기파)인 적외선, 자외선, 가시광선, X-선, 라디오파 모두가 포함된다. 이들 방사선은 에너지를 가지고 있다.

**방사성**(放射性 radioactive) : 방사선과 방사성은 혼돈될 수 있다. 방사성은 '방사능을 가진' 의미이다. 원자번호 82번 비스무트보다 원자량이 큰 원소들은 핵의 양성자와 중성자가 너무 많기 때문에 불안정하여, 그들의 동위원소는 전부 알파입자(양성자 2개와 중성자 2개를 가진 헬륨의 핵)를 방출하는 방사성을 가진다.

**방사성동위원소**(radioactive isotope) : 많은 원소는 동위원소를 가지고 있다. 예를 들어 일반적인 탄소는 양성자 6개와 중성자 6개를 가진 탄소-12이지만, 탄소 동위원소인 탄소-14(C-14)의 핵은 중성자를 8개 가졌다. 이런 C-14의 핵은 불안정하여 핵붕괴를 하면서 방사선을 방출한다. 이 경우 C-14는 방사성을 가진 동위원소라 할 것이다.

**방사성붕괴**(radioactive decay) : 핵이 양성자나 중성자를 잃고 에너지를 방출하면서 다른 핵종으로 변하는 현상

**방사성원소**(radioactive element) : 핵이 불안정하여 방사선을 내면서 붕괴되는 원소를 말한다. 원소들 중 방사성 원소는 핵의 에너지가 넘쳐 방사선을 방출하면서(방사선 붕괴) 안정된 원소로 변해간다. 방사성 우라늄은 핵붕괴를 계속하여 마침내 화학적으로 안정한 납으로 변한다.

**방사성 탄소** : 탄소 동위원소 중의 하나로서, 일반 탄소(C-12)는 6개의 양성자와 6개의 중성자를 가졌으나, 방사성탄소의 하나인 C-14의 핵은 6개의 양성자와 8개의 중성자를 가졌다. 이런 C-14는 우주로부터 온 방사선(중성자)이 공기 중의 질소-14(7P + 7N)를 변화시켜 생겨난다. C-14는 반감기 5,730년이 걸려 베타입자(전자)를 방출하여 다시 N-14로 변한다.

**방사성 폐기물**(radioactive waste) : 방사성 물질에 오염된 쓰레기. 원자로, 병원의 방사선실 등에서 나온다.

**백금족**(platinum family) : 주기율표에서 제 5주기와 6주기의 원소로서 제 8, 9, 10족에 속하는 6가지 원소를 말한다. 루테늄, 로듐, 팔라듐, 오스뮴, 이리듐, 백금 이상 6가지 백금족 금속 원소는 물리화학적 성질이 비슷하므로, 대표적인 원소의 이름을 따서 백금족이라 한다. 이들 원소들은 같은 종류의 광물에서 산출된다.

**베타 입자**(베타선) : 방사선으로 방출되는 음전기를 띤 전자나 양전자(양전기를 가진 전자)를 말하며, 전자의 흐름을 베타선이라 부른다. 베타선은 종이는 투과하지만 2mm 두께의 알루미늄 판은 투과하지 못한다.

**부식**(腐蝕 corrosion) : 일반적으로 금속이 공기 중에서 산소를 만나 산화하는 현상. 쇠붙이의 녹은 철과 산소가 화합한 부식현상이다.

**분광기**(分光器 spectrometer) : 전자기파의 파형(spectrum)을 구별하는 장치. 광원으로부터 오는 빛(전자기파)을 프리즘이나 회절격자(grating)로 분리하여 스펙트럼을 구별하도록 만들었다. 모든 원소는 높은 온도로 가열했을 때 각기 고유의 스펙트럼을 나타내므로, 스펙트럼(파형)을 분석하면 물질(원소)의 종류를 판별할 수 있다. 독일의 광학자 프라운호프(Joseph von Fraunhofer 1787~1826)가 1819년에 발명했다. 키르히호프와 분젠은 분광기를 이용하여 1859년에 루비듐(37번)과 세슘(55번)을 발견했다.

**분별증류**(分別蒸溜 fractional distillation) : 여러 종류의 물질이 혼합된 액체나 기체를 성분별로 분리할 때, 각 물질 또는 원소가 가진 끓는 온도를 이용하여 분리하는 방법. 대표적인 예로 원유를 정제할 때

분별증류한다.

**분자**(分子 molecule) : 같은 종류나 다른 종류의 원소가 일정한 비율로
화학결합한 최소단위의 원자들의 무리. 예 ; $O_2$, $H_2O$

**비금속** : 금속 참조

**비중**(比重) : 상대밀도와 같은 의미이다. 액체의 경우 물과 밀도를 비교
하여 얼마나 무거운가를 비교한 것이다.

**산**(酸 acid) : 물에 녹았을 때 수소 이온을 생성하는 물질

**산도**(酸度 pH) : 용액의 산성화된 정도를 말한다. pH7은 중성이고, 7 이
하로 내려갈수록 강한 산성을 나타내며, 7 이상으로 올라가면 염기
성이 강하다.

**산성비**(acid rain) : 이산화황이나 산화질소와 같은 공해물질이 녹아 산성
이 된 빗물

**산화**(酸化 oxidation) : 어떤 물질이 산소와 결합하여 일어나는 변화와,
어떤 화학반응에서 전자를 잃는 변화를 산화라 한다.

**삼중수소**(三重水素 tritium) : 중수소보다 중성자를 1개 더 가진 수소. 삼
중수소의 핵은 불안정하여 방사성을 나타내며, 그것의 반감기는
12.26년이다. 지구에 삼중수소가 소량 있는 이유는 우주방사선(우
주선 cosmic ray)의 영향으로 항상 새로 생겨나고 있기 때문이다.

**상온**(常溫 room temprature) : 적절한 실내온도인 20~25℃를 상온이라
한다.

**상자성체**(paramagnetic) : 강한 자기장이 미치는 곳에 놓인 물질은 모두
자기(磁氣, 자기모멘트)를 나타낸다. 그러나 일반적인 물질은 자기
가 매우 약하여 자성이 없는 것처럼 보인다. 외부 자기장에 의해
자성체가 되었다가 외부 자기장이 없어지면 자성도 사라지는 일반
적인 물질을 '상자성체(常磁性體)라 한다. 반대로 외부 자기장에 대
해 자기장의 방향으로 강한 자력을 나타내며, 외부 자력이 없어져
도 자성을 잃지 않는 물질은 강자성체(强磁性體)라 한다. 한편 외
부의 자기장에 대해 반대방향으로 자기장을 나타내는 물질은 반자
성체(反磁性體)라 한다.

**아말감**(amalgam) : 수은에 다른 금속을 녹인 것을 말한다. 수은에 은가
루와 몇 가지 금속(주석, 구리 등)을 녹인 아말감은 이빨 틈새를
메우는데 이용되어 왔다.

**악티늄족 원소** : 원자번호 89번인 악티늄부터 103번 로렌슘까지의 15종
원소를 말한다. 악티늄족 원소는 모두 제3족 6주기에 속한다.

**알니코**(alnico) : 알루미늄, 니켈, 코발트 및 철을 포함한 매우 단단하면

서 가벼운 합금(때로 티타늄도 혼합)을 말한다.

**알칼리 금속** : 주기율표에서 1족에 속하는 (수소를 제외한) 리튬, 나트륨, 칼륨, 루비듐, 세슘, 프랑슘 6종의 원소를 '알칼리 금속'이라 한다. 이들은 손톱이나 칼날에 자국이 날 정도로 무르며, 은백색이다. 이들 6가지 알칼리 금속 원소는 제일 바깥 궤도에 1개의 전자(홀전자)가 있고, 이 전자는 쉽게 원자로부터 떨어져나가 버리므로, 홀전자를 잃은 원자는 '양이온(+1 이온)' 상태가 된다. 이렇게 전자가 쉽게 이동할 수 있기 때문에 알칼리금속은 화학반응을 매우 잘 일으킨다. 칼륨 아래의 세슘이나 루비듐은 공기를 만나면 폭발하듯이 반응하여 알칼리성 화합물이 된다. 맨 아래의 프랑슘은 가장 맹렬히 화학반응을 일으키며, 방사선을 내기도 한다. 1족 원소들은 물을 만나면 쉽게 알칼리성 화합물이 되기 때문에 '알칼리성 원소'라는 명칭을 갖게 되었다.

**알칼리성 원소** : 알칼리 금속 참조

**알칼리 토금속** : 주기율표에서 제2족에 속하는 베릴륨, 마그네슘, 칼슘, 스트론튬, 바륨 그리고 라듐 6가지 원소를 알칼리토금속(alkaline-earth metal)이라 한다. 이들 원소는 최외각에 있는 2개의 전자를 쉽게 잃어 버리고 +2 이온이 된다. 2족 원소들 역시 물을 만나면 쉽게 알칼리성 화합물이 된다. 예) : $Mg + 2H_2O \rightarrow Mg(OH)_2 + H_2$

**알파입자**(알파선) : 전자를 잃어버린 헬륨의 원자핵과 같다. 그러므로 양전기를 띠고 있다. 많은 방사성물질에서 방출되는데, 그 흐름을 알파선이라 한다. 에너지가 약하여 종이 1장을 투과하기 어렵다.

**양자**(量子 quantum) : 물리학의 발전에 따라 빛(광자)은 입자 같기도 하고 파(wave) 같기도 하다는 입자파동 이론을 알게 된 물리학자들은 빛(방사선), 전자, 핵의 입자들이 가진 에너지에 대해 '분량'을 의미하는 라틴어 *quanta*(영어는 quantities)로부터 quantum(복수 quanta)라는 용어로 설명하게 되었다. 양자론은 1900년에 독일의 물리학자 막스 플랑크(Max Planck 1858~1947)가 제안했으며, 그의 양자론은 현대 물리학에 혁명을 가져왔다. 양자론에 관한 물리학을 양자물리학(quantum physics) 또는 양자역학(quantum mechanics)이라 한다.

**양성자**(陽性子 proton) : 원자의 핵을 이루는 기본 입자의 하나이며, 양전기를 가졌다. 원소 중에 가장 가벼운 수소는 그 핵에 양성자가 1개뿐이며, 핵 주위를 전자 1개가 돌고 있다. 모든 원소는 각기 다른 수의 양성자를 가지고 있으며, 각 원소의 양성자 수는 원자번호(atomic number)가 된다.

**양이온**(cation, 캐타이언) : 양전하를 가진 이온

**엑스선**(X-ray) : 파장이 짧으며 침투력이 강한 전자기파이다.

**연구용 원자로** : 원자로이면서 과학 연구, 의료, 농업, 산업용으로 사용할 방사성물질을 생산하는 원자로이다.

**연료전지**(fuel cell) : 수소와 산소를 결합시켜 물 및 열과 함께 전류를 생산하는 전지의 일종이다. 팔라듐은 연료전지에서 촉매로 이용되는 물질의 하나이다.

**연쇄반응**(連鎖反應 chain reaction) : 어떤 원소의 핵이 원자로 내에서 핵분열을 하면 동시에 중성자가 방출되어 다른 원자의 핵과 충돌함으로써 연쇄적으로 핵분열을 일으킨다.

**염기**(鹽基 base) : 물에 녹았을 때 수산이온(OH-)을 생산하는 물질

**왕수**(王水 aqua regia) : 질산 1에 염산 3을 혼합한 용액을 왕수라 한다. 왕수의 영어인 aqua regia는 라틴어이며 royal water를 의미한다. 왕수는 금과 백금이 녹을 정도로 부식성이 최고로 강한 물질이다. 그러나 루테늄, 탄탈륨, 이리듐, 오스뮴, 티타늄, 로듐은 왕수에 잘 녹지 않는다.

**우라늄 연쇄반응** : 원자력발전소의 원자로에서는 우라늄-235(U-235)를 주로 연료로 사용한다. 원자로 속에서 U-235에 중성자를 충격하면 핵이 붕괴되면서 더 많은 중성자와 막대한 에너지(결합에너지)를 내어, 핵붕괴가 연쇄적으로 일어나게 된다. 원자로 속에 설치한 제어봉(control rod)은 원자로 속의 중성자를 흡수하여 핵반응 속도를 조절토록 한다.

**원소**(元素 element) : 우주의 만물을 이루고 있는 기본 물질을 말하며, 자연에는 98종의 원소가 있다. 가속기 등을 사용하여 수십 가지 인공원소를 만들고 있다. 원소는 어떤 물리화학적 반응을 해도 분해되어 다른 원소가 될 수 없다.

**원자**(原字 atom) : 어떤 원소의 특성을 지니는 원소의 최소 입자

**원자가 껍질**(valence shell) : 각 원소의 가장 바깥 껍질을 도는 전자는 화학에서 매우 중요하다. 그 이유는 바깥껍질을 도는 전자는 주변의 다른 핵과 반응하여 화학작용을 일으키기 때문이다. 제일 바깥껍질(최외각)을 '원자가 껍질'이라 부르며, 최외각의 전자는 화학결합에 관여한다고 해서 '원자가 전자'(valence electrons)라 부르기도 한다. '*valence*'는 '힘'이라는 의미를 가진 라틴어에서 유래했다. 즉 다른 원자와 결합하거나 반응하는 '전자의 화학적 힘'을 의미한다.

**원자가 전자**(valence electron) : 한 원자가 다른 원자와 화학결합을 할 때 참여하는 전자를 '원자가 전자'라 한다. 화학결합에는 원자의

궤도를 도는 전자들 중에서 제일 바깥 궤도를 도는 전자가 결합에 참여한다. 예를 들어, 수소와 탄소가 결합한 메탄($CH_4$)의 경우, 수소는 1개의 원자가 전자가 참여하고, 탄소는 4개의 원자가 전자가 결합을 하고 있다. 그러나 전이금속원소(transition metal element)의 경우에는, 내부 궤도의 전자도 화학결합에 참여하는 특성을 가졌다.

**원자량**(atomic weight) : 탄소(C-12)는 6개의 양성자와 6개의 중성자를 가졌다. 각 원소의 원자량은 탄소-12 원자의 무게를 12로 정한 비례 무게이다. 그런데 주기율표에서 수소의 원자량을 보면 1.008로 나타나 있다. 이것은 지구상에 존재하는 수소의 동위원소 중에 양성자 1개를 가진 H-1의 존재량은 99.985%이고, 양성자 1개와 중성자 1개를 가진 중수소(H-2)는 존재량이 0.015%, 그리고 양성자 1개와 중성자 2개를 가진 삼중수소(H-3)가 극미량 존재하므로, 이들의 전체 질량을 평균하면 1.008이 된다. 모든 원소는 몇 가지 동위원소가 있으므로 이들의 평균 질량이 원자량이다.

**원자력**(atomic energy) : 원자력은 핵분열과 핵융합 시에 질량의 감소가 일어나면서 발생하는 에너지를 말한다.

**원자로**(原子爐 reactor) : 핵분열에 의해 열을 생산하도록 만든 화로(火爐)이다. 원자력발전소의 원자로는 적당한 속도로 핵분열이 일어나 필요한 양의 에너지를 생산하도록 만든 것이다.

**원자번호**(atomic number) : 주기율표상의 원자들은 원자번호 1번 수소로부터 원자번호 119번까지 고유의 번호가 있다. 이 번호를 원자번호(atomic number)라 하고, 이 번호는 그 원소의 핵이 가진 양성자의 수와 일치한다. 따라서 원자번호 92번 우라늄의 핵은 92개의 양성자를 가졌다.

**원자핵**(nucleus) : 원자의 중심을 이룬다. 원자의 핵 둘레를 음전기를 가진 매우 작은 입자인 전자가 돌고 있다. 수소를 제외한 모든 원소의 핵은 양전기를 띤 양성자와 전기가 없는 중성자로 이루어져 있다. 양성자와 중성자를 합쳐 핵자(核子 nucleon)라 한다.

**음극선**(cathode ray) : 유리로 만든 관의 공기를 펌프로 뽑아내어 진공 상태의 유리관으로 만들고, 그 유리관의 양쪽에 음극(-)과 양극(+) 전극을 연결한 것이 음극선관(크룩스관)이다. 이러한 크룩스관의 양쪽 극에 높은 압력의 전기를 걸어주면, 음극에서 양극으로 전자들(진자빔)이 흐르게 된다. 음극선은 이 전자의 흐름을 말하는 이름이다.

**음이온**(anion) : 음전하를 가진 이온

**이온**(ion 아이언) : 양전하나 음전하를 가진 원자나 원자들

**이온화** : 원자는 보통 때 중성이지만, 여러 원인에 의해 1개 또는 그 이상의 전자가 제거되거나 보태지면, 그 원자의 핵은 전기적인 평형이 깨어지는데, 이런 상태가 되는 것을 이온화라 한다. 이온화는 해리(解離 dissociation) 현상과는 다르다. 1개의 양성자와 1개의 전자로 된 수소 원자가 이온화하면($H \rightarrow H^+ + e-$) 그 수소의 핵은 양성자만 남아 양전하를 갖는다.

**이원자분자** : 하나의 분자가 2개의 원자로 되어 있는 수소($H_2$), 산소($O_2$), 질소($N_2$), 할로겐 원소($F_2$, $Cl_2$, $Br_2$, $I_2$) 등은 모두 이원자분자이다.

**임계질량**(critical mass) : 핵연료가 연쇄반응을 일으키려면 일정 이상의 질량이 필요하며, 연쇄반응이 가능한 최소한의 질량을 '임계질량'이라 한다. 임계질량은 그 원소의 밀도, 원자 모양, 순도(純度), 온도, 중성자의 질(質) 등에 따라 변한다. 일반적으로 U-235의 임계질량은 약 52kg, U-233은 15kg, Np-236은 7kg, Np-237은 60kg, Pu-239는 10kg, Am-241은 20-23kg, Am-242는 9-14kg으로 알려져 있다. 임계질량은 원자로의 설계에 따라 달라질 수 있다.

**입자가속기** : 가속기 참조

**전기분해**(電氣分解 electrolysis) : 전기전도성이 있는 액체에 전류를 통과시켜 화학변화를 일으키는 것으로, 전류가 흐르면 양이온은 음극으로 이동하고 음이온은 양극으로 간다. 이러한 전기분해는 전자를 잃거나 얻는 현상에 의해 일어난다.

**전이금속원소** : 주기율표에서 스칸듐이 속하는 제3족 원소로부터 12족까지의 모든 원소를 '전이(금속)원소'(轉移金屬元素 transition metal elements)라 부른다. 여기에는 철, 니켈, 구리, 수은 등 중요 금속 원소를 비롯하여, 란타넘족(3족 6주기)과 악티늄족(3족 7주기)의 원소 모두가 포함된다.

**전자**(電子 electron) : 원자를 구성하는 기본 입자의 하나로서 핵 주변을 돌고 있다. 전자는 입자(粒子)와 파(波.)의 성질을 함께 나타낸다. 양성자나 중성자 무게의 1,852분의 1 무게를 가지며, 최소단위의 음전기를 띠고 있다. 전자는 핵의 양성자에 끌려 궤도를 쉽게 벗어나지 않는다. 전류는 전자들이 이동하는 것이다.

**전자껍질**(electron shell) : 핵 주변을 도는 전자의 궤도를 전자껍질(전자각)이라 한다. 핵에 제일 가까운 궤도를 1껍질(또는 K껍질)이라 하며, 그 다음으로 2껍질(L껍질), 3껍질(M껍질), 4껍질(M껍질), …,, n껍질 궤도가 있다. 일반적으로 n껍질 궤도에는 $2n^2$개의 전자로 채워질 수 있다. 주기율표에서 1족의 원소들은 1원자가 전자, 2족은

2원자가 전자이고, 3-12족은 전이금속원소(전이원소)이다. 그리고 13족은 3원자가, 14족은 4원자가, 15족은 5원자가, 16족은 6원자가, 17족은 7원자가 전자이다. 18족의 경우에는 모두 8원자가 전자이나 헬륨만은 2원자가 전자이다.

**절대온도**(絕對溫度) : 열역학 법칙에서 더 이상 낮을 수 없으며, 에너지가 0인 상태인 이론상의 최저 온도를 '절대 영도'(absolute zero)라 하며 0K로 나타낸다. 0K는 섭씨온도로는 영하 273.15도(-273.15℃), 화씨온도로는 영하 459.67도(-459.67F)이다. 물이 어는 0℃는 절대온도로 273.15K이다. 절대온도 단위인 K는 영국의 물리학자이며 수학자인 켈빈 경(Lord Kelvin)의 K를 따온 것이다. 켈빈 경은 글라스고 대학의 교수였으며, 본명은 윌리엄 토마스(William Thomas 1824~1907)이다. 그는 열역학에 대한 위대한 연구업적으로 빅토리아 여왕으로부터 작위를 받고, 이후부터 켈빈 경으로 불렸다.

**족**(族 group) : 주기율표에서 세로로 줄지은 원소들은 같은 족 원소이다. 모든 원소는 1-18족으로 나뉜다.

**주기**(週期 period) : 주기율표에서 수평 줄에 속하는 원소들은 같은 주기의 원소들이다. 모든 원소는 1-7주기 안에 분류되어 있다.

**준금속**(metalloid) : 금속과 비금속 중간 성질을 가진 원소를 일컬으며, 붕소(B), 규소(Si), 저마늄(Ge), 비소(As), 안티모니(Sb) 및 텔루륨(Te)이 여기에 속한다.

**중금속**(重金屬, heavy metal) : 중금속은 환경이나 공해 등의 사회적 언어로 사용되지만 화학적으로는 엄밀하게 규정할 수 없는 용어이다. 일반적으로 두 가지 경우에 중금속이라 부르는데, 첫째는 원자번호와 밀도가 높고, 원자량이 많은 전이금속이라든가, 준금속, 란타넘족, 악티늄족의 원소들을 말하고, 둘째는 생명체에 대해 독성을 가진 수은, 카드뮴, 텅스텐, 납, 플루토늄, 바나듐 등의 금속 원소(toxic metal)를 말하고 있다. 독성 중금속은 생체에 축적되어 심각한 질병을 일으키는 요인이 된다.

**중성자**(中性子 neutron) : 수소를 제외한 모든 원소의 원자핵을 구성하는 기본입자(소립자)이며, 전기를 띠지 않는다. 양성자와 거의 무게가 같으나 약간 무겁다. 전기를 갖지 않으므로 전자나 양성자와 반발하거나 끌리지 않는다. 핵에 중성자를 충돌시키면 핵분열을 일으킬 수 있다. 고속의 중성자들은 원자로나 가속기에서 생산된다.

**중수**(重水 heavy water) : 물 분자를 이루는 수소의 핵이 중수소(양성자 1개와 중성자 1개로 이루어진 수소)인 물. 중수는 일반 물보다 무겁기 때문에 얻은 이름이다. 화학식은 흔히 'D$_2$O'로 나타낸다. 이런 중수는 바다나 호수의 물 6,000개 분자 당 1개꼴(0.0156%)로 섞여 있다.

**중수로**(重水爐) : 원자로 노심 주변을 채우는 물로 중수(D$_2$O)를 사용한 원자로이다. 물은 원자로의 열을 받아 냉각시키는 동시에, 중성자를 흡수하는 작용도 한다.

**중수소**(重水素 deuterium) : 수소의 동위원소로서, 일반 수소(1H 또는 H-1)의 핵은 양성자 1개만 가졌지만, 중수소는 양성자 1개에 중성자 1개를 가져 원자가 무겁기 때문에 '중수소'(重水素)라 한다.

**중양성자**(重陽性子) : 1개의 양성자 외에 1개의 중성자를 더 가진 중수소(수소 동위원소)의 핵이다.

**중이온 입자가속기** : 가속기 참조

**증식로**(增殖爐 breeder reactor) : 경수로에서 사용하는 연료는 U-235를 2~5%(평균 3%)까지 농축한 것이므로, 연료의 나머지 대부분은 핵분열이 불가능한 U-238이다. 증식로에서는 U-235에서 방출되는 중성자 일부가 U-238과 충돌하여 핵분열이 가능한 U-235와 Pu-239를 만들게 된다. 그러므로 증식로에서는 연료를 소비하더라도 더 많은 핵연료가 증식하게 된다. '증식로'라는 말은 여기에서 생긴 것이며, 증식로를 흔히 '고속증식로'라고 하는 것은 증식로의 중성자가 고속이기 때문이다. 차세대 원자로라 불리는 고속증식로가 완성되면, 천연 우라늄의 99.3%를 차지하는 U-238을 연료로 사용하게 된다.

**질량수**(mass number) : 각 원소의 핵을 이루고 있는 양성자와 중성자의 총합을 질량수라 한다.

**초우라늄 원소**(transuranic elements) : 원자번호 92인 우라늄보다 원자번호가 큰 원소를 말하며, 모두 고에너지의 중성자를 충격시켜 인공적으로 만드는 방사성원소이다. 단 넵투늄과 플루토늄은 우라늄광 중에 극미량 존재하는 것이 알려져 있다.

**초중원소**(超重元素 super heavy elements) : 초우라늄원소(중원소) 중에 러더포듐보다 더 무거운 원소를 '초중원소'라 부르기도 한다. 오늘날 초중원소는 중원소와 달리, 입자가속기에서 가벼운 원소를 핵융합(fusion reaction)시키는 방법으로 만들고 있다.

**촉매**(觸媒 catalysis) : 화학반응에 참여하여 반응 속도를 훨씬 빠르게(promoter) 하는 물질을 말한다. 촉매는 화학반응에는 참여하지만 소비되지 않는다. 촉매와 반대로 화학반응을 방해하는 것은 억제물질(inhibitor)이라 한다. 암모니아를 질산으로 합성할 때는 백금을 촉매로 사용한다. 전이금속 원소들은 촉매로 많이 사용된다. 생체에서는 효소들이 촉매작용을 한다.

**크룩스관** : 음극선관 참조

**탄소-14** : 방사성탄소 참조.

**트랜스악티늄족 원소**(transactinide element) : 악티늄족 원소인 로렌슘(104번)보다 무거운 초중원소를 말한다.

**폴리머**(polymer) : 작은 크기의 분자가 연속하여 연결되어 거대한 분자를 이룬 것

**표준 원자량** : 각 원소의 동위원소 중에서 가장 많이 존재하는 표준이 되는 동위원소의 원자량을 나타낸다.

**합금**(合金 alloy) : 다른 종류의 금속 원소를 섞어 만든 금속물질

**할로겐**(halogen) : 할로겐(핼러전)은 주기율표의 17족에 속하는 플로린, 염소, 브로민(브롬), 아이오딘(요드), 아스타틴과 같은 원소를 말한다. 이들 원소는 전자껍질 최외각에 7개의 전자를 가지고 있어 다른 원소로부터(수소 및 알칼리토금속) 전자 1개를 끌어들여 음이온이 되기 쉽다. 그러므로 할로겐은 전자친화력과 전기 음성도가 크다. halogen이라는 용어는 스웨덴의 화학자 베르셀리우스(Jöns Jacob Berzelius 1779~1848)가 만든 말로서, ‘salt + come to be’(소금으로부터 되다)라는 의미이다. 베르셀리우스는 catalysis, polymer, isomer, allotrope 등의 화학용어도 만들었다.

**핵**(核 nucleus) : 양성자와 중성자로 구성된 원자의 중심부. 원자핵 참조

**핵력**(nuclear force) : 핵력은 원자력(atomic energy)과는 다르다. 원자의 핵은 양성자와 중성자(핵자)가 뭉쳐진 형태로 있다. 핵의 양성자들은 양전기를 가졌으므로 서로 반발하여 서로 붙어 있기 어려울 것이다. 그러나 이들이 결합하고 있는 것은 핵력이 작용하기 때문이다. 핵력에는 약핵력, 강핵력 등 많은 이론이 있다.

**핵분열**(nuclear fission) : 무거운 핵이 쪼개져 작은 핵으로 되는 현상을 말한다. 핵분열이 일어나면 중성자와 양성자(감마선 형태로)가 방출되며, 이때 큰 에너지(열과 방사선으로)가 나온다. 원자폭탄은 우라늄 또는 플루토늄과 같은 원소의 핵이 분열하면서 막대한 에너지가 한꺼번에 방출되도록 만든 것이다.

**핵융합**(nuclear fusion) : 수소의 동위원소인 중수소나 삼중수소와 같은 원자량이 작은 원소의 원자가 강력한 에너지에 의해 합쳐 헬륨으로 되는 현상. 이때 질량의 감소 현상이 일어나면서 막대한 에너지가 발생한다. 수소폭탄은 핵융합 원리를 이용한 원자력 폭탄이다.

**핵이성체**(核異性體 nuclear isomers) : 핵종(核種) 참고

**핵자**(核子 nucleon) : 핵을 구성하는 입자 즉 양성자와 중성자를 통칭하여 핵자(nucleon)라 한다.

**핵종**(核種 nucleides) : 핵종과 핵이성체라는 용어는 1947년에 미국의 화학자 코만(Truman P. Kohman 1916~2010)이 제안했다. 예를 들어 나트륨의 동위원소 중에는 11Na-23(중성자 12개), 11Na-24(중성자 13개), 11Na-25(중성자 14개)가 있다. 이때 이 3가지 동위원소는 같은 원소이지만 핵종이 다르다고 말할 수 있다. 그리고 핵이성체는 에너지 상태가 다른 원소(예, 43Tc-99, 43Tc-99m)를 말한다.

**환원**(還元 reduction) : 화학반응에서 어떤 화합물에서 산소를 빼앗고 수소를 부가하는 현상, 그리고 전자를 얻는 변화를 환원이라 한다.

**희유가스**(noble gas) : 주기율표에서 제18족에 세로로 줄지어 있는 헬륨, 네온, 아르곤, 크립톤, 크세논, 라돈 등의 원소들을 말한다. 이들은 다른 원소와 화학반응을 거의 하지 않는 불활성(不活性) 기체이다. 희유가스 원소가 화학적으로 안정한 것은 그들 핵의 결합에너지(binding energy)가 워낙 크기 때문이다. 오늘날에는 희유가스의 화합물을 인공적으로 만들고 있다.

**희토류**(希土類)**원소**(희토류금속) : '지구상에 흔하지 않은 희귀한 광물원소'(rare earth elements)라는 의미로 지은 원소 무리이다. 여기에는 스칸듐(Sc), 이트륨(Y), 그리고 란타넘(La)부터 루테륨(Lu)까지 란타넘족에 속하는 15개 원소를 포함한 17개 원소가 해당한다. 그러나 희토류원소라고 해서 모두 지구상에 희귀한 원소는 아니다.


**ATP**(adenosine-5-triphosphate) : 세포와 조직 속에서 대사과정 중에 생겨나는 중요한 에너지 전달물질

**GSI 중입자연구소** : 독일 다름슈타트에 소재한 세계적 중이온 연구소인 Gesellschaft für Schweionenforschung(GSI)을 말한다. 이 연구소는 1982년 이후 6종의 초중원소를 발견했다. 그들은 마이트니륨(1982), 하슘(1984), 다름스타튬(1994), 뢴트게늄(1994), 보륨(1996), 코페르니슘(1996)이다.

**IAEA**(International Atomic Energy Agency) : 국제원자력기구

**SI**(Systeme International) : 국제통일 도량형 단위

## ◆ 찾아보기

### 〈가〉

가돌리나이트　216, 219
가돌리늄　213, 216~217, 227
가성소다(수산화나트륨)　84
가속기(입자가속기)　172, 316
가이거계수관　107, 316
각은광　179
간, 요한　126
갈륨(갤리엄)　95, 143~145
갈륨비소　144
갈바니, 루이기　141
갈연광　121
감마선　33, 316
감속제　40, 316
감홍　249
갑상선(비대증)　193~194
강력 영구자석　210
강자성(체)　224, 226, 316
강화원유생산　67
갤린스탄　145
갤버니제이션　141
거울핵　291, 316
건전지　141~142
게르마늄(저마늄)　146~147
게터(getter)　159, 231
결합에너지　43
경도(硬度) 단위　241
경수로　316
고속증식로　271, 277, 285,
고온초전도체　163, 168
골드스타인, 유겐　21
공해가스　176
과망간산칼륨　126
과산화수소　75
과산화칼륨　111
과인산석회　97
과전류차단기　256
광도계　151
광물성기름　210
광섬유　147, 224

광전도체　151
광전지　151, 251
광케이블(광섬유)　147
광화학반응　180
괴링, 오스바르트　272
구리　137~139, 157, 233
국제도량형표준국　155, 241, 317
국제순수응용화학연맹 (IUPAC)　299, 317
국제원자력기구(IAEA)　282
규산나트륨　95
규산염　198
규소　92~95, 147
그레고르, 윌리엄　119
극저온　46, 106
글렌다인, 로렌스　212
글리세롤　71
금　244~246
금속(원소)　31, 47, 317
금의 순도　246
금홍석　119
기오르소, 앨버트　285~ 286, 292, 294, 297, 298, 302
기젤, 프리드리히　268
끓는 온도(bp)　118

### 〈나〉

나노미터　317
나트륨　83~86
나트륨 가스등　86
남조류　68
납　252~254, 260
냉매　105
네오디뮴 자석　129
네오디뮴(니오디미엄)　135, 207, 209~210
네온(니온)　81~82
네온사인　81~82
네이팜탄　987
넵투늄　278~279

노닥, 발터　236
노벨, 알프레드　71, 295
노벨륨　295~296
노벨연구소　295
노킹현상　253
녹는 온도(mp)　118
녹주석　53~54
놋쇠　138
뉴턴, 아이자크　37
니오븀　167~168, 231~232
니켈　133~136
니크롬　135
니클　135
니트로글리세린　71
닐슨, 라르스　116

### 〈다〉

다름슈타튬　306
다이너마이트　70~71
다이디뮴　207, 209
다이아몬드　59~60, 63
단백석　92
단원자 원소　82
데모크리토스의 원자설　14~15
데이비, 험프리　87, 103, 110, 113, 201
도른, 프리드리히　260
도우, 허버트　88
도우법　88
도판트　56
독가스　238
돌턴, 존　150
돌턴의 원자설　16~17
동소체　59
동위원소　25, 291, 317
동중성자 원소　291, 317
동중원소　291, 317
두브나　289
두브늄　301
드라이아이스　62
드라이클리닝 용제　105

드마르세이, 유진 215
드비에른, 앙드레 268
디스프로슘 219~220
땜납 187, 253

〈라〉
라돈 260~261
라듐 260, 266~267
라미, 클로드 250
라부아지에, 안톤 37, 150
라이헨스타인, 프란츠 191
라이히, 페르디난트 184
란타넘족(란탄족) 원소 117,
  203~229, 317
램지, 윌리엄 82, 106, 155,
  195
러더퍼드, 어니스트 45, 67
러더퍼드의 원자 모델 22
러더포듐 299~300
레늄(리니엄) 236~237
레이저 224
레일리, 로드 106
로듐 175~176
로랜다이트 250
로렌슘 297~298
로렌스 리버모어 연구소
  302
로렌스, 어니스트 297
뢰비크, 칼 153
뢴트게늄 307
루비 레이저 124
루비듐 158~159
루시푸스 15
루테늄 170, 173~174,
  228~229
룬드스트룀, 예리 189
르클랑셰. 게오르그 141
리니엄(레늄) 236~237
리버모륨 312
리오, 앙드레 121
리튬 49~52
리튬이온건전지 51
리틀보이 282

〈마〉
마그날륨(마그넬륨) 88
마그네비스트 217

마그네슘 87~89, 208
마노 93
마르그라프, 안드레아스
  140
마리고나크, 제안 216, 227
마이만, 시어도어 124
마이트너, 리세 275, 305
마이트니륨 305
망간 단괴 126~127
망간(맹거니즈) 125~127
맥밀런, 에드윈 278, 280
맥켄지, 케니스 259
맨해튼 계획 27
맹거니즈(망간) 125~127
메릴, 폴 171
메이어, 줄리우스 18
메탄 176
메탄하이드레이트 60
멘델레븀 294
멘델레예프, 드미트리 18
멘델레예프의 주기율표
  18~19
모나자이트 204~205, 205,
  208, 213, 219, 225, 229,
  270, 274, 317
모넬 138
모르타르 114
모스코븀 311
모잔더, 칼 203, 218, 223,
모즐리 24~25
몰리브데나이트 169, 237
몰리브덴(몰리브데넘)
  169~170, 237
몰리스틸 169
무아상, 앙리 79
물의 전기분해 76
뮌젠버크 306
뮐러, 칼 163
미나마타병 249
미린스카, 제이콥 212
밀도 318
밀러라이트 134

〈바〉
바나듐 121~122
바나듐강 122
바륨 관장제 202

바륨(배리엄) 201~202
바스트나사이트 205
바이오틴(비타민 B7) 101
바틀레트, 네일 155, 196
반감기 275, 318
반도체 57, 147, 318
반도체 웨이퍼 94
반자성 224, 226
반자성체 220, 318
발광다이오드(LED) 149
발라데, 안톤 153
방사 318
방사능 318
방사선 31, 257~258, 318
방사성 318
방사성 동위원소 318
방사성 물질 275
방사성 붕괴 319
방사성 원소 31~32, 319
방사성 탄소 64~65, 319
방사성 폐기물 319
방연광 253
배딜라이트 231
배리엄(바륨) 201~202
배스타나사이트 204, 208,
  213, 219
백금 196, 242~243
백금족(금속) 173~174, 239,
  319
백납 187
백린 96~97
백선 치료 251
백열전구 필라멘트 235
백주석 186
벨디비트, 로렌조 136
버내디나이트 121
버밀리언 247
버클륨 286~287
버키볼(풀러렌) 18, 60
베드노르츠, 요하네스 163
베르셀리우스, 요한 17, 92,
  150, 17, 192, 205, 270
베르크, 오토 236
베릴륨 53~54, 258
베크렐, 안톤 21, 270, 275
베타선 32, 319
벨스바흐, 칼 207, 228
벽옥 93

보론(붕소)  55~57
보륨(보리엄)  303
보슈, 칼  69
보어, 닐스  27
보어의 원자 모형  27
보쾨랭, 루이  123
보크사이트  90, 144
볼턴, 베메르  233
뷜러, 프리드리히  65, 162
부식  319
부식방지  91
부싯돌(flint)  92~93
부아보드랑, 폴  144, 213,
    216, 219
부영양화  98
분광기  159, 159, 199, 319
분별증류  82, 106, 319
분자  320
분젠, 로베르트  158, 199
불꽃분광법  158~159
불소(플루오린)  78~80
불소치약  79
붕사  55
붕산  56~57
붕소(보론)  55~57, 95
브란트, 게오르그  132
브란트, 헤닝  96
브로민(브롬)  77, 152~153
브림스톤  100
비금속 원소  47, 320
비소  95, 148~149, 189
비소화갈륨  149
비스나이트  255
비스무트  187, 253,
    255~256
비스무티나이트  255
비이온화 방사선  32
비중  320
비활성 기체  106
빅뱅  36, 245
빙클러, 클레멘스  146

〈사〉

사마륨(서메리엄)  213~214
사염화탄소  105
사염화티타늄  120
사이클로트론(입자가속기)

172
산(酸)  320
산도  320
산성 지시약  126
산성비  60~61, 320
산세척  102
산소  73~77
산소족  150
산소화합물  75
산호  112
산화  320
산화리튬  49
산화마그네슘  87
산화바륨  202
산화베릴륨  54
산화비소(삼산화비소)  148
산화비스무트  255
산화사마륨  214
산화세륨  206
산화수은  249
산화스트론튬  160
산화아연  141~142
산화알루미늄  91, 124
산화어븀  223, 225
산화오스뮴  238~239
산화우라늄  274
산화유로퓸  215
산화제1철  129
산화제2철  129
산화주석  185~186
산화주석인듐  184
산화질소  70
산화철(적철광)  75
산화칼슘  114
산화툴륨  226
산화티타늄  119~120
산화프라시오디뮴  207
산화하프늄  231
산화황  99
삼산화안티모니  189
삼산화황  122
삼중수소  25, 39~42, 320
상온  320
상자성  224, 226
상자성체  220, 320
새마스카이트  213
색소  222
생물전기  141

생석회  114
서치라이트(탐조등) 전극
    204
석고  98, 115
석면(石綿)  94
석영  92~93
석회동굴  62, 115
선스크린  142
선철  131
선충 살충제  153
선형가속기  296, 300, 316
설파다이아진  181
섬광전구  88
섬아연광  140
성냥  98
성장호르몬(타이록신)  193
세그레, 에밀리오  172
세륨(시리엄)  205~206
세슘(시지엄)  198~200
셀레늄(셀렌, 실리니엄)
    150~151
소금  104
소금광산의 염수정  153
소듐(나트륨)  83~86
소석회  114
수산화나트륨(가성소다)
    71, 84
수산화리튬  51
수산화마그네슘  89, 113
수산화베릴륨  54
수산화칼륨  111
수산화칼슘  114
수성가스 반응  39
수소  36~42
수소폭탄  52
수은  247~249
수은등  248
수은전지  249
수정시계  93
쉴레, 칼  169, 234
스칸듐  116~117, 204
스테인리스 강철  123, 131
스텔라이트  133~134
스트론튬  160~161
스트론티안석  160
스트리트, 케니스  288
스펙트럼선  159
스프링클러  256

승홍 249
승화 62
시그리, 에밀리오 259
시멘트 114
시보귬 302
시보그, 글렌 280, 283~286
시스테인 101
시아노박테리아 68
시안화물 64
시안화수소 64
시지엄(세슘) 198~200
실레, 칼 103
실리카 92
실리카겔 95
실리콘 149
실리콘(silicone) 95

〈아〉

아르곤 82, 106~107
아르곤 레이저 107
아르지로다이트 146
아르프베드손, 요한 49
아리스토텔레스 14~15
아말감 180, 245, 248, 320
아메리슘 283~284
아세틸렌가스 113
아스타틴 77, 259
아연 140~142
아연광물 184
아연판 127
아이비, 마이크 293
아인슈타이늄 290~291
아인슈타인, 앨버트 290
아지트화나트륨 72
악티늄 227, 264, 268~269
악티늄족 원소 117, 269~298, 321
안전성냥 189
안티모니(앤티모니) 98, 147, 187~189
알니코 133, 321
알렉산드라이트 124
알루미나 91
알루미늄 90~91
알칼리금속 47~48, 50, 199, 321

알칼리토금속 47~48, 53, 112, 201, 321
알켄 210
알파선(입자) 23, 32, 43, 45, 321
암모니아 68~69, 170
암모니아수 69
암부르스터, 페테르 303, 305
액체금속 37
액체질소 67
액체헬륨 46
양성자 23, 321
양이온 322
양자(量子) 321
양자이론 231
어븀 204, 223~224
어틀, 게하르트 243
에르리히, 파울 149
에메랄드 124
에어백(자동차의) 72
에이블슨, 필립 278
엑스선 33, 322
엑스선 결정학 24
엑스선 사진 180
엑스선 흡수 202
엘화, 파우스토 234
연구용 원자로 323
연금술(사) 16
연료전지 178, 322
연료전지 촉매 243
연쇄반응 276, 284~285, 322
염기 322
염소 77, 103~105
염소산나트륨 76
염소산칼륨 76
염소처리 104
염화나트륨(소금) 83~84
염화리튬 50
염화바륨 202
염화수소 104
염화수은 249
염화스칸듐 117
염화은 181
염화칼륨 98, 189
염화칼슘 113
염화플루오르화탄소 105

엽록소 분자 89
영상의학 217
영월 상동광산 235
옐로케이크 274
오가네손 314
오가네시안, 유리 310, 314
오네스, 하이케 46
오산화바나듐 122
오스트발트, 빌헬름 71
오스트발트, 프리드리히 243
오스트발트법 243
오존 74~75
옥세라이트 224
옥소(요드, 아이어다인) 192~194
온실효과 61
왈, 아서 280
왈라스턴, 윌리엄 238
왕수 243, 245, 322
요드(아이어다인, 옥소) 77, 192~194
요드팅크 193
요드화나트륨 193
요드화은 181, 194
요소 합성 65
우눈에늄 315
우드, 찰스 242
우라늄 267
우라늄 붕괴 과정 261
우라늄 연쇄반응 322
우라늄(유레니엄) 274~277
우라늄~235 56, 174
우라늄광 279
우우니 소금호수 50
우주대폭발(빅뱅) 245
운석충돌설 241
울라스턴, 윌리엄 175, 177
울프럼(볼프람) 234
웅황 148
원소 322
원자 322
원자가 껍질 28~29, 322
원자가 전자 28~29, 118, 322
원자량 19~20, 29, 323
원자력전지 212
원자로 276, 285, 323

원자무게  25~26
원자무기  284
원자번호  19, 24, 29, 323
원자산소  75
원자시계  200
원자폭탄  281
원자핵  323
원형가속기  316
월커, 존  98
위더라이트  201
위르뱅  228
유기물과 무기물  58, 65
유레니엄(우라늄)  274~277
유로퓸  214~215
유리  94
육염화백금산  243
육플루오린화우라늄(헥스)
  79
은  179~181, 194
은의 순도  180
음극선  21, 323
음이온  323
의수족  120
이리듐  240~241
이산화망간  125
이산화세슘  199
이산화질소  70
이산화탄소  61~63
이산화토륨  271
이산화황  99, 101
이온  323
이온교환법  219, 222
이온화  324
이온화 방사선  32
이원자분자  44, 77, 324
이터븀  214, 227
이트륨  162~164, 204
인(燐)  96~98
인공강우  194
인공심장 밸브  120
인공원소  19, 265
인듐  145, 184~185
인산  97
인산마그네슘  97
인산비료  97
인산암모늄  97
인산칼슘  97
인장력  169

인조루비 제조  210
인코넬~718  168
인회석  97
일메나이트  119
일산화질소  70
일산화탄소  63, 131
임계질량  324
임플란트  120
입자가속기(가속기)  294,
  316

〈자〉
자기(磁氣)
자기부상열차  164
자수정  92
자장  130
자철(磁鐵), 자철광
  129~130
잠수병  45
장센  44
잿물  110
저마늄(저메니엄)  146~147
저산소현상  98
적린  96~97
적색거성  171
적외선 탐지  251
적철광  129
전기분해  324
전기전도  139, 147, 199
전분 변색  193
전이금속원소  117, 325
전자  21, 324
전자각(전자껍질)  28~29
전자기방사선(EMR)  200
전자껍질(전자각)  324
전자의 궤도  28
전자의 성질  26~27
전해질  127
절대온도  163, 220, 226,
  325
절삭공구  122
절연재  94
점토(찰흙)  94
제2차 세계대전  276
제4세대 원자로  277
제노타임  224
제논(크세논, 지논)

  195~196
제습제  95
제어봉  214
제임스, 랄프  285
제임스, 찰스  228
제초제  149
조영제  217
조인트핵연구소  300, 301.
  310, 312, 314
족(族)  325
존슨, E, A  185
주기  325
주기율표  18~19
주기율표 보는 요령  33
주기율표의 족과 주기  33
주석  145, 186~187
주석병  187
주석석  186
주조금속  179
준금속  47, 147, 190, 325
중과인산석회  97
중금속  327
중석  233~235
중성미자  145
중성자  23, 29, 33, 54, 325
중성자 흡수  122, 217
중성자원  258
중수(重水)  40~41, 325
중수로  326
중수소  25, 39~42, 326
중수소리튬  52
중양성자  172, 280, 326
중이온 입자가속기  326
중이온연구소(GSI)  303,
  306, 307
중정석  201
중탄산나트륨  85~86
중탄산염(탄산수소염)  113
증식로  326
지르칼로이  166
지르코늄  165~166, 230
지르콘  165, 231
지자기  130
진사  247
질량수  30, 326
질산나트륨  71
질산암모늄  69
질산염  71

질산칼륨  111
질소  66~72, 106
질소 고정  68
질소 순환  68
질소비료  70

〈차〉

채드윅, 제임스  24, 54
철  128~131
철 정련  131
철기시대  129
청동  138
청동기시대  129, 138, 186
청천석  160
체르노빌 원자력발전소  161
첸, 조지  120
초산  176
초석  193
초우라늄 원소  269, 283, 289~290, 326
초전도 성질, 자석, 현상  67, 163~164
초전도체  204
초중원소  326
초진공  199
촉매  253, 326
최초의 원자로  276

〈카〉

카보런덤(탄화규소)  63
카본블랙(램프검댕)  63
칼륨  110~111
칼슘  112~115
칼슘플루오라이드  78
캐럿  246
캐번디시, 헨리  37
캘러마인  141
캘리포늄  288~289, 297
컨버터  243
케네디, 조지프  280
코런덤  91, 124
코르손, 데일  259
코발트  132~133, 213
코발트~60  133
코발트규소염  133
코발트블루  133

코발트알루미늄염  133
코스터, 디르크  230
코엘, 찰스  212
코크스  60
코페르니슘  308
코페르니쿠스, 니콜라스  308
콜럼바이트  167, 233
퀴륨  285
퀴리, 마리  257, 266
크로마이트  123
크로뮴(크롬)  123~124
크로토, 하롤드  60
크로포드, 어다이어  160
크론스테트, 악셀  135
크롬  123~124
크롬엘로  124
크롬염  124
크룩사이드  250
크룩스, 윌리엄  20, 250
크룩스관  21, 327
크리소베릴  124
크리스털 유리  253~254
크리스티, 칼  79
크립톤  154~155
크세논 램프  124
크세논(제논, 지논)  195~196
클라우스, 칼  174
클라프로스, 마르틴  166, 205, 274
클레베, 페르  221, 225
클로드, 조르주  82
클로르포름  105
키르히호프, 구스타프  158, 199

〈타〉

타이록신(성장호르몬)  193
타이타늄(티타늄)  119~120
타케, 이다  236
탄산  61
탄산구리  138
탄산나트륨  85
탄산리튬  50
탄산바륨  202
탄산수  115

탄산수소염  113
탄산염  62
탄산칼륨  111
탄산칼슘  112~113
탄소  58~65
탄소 아크등  204
탄소-14  31, 327
탄소막대 전극  127
탄소족  146
탄수화물  38, 74
탄탈럼  232~233
탄탈럼 카바이드  233
탄화규소(카보런덤)  63
탄화수소  38
탈륨  250~251
탈정전기 브러시  258
탐조등  206
태양전지판  191
터븀  204, 218
터치스크린  141, 185
텅스텐(중석)  233~235
테네신  313
테크네튬  170~172
테플론  79
텔러, 에드워드  52
텔루륨(텔루르)  190~191
토륨  270~271
토륨 붕괴 과정  271
토르트바이타이트  116
톰슨, 스탠리  286
톰슨, 조지프  21, 23
툴륨  225~226
트래버스, 모리스  155, 195
트랜스악티늄족 원소  299~314, 327
트리니티  281
티넌트, 스미손  238, 240
티아민(비타민 B)  101
티타늄(타이타늄)  119~120, 174, 231

〈파〉

파얀스, 카시미르  272
파이렉스 유리  56, 94
팔라듐  177~178
팔라스 소행성  177
팻맨  281

펄프 탈색  101
페레이  265
페로바나듐  122
페르뮴  292~293
페르미, 엔리코  276, 292
페리에, 카를로  172
펠리고, 유진  275
포틀랜드 시멘트  114
폰타나, 펠리체  39
플레로븀  310
폴로늄  257~258
폴루사이트  198
폴리머  327
폴링, 라이너스  154
표면장력  248
표준원자량  30, 327
풀러렌(버키볼)  60
프라시오디뮴  207~208
프랑슘  264~265
프래쉬, 헤르만  100
프래쉬법  100
프레온가스(CFC)  80, 105
프로메튬  211~212
프로탁티늄(프로택티니엄)
    272~273
프로튬  39
프리쉬, 오토  275
플래시럼프  196
플루오르화탄산  206
플루오린(불소)  77~80,
    196
플루오린화수소  80
플루오린화칼슘(형석)  78
플루토늄  280~282
플린트(부싯돌)  92~93
피에조 전기효과  93
피치블렌드  257, 266,
    273~274

〈하〉

하버, 프리츠  69
하버~보슈법  69
하슘  304
하프늄  230~231
한, 오토  275
할로겐(헬러젠) 원소  34,
    77, 192~193, 327

할로겐화은  180
함석  141
합금  327
항산화작용  151
해치트, 찰스  167
핵  327
핵력  327
핵분열  318, 327
핵융합  41, 318, 327
핵이성체  291, 327
핵자  30, 328
핵종  290, 328
헬러젠(할로겐) 원소  220
허친소나이트  250
헤롤, 폴  90~91
헤모글로빈 분자  89, 131
헤트릭, 존  72
헥스  79
헬륨  43~46
현자의 돌  16
형광등  248
형석(플루오린화칼슘)  78
호세, 주안  234
홀, 찰스  90
홀뮴  221~222
홍연광  123
화학발광  97
환원  328
활성탄  63
황  98, 99~102
황동(brass)  142
황동광  138
황산  101
황산구리  138
황화광  150
황화수소  77, 102, 176, 180
황화수은  247
황화아연  202
황화철광(pyrite)  98
황화탈륨  251
회주석  186
휘안광  188
휘은석  179
휘코발트석  133
휴대용 엑스선원  284
흑린  96~97
흑색화약  102
흑연  59

희유가스  31, 43, 82, 154,
    328
희유금속  243
희유원소 자석  136
희주석  187
희토류 금속  47~48, 204,
    209, 229, 328
히싱거, 빌헬름  205


〈기타〉

606(호)  149
ATP  89, 328
CCA  124
CFC(프레온가스)  80
CT  196
DDT  105
DNA  89
EMR(전자기방사선)  200
GSI중입자연구소  328
HArF  106
IAEA  328
IAEA(국제원자력기구)  282
IUPAC  299, 302, 304
LED  144
MRI  168, 196, 210, 217
NIB  210
NMRI  168
PET(양전자방출 단층촬영)
    72, 80, 196
PVC  104, 189
RIKRN(리켄)  308, 309
RNA  89
SI(국제통일도량형단위)
    328
TNT  66

원소를 알면 화학이 보인다
— 119종 원소의 화학 이야기 —


1쇄 : 2012년 8월 31일
3쇄 : 2020년 12월 1일


지은이 : 윤　실
펴낸이 : 손영일


펴낸 곳 : 전파과학사


출판등록 : 1956. 7. 23 (제10-89호)
주소 : 120-824 서울 서대문구 증가로18, 204호
전화 : 02-333-8855 / 333-8877
팩스 : 02-333-8092
홈페이지 : www.s-wave.co.kr
공실블로그 : http://blog.naver.com/siencia
E-mail : chonpa2@hanmail.net
ISBN : 978-89-7044-276-1 93430